JN044509

知的ワインガイドブック

ブルゴーニュ コート・ドールへようこそ!

知っておきたいブルゴーニュの心臓部
コート・ドールのワインの魅力を
たっぷりと紹介します

ブルゴーニュの紋章。フランス国王のユリの紋章と
ブルゴーニュ公国の紋章を掛け合わせた意匠で
初代ブルゴーニュ公フィリップ豪勇公の家紋でもある。

はじめに　奥山久美子

2011年に『ブルゴーニュ　コート・ドールの26村』、18年にその改訂版、そして今回は装いも新たに内容を刷新した『ブルゴーニュ　コート・ドールへようこそ！』を上梓できてとてもうれしいです。「知的ワインガイドブック」らしく、内容は偉大な生産者の100本、ブルゴーニュの歴史、ブルゴーニュワインの概要、AOC（原産地統制名称）認定されているコート・ドール地域の26村の代表的な畑や生産者についての解説をはじめ、興味深いコラムに観光ガイドと盛りだくさん。ビーズ千砂さんのコラムからは、現地の最新の状況が如実に伝わってきます。観光ガイドで紹介するレストラン、お土産ショップ、ホテルについては満足度の高いところばかりを、千砂さんと一緒に厳選しましたので、ぜひ足を運んで素敵な時間を過ごしていただけると幸甚です。

私はコート・ドールへ30年近く毎年旅行していましたが、2020〜22年、コロナ禍の期間を経て、今年4年ぶりに訪れました。その時、ブドウ畑の様子やレストランなどの変化を目の当たりにしました。ブドウ畑は温暖化による暑さ対策として、緑肥を育て土の乾燥を防いだり、新梢を長く伸ばし糖度を上げ酸をキープする、という栽培方法が増えています。

一方、多くのレストランではオーナーやシェフが代わったとはいえ、食材とワインと人材に恵まれているブルゴーニュは、間違いなく美食の理想郷だと思いました。

サヴィニ・レ・ボーヌ村に住んで26年、世界で最高のワイン造りをしているビーズ千砂さんは、現地での私の滞在が価値あるものとなるように、いつも最善を尽くしてくださいます。心から感謝しています。千砂さんの力添えがあってこそ、本書が完成しました。また『ワイン王国』編集長の村田恵子さん、編集担当の平田和子さん、ボーヌ在住のカメラマン田熊大樹さんの感性豊かな写真、ご協力をいただきありがとうございました。

さて、本書には各村のブドウ畑のカラー地図が載っていますので、コート・ドールを旅する時の必携本として『ブルゴーニュ　コート・ドールへようこそ！』を鞄に入れるのを忘れずに！

コート・ドールの26村
偉大な生産者のワイン
100本

北のマルサネ村から
南のマランジュ村まで。
屈指のテロワールを真摯に表現する
生産者の、そろい踏みです。

1

Marsannay Clos du Roy / Domaine Jean Fournier

マルサネ・クロ・デュ・ロワ 2007年 / ドメーヌ・ジャン・フルニエ

マルサネの新時代をシルヴァン・パタイユ氏とともに牽引するローラン・フルニエ氏。マルサネ村最古のドメーヌである「ジャン・フルニエ」を、2003年に継いで当主となり、畑と醸造所を大改革。樹齢40年以上の古木を多く所有し生命力溢れるワインを造る。クロ・デュ・ロワはマルサネ最上の畑。

2

Fixin / Domaine Berthaut-Gerbet

フィサン 2020年 / ドメーヌ・ベルトー・ジェルベ

粗野な赤ワインのイメージが強かったフィサン村にスターが誕生。2013年にアメリー・ジェルベさんが7代目当主となり「ベルトー・ジェルベ」は生まれ変わった。2016年、夫のニコラ・フォール氏が栽培長に。ブドウ本来のピュアな果実味とパウダリーなタンニンが融合した、濃厚なのにフレッシュな味わいの中にテロワールの野性味も感じられる。

3

Gevrey-Chambertin Cuvée Cœur de Roy Trés Vieilles Vignes / Domaine Bernard Dugat-Py

ジュヴレ・シャンベルタン・キュヴェ・クール・ド・ロワ・トレ・ヴィエイユ・ヴィーニュ 2005年 / ドメーヌ・ベルナール・デュガ・ピ

クロード・デュガ氏のいとこであるベルナール氏は特級畑も多く所有。凝縮した果実味とエキス分はジュヴレ・シャンベルタン村で一番強烈。ビオディナミを実践しており、クール・ド・ロワは村名畑エヴォセルほか樹齢50年以上のブドウから造る最高級の村名ワイン。100%除梗せずに造る点がクロード氏と異なる。2017年に、息子のロイク氏が13代目に就任。

4

Gevrey-Chambertin 1er Cru / Domaine Claude Dugat

ジュヴレ・シャンベルタン・プルミエ・クリュ 2005年 / ドメーヌ・クロード・デュガ

クロード・デュガ氏はジュヴレ・シャンベルタン村のテロワールと真摯に向き合い、最もジュヴレの特徴を表現したワインを造る。特に畑名を表示しない1級畑はクラピヨとペリエールのブドウをブレンドしている。1980年代までは、ルロワ等にワインを売っていたが、90年代からドメーヌで瓶詰めするようになり世界的に名声が轟いたのは、デュガ・ピと同様。

5

Gevrey-Chambertin 1er Cru Clos Saint-Jacques / Domaine Fourrier

ジュヴレ・シャンベルタン・プルミエ・クリュ・クロ・サン・ジャック 2015年 / ドメーヌ・フーリエ

自らを「テロワリスト」と名乗る5代目ジャン・マリー・フーリエ氏は、純粋で神秘的なワインを造る。ジュヴレ・シャンベルタン村のドメーヌの歴史は長く、高樹齢のブドウが植わる素晴らしい区画を多く所有。クロ・サン・ジャックは1910年に植えられた古木から、凄まじい迫力のあるワインが生まれる。

6

Gevrey-Chambertin 1er Cru Lavaux-Saint-Jacques / Dominique Laurent

ジュヴレ・シャンベルタン・プルミエ・クリュ・ラヴォー・サン・ジャック 2005年 / ドミニク・ローラン

ジュラ地方のお菓子屋出身のドミニク・ローラン氏は、1978年からブルゴーニュを訪れワインの買い付けをしていたが、かつての黄金時代のブルゴーニュを再現するために88年にネゴシアンでデビュー。古木のブドウやワインを購入し自らが作る樽（通称マジック・カスク）で熟成させる。2006年にジュヴレ・シャンベルタン村にドメーヌを設立、息子のジャン氏が栽培し、オートクチュールなワイン造りを行う。

7

Chambertin / Domaine Armand Rousseau

シャンベルタン 1989年 / ドメーヌ・アルマン・ルソー

ジュヴレ・シャンベルタン村に九つある特級畑を六つも所有する、ジュヴレ最高峰の老舗ドメーヌ。現在は、アルマン・ルソー氏の息子エリック氏とその娘シリエルさんが栽培・醸造を行う。このドメーヌのシャンベルタンは、他に類を見ないほどのフィネスと豪華さに満ちている。

8

Chambertin / Domaine Denis Mortet

シャンベルタン 2005年 / ドメーヌ・ドゥニ・モルテ

「ドゥニ・モルテ」も「クロード・デュガ」や「デュガ・ピ」同様、1980年代まではルロワ等にワインを売っていた。91年に父親のシャルル・モルテ氏からドゥニ氏が受け継ぎ、丁寧で芸術的なワイン造りが評判に。繊細な性格ゆえに2006年に自ら命を絶ってしまったが、息子のアルノー氏が継ぐ。「メオ・カミュゼ」と「ルフレーヴ」で研修したアルノー氏のワインは、気品ある優雅さと柔らかさが特徴。

9

Chambertin Clos de Bèze / Domaine Pierre Damoy

シャンベルタン・クロ・ド・ベーズ 2006年 / ドメーヌ・ピエール・ダモワ

1930年代に設立されたジュヴレ・シャンベルタン村の名門であり、クロ・ド・ベーズの1/3の所有者（最大）。70年代以降は特級畑とは思えないほどの軽いワインを造っていたが、92年以降に甥の4代目ピエール・ダモワ氏に引き継がれ、「アルマン・ルソー」と対照的な遅摘みブドウからスケールの大きい力強いワインを造っている。

10

MAZIS-CHAMBERTIN
GRAND CRU
OLIVIER BERNSTEIN
2018

Mazis-Chambertin / Olivier Bernstein

マジ・シャンベルタン 2018年 / オリヴィエ・バーンスタイン

2007年が初ヴィンテージ。ボーヌ村の*ミクロ・ネゴシアン。とりわけ特級畑と1級畑にフォーカスし、その最高の区画の古木のブドウを買い、生産量は少ないが飛び切り豪奢なワインを造る。オリヴィエ氏は12年、ジュヴレ・シャンベルタン村のマジ・シャンベルタンとレ・シャンポーの区画を購入。自社畑以外の区画でも熱心に丁寧な農作業を行っている。

＊小規模なワイン商。生産者からブドウ、ブドウ果汁、樽詰めワインを買い、自社で醸造または貯蔵・熟成、あるいはブレンド・瓶詰めして、市場に流通させる。ミクロ・ネゴシアンが増えている背景には地価の高騰などが挙げられる

11

Ruchotte-Chambertin Grand Cru Clos des Ruchottes / Domaine Armand Rousseau

リュショット・シャンベルタン・グラン・クリュ・クロ・デ・リュショット 1999年 / ドメーヌ・アルマン・ルソー

3.3haのリュショット・シャンベルタンの畑の上部にクロ・デ・リュショット1haのモノポール（単独所有畑）がある。斜面の最上部にある区画なので母岩が露出するほど表土が薄く、酸とミネラルが厳しくなるところだが、このドメーヌのワインは果実味が柔らかく、タンニンはシルキーでハーモニーがある。

12

Latricières-Chambertin / Domaine Simon Bize et Fils

ラトリシエール・シャンベルタン 1995年 / ドメーヌ・シモン・ビーズ・エ・フィス

1995年が初ヴィンテージ。サヴィニ・レ・ボーヌ村にある「シモン・ビーズ」がコート・ド・ニュイ地区に所有する唯一の特級畑。九つある特級畑の中でラトリシエールは斜面上部の風が強い場所なので、最も酸とミネラルが強くて引き締まったスタイル。昔から全房発酵を行っており、非常に複雑でフィネスが豊か。栽培はクリストフ・ルーミエ氏が行っている。

13

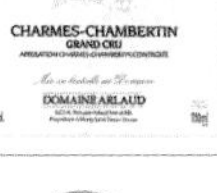

Charmes-Chambertin / Domaine Arlaud

シャルム・シャンベルタン 2000年 / ドメーヌ・アルロー

シプリアン・アルロー氏が当主となってから一躍モレ・サン・ドニ村のトップドメーヌに躍り出た。2009年から全面的にビオディナミを実践、シプリアン氏の情熱的な畑仕事と厳しい選果や天才的なワイン醸造によって、ワインはますます洗練されてきた。所有するシャルムにはマゾワイエールのブドウは入っておらず、野性味はほとんどなく上品でエレガントな印象。

14

Chapelle-Chambertin / Domaine Louis Jadot

シャペル・シャンベルタン 1996年 / ドメーヌ・ルイ・ジャド

1859年創業。240haの自社畑を所有し、80ha分のブドウを買いワインを造る巨大なネゴシアン・エルヴール。また、コート・ドール地区に所有する自社畑の多くは特級畑と1級畑が占める偉大なドメーヌでもある。バランスが良く洗練された味わいのシャペル・シャンベルタンは、今は存在しないマルサネ村の「クレール・ダユ」から購入した区画。

15

Griotte-Chambertin / Domaine Ponsot

グリオット・シャンベルタン 1997年 / ドメーヌ・ポンソ

フラッグシップであるクロ・ド・ラ・ロッシュの次に多く所有する区画で、樹齢は70年以上。グリオット・シャンベルタンの特徴は、畑に暑さが溜まるため、熟した濃密な果実味を持つこと。亜硫酸無添加、古樽での長期熟成。ドメーヌの顔だったローラン・ポンソ氏は、2017年にドメーヌを去り、ネゴシアンを立ち上げた際にグリオット・シャンベルタンの一部を相続した。

16

Morey-Saint-Denis 1er Cru Les Ruchots / Domaine Arlaud

モレ・サン・ドニ・プルミエ・クリュ・レ・リュショ 2015年 / ドメーヌ・アルロー

リュショはクロ・ド・タールとボンヌ・マールの真下にある、夢のような区画。"プチ・ボンヌ・マール"といえる。1998年に当主になったシプリアン・アルロー氏は、畑仕事や醸造で才能を遺憾なく発揮。理想的なタンニンのしなやかさとミネラル感が飲み手の心を捉える。

17

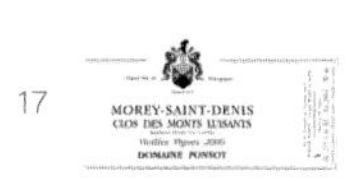

Morey-Saint-Denis 1er Cru Clos des Monts Luisants / Domaine Ponsot

モレ・サン・ドニ・プルミエ・クリュ・クロ・デ・モン・リュイザン 2006年 / ドメーヌ・ポンソ

ザ・ベスト・オブ・アリゴテ。モン・リュイザンは斜面の最上部にある冷涼なスポット。フィロキセラ禍後にアリゴテからシャルドネに植え替えが進んだが、ローラン・ポンソ氏曰く「標高の高い土地にはアリゴテが最適」。1911年に植えたアリゴテ100%で造るモン・リュイザンは、コックリとした独特のパワーがみなぎっている。

18

Clos de la Roche / Domaine Hubert Lignier

クロ・ド・ラ・ロッシュ 2001年 / ドメーヌ・ユベール・リニエ

モレ・サン・ドニ村の中で最もミネラル感に溢れ、重厚な特級畑。現在は、以前のベルベッティーなスタイルから、果実味のバランスの取れた優雅な味わいになった。1991年にユベール・リニエ氏の息子ロマン氏が引き継いだ後、劇的に品質が向上したが、2004年に脳腫瘍のため病没。その後、父親のユベール氏が再び現場へと返り咲いている。

19

Clos Saint-Denis / Domaine Dujac

クロ・サン・ドニ 1999年 / ドメーヌ・デュジャック

果実味のパワーとフィネスが非常に豊かな特級畑。ドメーヌ名は設立者ジャック・セイス氏の名をもじってデュジャックとした。「DRC」や「シモン・ビーズ」と同様に、当初から全房発酵を行っている。長男のジェレミ氏が当主として醸造を行うようになってからは、ヴィンテージによって除梗率が毎年変わる。

20

Clos de Tart / Le Clos de Tart

クロ・ド・タール 2001年 / ル・クロ・ド・タール

コート・ドール地区にある五つのモノポールの中で最大の7.5ha。しかも1250年から面積が変わらず、1軒の所有者によって運営されている貴重な特級畑。1932年からは「モメサン」が経営し、シルヴァン・ピティオ氏が行った96年からの改革により、貴族的で贅沢なワインとして注目された。2017年に実業家のフランソワ・ピノー氏が2億8000ユーロで買収後、大改革を行う。

21

Clos des Lambray / Domaine des Lambray

クロ・デ・ランブレ 1990年 / ドメーヌ・デ・ランブレ

1981年、特級畑に格上げされた畑。土壌の軽さと全房で発酵する醸造法からなのか、明るい色調で繊細な味わいだったが、98年に経営者が変わり品質が向上した。2014年「LVMHグループ」が買収。19年には、クロ・ド・タールを離れたジャック・ドヴォージュ氏が醸造責任者に帰任し、非常に贅沢な改革を行っている。

22

Bonnes-Mares / Domaine Robert Groffier

ボンヌ・マール 1999年 / ドメーヌ・ロベール・グロフィエ

モレ・サン・ドニ村とシャンボール・ミュジニ村にまたがっている特級畑で、全体の1/10(1.5ha)がモレ側にある。「ロベール・グロフィエ」はシャンボール側、テール・ルージュ(鉄分と粘土を多く含む赤土)にある区画なので筋肉質なタイプ。ボンヌ・マールらしい力強い果実味とモレのたくましさを兼ね備えている。ロベール・グロフィエ氏の孫のニコラ氏が当主となり、以前の重厚さは消え、エレガントな味わいに。

23

Bonnes-Mares / Domaine Comte Georges de Vogüé

ボンヌ・マール 2000年 / ドメーヌ・コント・ジョルジュ・ド・ヴォギュエ

シャンボール側に2.7haという最大の区画を所有するドメーヌ。土壌はテール・ブランシュ(石灰質の白っぽい土壌)ではなく、テール・ルージュなので、果実味が力強くタンニンががっしりとしたワインになる。長年醸造長を務めたフランソワ・ミエ氏はボンヌ・マールを「雷おやじ」と表現していたが、新醸造長のジャン・ルパテッロ氏は繊細な味わいに仕立てる。

24

Chambolle-Musigny 1er Cru Les Amoureuses / Domaine Comte Georges de Vogüé

シャンボール・ミュジニ・プルミエ・クリュ・レザムルーズ1995年/ ドメーヌ・コント・ジョルジュ・ド・ヴォギュエ

「恋する乙女たち」という名の1級畑。特級畑のミュジニと土壌が似ているため優雅で格調高いワインを生むが、ミュジニよりはぐっと軽やか。畑の最大の所有者である「ロベール・グロフィエ」は、肉付きの良いレザムルーズを造っているが、ヴォギュエは華やかでフィネスと気品に溢れるスタイル。

25

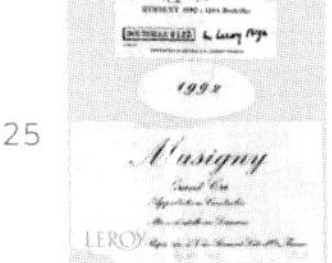

Musigny / Domaine Leroy

ミュジニ 1992年 / ドメーヌ・ルロワ

「DRC」と並び、コート・ドール地区の頂点に君臨する「ルロワ」。1988年に自社畑を所有したマダム・ラルー・ビーズ・ルロワが、ビオディナミと極端な低収量を実践し、芸術性の高いワインを造る。25haの所有畑中、最小の0.27ha(3区画の合計)から生まれるミュジニは超貴重品であり、オークションでは『ロマネ・コンティ』を抜き最高値となることもよくある。

26

Musigny / Domaine Jacques-Frédéric Mugnier

ミュジニ 1995年 / ドメーヌ・ジャック・フレデリック・ミュニエ

1.3haの区画を所有し、最大所有者の「コント・ジョルジュ・ヴォギュエ」に次ぐ広さを持つ。シャンボール・ミュジニ村の3大巨匠の1人であるジャック・フレデリック・ミュニエ氏のミュジニは、そのミネラル感と優美さやエレガンスを最も格調高く表現している。

27

Musigny Blanc / Domaine Comte Georges de Vogüé

ミュジニ・ブラン 1991年 / ドメーヌ・コント・ジョルジュ・ド・ヴォギュエ

コート・ド・ニュイ地区の特級畑で唯一の白ワインであり、非常にコクがあり芸術的な味わい。550年までさかのぼる歴史を誇るヴォギュエ家所有の0.5haのシャルドネ区画から、毎年1800本ほど造っていたが、1993年に植え替えた後は、若木からAOC ブルゴーニュとしてリリース。2015年にやっとミュジニ・ブランが復活。

28

Bonnes-Mares / Domaine Georges Roumier

ボンヌ・マール 1994年 / ドメーヌ・ジョルジュ・ルーミエ

同じシャンボール・ミュジニ村でも気位の高いミュジニとは違い、社交的な性格を持つボンヌ・マール。このドメーヌのボンヌ・マールは、テール・ブランシュとテール・ルージュの区画から収穫されるブドウを仕込み、見事なバランスと複雑性を有している。ルーミエのスタイルが最も官能的といえる。

29

Clos Vougeot / Domaine Michel Gros

クロ・ヴジョ 1996年 / ドメーヌ・ミシェル・グロ

ブルゴーニュを象徴する特級畑であり、51haの中に80人を超える所有者が存在する。斜面上部に区画を所有している「ルロワ」「メオ・カミュゼ」と同様、上部の区画ル・グラン・モーペルテュイを所有するミシェル・グロ氏。特級畑グラン・エシェゾーの真下に位置し、果実味の力強さと艶やかさのバランスが素晴らしい。

30

Clos de Vougeot Musigni / Domaine Gros Frères et Sœurs

クロ・ド・ヴジョ・ミュジニ 1997年 / ドメーヌ・グロ・フレール・エ・スール

ミシェル・グロ氏の父親ジャン氏の兄妹ギュスターヴ氏とコレットさんが立ち上げたドメーヌ。現在はミシェル氏の弟ベルナール氏が当主。デリケートでフィネス豊かな味わいを生む理由は、ミュジニという区画がクロの最上部に位置していて、特級畑ミュジニの真下にあるから。2016年よりベルナール氏の息子ヴァンサン氏が参画してからは、亜硫酸添加を行わないナチュラル志向になった。

31

Clos Vougeot / Domaine Anne Gros

クロ・ヴジョ 2000年 / ドメーヌ・アンヌ・グロ

アンヌさんはジャン・グロ氏の弟の娘で、1988年にドメーヌを設立。クロ・ド・ヴジョのル・グラン・モーペルテュイと呼ばれる斜面上部の最上の区画を所有。しかも樹齢90年以上を含む古木で造るので凝縮した果実味とミネラルが非常に豪華で、フィネスも豊か。2015年から長女のジュリーさんがドメーヌに参画し、次期の主となる予定。

32

Vosne-Romanée 1er Cru Au Cros-Parantoux / Domaine Méo-Camuzet

ヴォーヌ・ロマネ・プルミエ・クリュ・オー・クロ・パラントゥ 2005年 / ドメーヌ・メオ・カミュゼ

ヴォーヌ・ロマネ村のリシュブールの上に位置する1haの1級畑で、特級畑に匹敵する実力を持つ。古い歴史がある畑だが、フィロキセラ後は打ち捨てられていた。そこにエティエンヌ・カミュゼ氏が菊芋を植えていたが、アンリ・ジャイエ氏が第2次世界大戦後に開墾。現在「メオ・カミュゼ」は0.3ha所有。エマニュエル・ルジェ氏（アンリ氏の甥であり後継者）が0.7ha所有する。果実味のパワーと艶やかさが特徴。

33

Vosne-Romanée 1er Cru Cros-Parantoux / Domaine Henri Jayer

ヴォーヌ・ロマネ・プルミエ・クリュ・クロ・パラントゥ 1991年 / ドメーヌ・アンリ・ジャイエ

ブルゴーニュ・ワインの神様として名高いアンリ・ジャイエ氏。小作人として働いていたメオ一族とのメタイヤージュ（分益耕作）から始めて徐々に数カ所に畑を購入。クロ・パラントゥが初リリースされたのは1978年、それまではヴォーヌ・ロマネ村名ワインにブレンドしていた。アンリ氏本人が醸造したのは2001年までで、その後はエマニュエル・ルジェ氏が継いでいる。

34

Vosne-Romanée 1er Cru Les Beaux Monts / Domaine Leroy

ヴォーヌ・ロマネ・プルミエ・クリュ・レ・ボー・モン 2002年 / ドメーヌ・ルロワ

「ボー・モン」は美しい山（丘）という意味で、いくつかの区画があり、全11.4haと広い。エシェゾーの上に位置する区画や、斜面上部からレ・スショまで続く区画など。標高が高く表土が薄い区画では酸とミネラルが強く、レ・スショ近くは果実味のボリュームが豊かになるが、「ルロワ」の場合はブドウを厳しく選別し超低収量なので別格のボー・モンが生まれる。

35

Vosne-Romanée 1er Cru Cuvée Duvault-Blochet / Domaine de la Romanée Conti

ヴォーヌ・ロマネ・プルミエ・クリュ・キュヴェ・デュヴォ・ブロシェ 2006年 / ドメーヌ・ド・ラ・ロマネ・コンティ

オベール・ド・ヴィレーヌ氏の先祖であるデュヴォ・ブロシェ氏が1869年にロマネ・コンティの畑を購入して以来、140年以上同じ経営者で維持している「DRC」（1942年からはルロワと共同経営）。1999年は傑出した大豊作年だったので、70年ぶりに1級畑ワインとして復活させた。99年はDRCの畑の2番摘みブドウから。その後のヴィンテージは2002年、04年、06年、08年、09年。

36

Vosne-Romanée 1er Cru Les Suchots / Domaine Sylvain Cathiard

ヴォーヌ・ロマネ・プルミエ・クリュ・レ・スショ 2007年 / ドメーヌ・シルヴァン・カティアール

スショはロマネ・サン・ヴィヴァンとエシェゾーに挟まれた大きな畑なので、造り手により差が激しい。このドメーヌのワインの香りはバラのような芳しさと甘い果実味が溶け込み、テクスチャーは早いうちからシルキーで滑らか。1984年に設立され、2014年からは「シャトー・スミス・オー・ラフィット」等で修業した息子のセバスチャン・カティアール氏が当主となった。

37

Vosne-Romanée 1er Cru Aux Brûlées / Domaine d'Eugénie

ヴォーヌ・ロマネ・プルミエ・クリュ・オー・ブリュレ 2006年 / ドメーヌ・デュジェニ

ヴォーヌ・ロマネ村「ルネ・アンジェル」の当主が急逝したことで2005年に売りに出されたドメーヌを「シャトー・ラトゥール」等の多くのワイナリーを持つフランソワ・ピノー氏が購入。06年が初リリース。支配人はシャトー・ラトゥールのフレデリック・アンジェラ氏。ユジェニはピノー氏の母親の名前。凝縮感とストラクチャーが強い。

38

Romanée-Conti / Domaine de la Romanée Conti

ロマネ・コンティ 1995年 / ドメーヌ・ド・ラ・ロマネ・コンティ

特級畑の中でも別格中の別格。神話や伝説が多く世界中の愛好家の憧れの的であり、また、飲んだことがない人でも名前を知っているほど有名。そのバランスの良さは完全な球体のようだと表現されるが、ほかの特級畑と比較試飲すると、繊美を極めた羽衣のような口当たりと余韻の長さが圧巻。

39

La Tâche / Domaine de la Romanée Conti

ラ・ターシュ 1997年 / ドメーヌ・ド・ラ・ロマネ・コンティ

1933年から「DRC」のモノポールとなる。46年に、ロマネ・コンティの畑のブドウを植え替える際、ラ・ターシュのクローンを植えた。年間生産量がロマネ・コンティの4倍の約2万4000本なので、飲むチャンスは多いはず。「ロマネ・コンティの腕白な弟」と称されているが、味わいは非常によく似ていて、骨格と肉付きを強化したスタイル。

40

Richebourg / Domaine Jean Grivot

リシュブール 2000年 / ドメーヌ・ジャン・グリヴォ

官能的なヴォーヌ・ロマネ村の中でも、一番大柄で筋肉質な特級畑。果実味に加え、どっしりとした土やスパイスの香りが特徴的。エティエンヌ・グリヴォ氏は「DRC」よりも骨格がしっかりとしたリシュブールを造る。フラッグシップのリシュブール以外のワインもすべて緻密でミネラル感が際立つ。

41

Romanée Saint-Vivant / Domaine Robert Arnoux

ロマネ・サン・ヴィヴァン 2005年 / ドメーヌ・ロベール・アルヌー

「ロマネの女王」と称賛されるほど、特級畑の中で最もフローラルで華やか。1988年にマレ・モンジュ家から5.28ha入手した「DRC」が最大の所有者。「ロベール・アルヌー」の区画は0.35haと小さいが、古木からしっとりとした色気のあるワインを造る。ドメーヌ名は2008年に「アルヌー・ラショー」と変わり、13年からパスカル・ラショー氏の息子シャルルル氏が当主。

42

Romanée Saint-Vivant / Domaine Marey-Monge

ロマネ・サン・ヴィヴァン 1969年 / ドメーヌ・マレ・モンジュ

サン・ヴィヴァン・ド・ヴェルジの修道院が所有していた畑は、フランス革命中に国に没収され、1791年にマレ・モンジュ家が競売で購入。マレ・モンジュ家は、畑の名声を高めるために1966年に「DRC」に貸し出した。その結果、ワインのラベルにはたくさんの金メダルが飾られた。DRCはマレ・モンジュ家の相続人から畑を買い取った88年以降も、彼らに敬意を表している。

43

La Romanée / Domaine du Comte Liger-Belair

ラ・ロマネ 2007年 / ドメーヌ・デュ・コント・リジェ・ベレール

0.85ha、最小の特級畑として有名なモノポール。1815年よりリジェ・ベレール家が所有。ロマネ・コンティの上部に位置しており、標高が高く寒いため酸味が強いといわれていたが、2001年までネゴシアンに任せきりの中途半端な状態だったのであろう。04年からルイ・ミシェル・リジェ・ベレール氏が当主となり大改革を行って以降、光輝く格調高いワインとなった。

44

La Grande Rue / Domaine François Lamarche

ラ・グランド・リュ 2005年 / ドメーヌ・フランソワ・ラマルシュ

ロマネ・コンティとラ・ターシュに挟まれている特級畑のモノポール。1992年から特級畑の仲間入りをしたが、長い間ローヌ地方のワインのような力強い味わいでヴォーヌ・ロマネらしさはなかった。2006年からフランソワ・ラマルシュ氏の姪のニコラさんが受け継ぎ品質向上、畑作業は丁寧になり醸造技術も洗練された。エレガントでフィネスに満ちたワイン。

45

Grands-Échézeaux / Domaine Mongeard-Mugneret

グラン・エシェゾー 2005年 / ドメーヌ・モンジャール・ミュニュレ

クロ・ド・ヴジョの斜面の上部、南西の方角に位置する特級畑で、エシェゾーより濃厚な果実味と骨格を持つ。このワインは若いうちからアタックがしなやかで、すべての要素が溶け込み渾然一体となっている。果実味と旨味が甘く官能的に広がる。エシェゾー2.6ha、グラン・エシェゾー1.44haと、どちらも「DRC」に次ぐ大所有者である。

46

Échézeaux / Domaine Emmanuel Rouget

エシェゾー 1996 年 / ドメーヌ・エマニュエル・ルージェ

1995年にアンリ・ジャイエ氏がリタイアした際、甥のエマニュエル氏がすべての畑を引き継ぎ、ジャイエ式に栽培と醸造を行っている。凝縮した華やかなアロマが溢れ出し、タンニンは非常にまろやか。情感豊かで感動的。エシェゾーに3カ所の区画、合計1.43haを所有している。

47

Vosne-Romanée / Domaine Arnoux-Lachaux

ヴォーヌ・ロマネ 2019年 / ドメーヌ・アルヌー・ラショー

コート・ドール地域で最も輝いているスターヴィニュロン、シャルル・ラショー氏。2013年に6代目当主となり、栽培・醸造において積極的な改革を行う。才能に溢れ情熱的なシャルル氏は「マダム・ビーズ・ルロワの申し子」と呼ばれ、そのワインの価格は急上昇。最近では独自の路線を突っ走っている。ワインは果実味がピュアで濃厚かつフレッシュ。

48

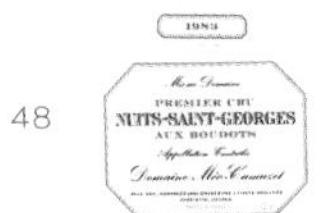

Nuits-Saint-Georges 1er Cru Aux Boudots / Domaine Méo-Camuzet

ニュイ・サン・ジョルジュ・プルミエ・クリュ・オー・ブド 1983年 / ドメーヌ・メオ・カミュゼ

1989年にジャン・ニコラ・メオ氏が当主となり、アンリ・ジャイエ氏に貸していた畑が戻ってきた。メオ氏は直接ジャイエ氏の指導を受け、今もなお芸術的なワイン造りをしている。このオー・ブドの区画はヴォーヌ・ロマネ村の1級畑オー・マルコンソールの隣に位置し、ヴォーヌ的な艶やかな風味もあり魅力的。

49

Nuits-Saint-Georges 1er Cru Clos de la Maréchale / Domaine Jacques-Frédéric Mugnier

ニュイ・サン・ジョルジュ・プルミエ・クリュ・クロ・ド・ラ・マレシャル 2005年 / ドメーヌ・ジャック・フレデリック・ミュニエ

麗しのシャンボール・ミュジニの造り手フレデリック・ミュニエ氏が、2004年から土やスパイス風味のあるニュイ・サン・ジョルジュも造り始めた。コート・ド・ニュイ地区の最南端プレモー・プリセ側にある9haのモノポール。100年間「フェヴレ」に貸していた畑が戻って来たものだが、フェヴレが造っていたころのワインと違い、果実味が華やか、タンニンの硬さがなくてエレガント。

50

Nuits-Saint-Georges 1er Cru Clos de L'Arlot / Domaine L'Arlot

ニュイ・サン・ジョルジュ・プルミエ・クリュ・クロ・ド・ラルロ 2007年 / ドメーヌ・ラルロ

プレモー・プリセ側にある1級畑で「ラルロ」のモノポール。「デュジャック」にいたジャン・ピエール・ド・スメ氏が「アクサ・ミレジム」とともに設立。全房発酵で仕込み、優雅さとたくましいミネラル感と果実味が複雑に広がり、旨味が豊か。野性味がほとんどなく上品。2015年からは女性のジェラルディーヌ・ゴドーさんが醸造責任者。

51

Nuits-Saint-Georges 1er Cru Les Boudots / Domaine Charles Noellat

ニュイ・サン・ジョルジュ・プルミエ・クリュ・レ・ブド 1976年 / ドメーヌ・シャルル・ノエラ

「シャルル・ノエラ」は「アンリ・ジャイエ」と比較されるほどの名ドメーヌだったが、1988年に「ドメーヌ・ルロワ」「アラン・ユドロ・ノエラ」「ジャン・ジャック・コンフュロン」に相続や売却され消滅した。近年、ボーヌ村の「セリエ・デ・ウルシュリーヌ」を所有するシャルル・ノエラ氏の甥が、「シャルル・ノエラ」の商標を買いネゴシアンもののカジュアルなワインを販売している。

52

Le Clos des Corvées
2004

Nuits-Saint-Georges 1er Cru Clos des Corvées / Domaine Prieure Roch

ニュイ・サン・ジョルジュ・プルミエ・クリュ・クロ・デ・コルヴェ 2004年 / ドメーヌ・プリューレ・ロック

レ・ザルジリエールの下に位置する1級畑で、モノポール。故アンリ・フレデリック・ロック氏（DRCの元共同経営者）が1988年に設立したドメーヌであり、シトー会修道院時代の栽培と醸造を目指す超自然派。個性的で野趣溢れる味わい。残念ながらアンリ氏は2018年に逝去し、現在は、当時の共同経営者であったヤニック・シャン氏がドメーヌを率いている。

53

Nuits-Saint-Georges 1er Cru Les Murgers / Domaine Alain Hudelot-Noellat

ニュイ・サン・ジョルジュ・プルミエ・クリュ・レ・ミュルジェ 2008年 / ドメーヌ・アラン・ユドロ・ノエラ

シャンボール・ミュジニ村に本拠があるドメーヌ。2008年、アラン・ユドロ・ノエラ氏の孫シャルル・ヴァン・カネット氏が当主となり、評価がうなぎ上りに。ミュルジェはヴォーヌ・ロマネ村側に近い1級畑、オー・ブドに比べると土のニュアンスとニュイらしくタンニンががっしりしているが、シャルル氏のワインは常に果実味がピュアでエレガント。

54

Corton Clos des Cortons / Domaine Faiveley

コルトン・クロ・デ・コルトン 1999年 / ドメーヌ・フェヴレ

コルトンの丘のラドワ・セリニ村側にある特級畑。ル・ロニエ・エ・コルトンの中心部の最も優れた区画で、フェヴレのモノポール。石灰岩質の砂質泥灰土壌から造られるコルトンは、ミネラルとタンニンと酸の凝縮度が高い堅牢な印象だが、7代目当主エルワン・フェヴレ氏が2009年に畑と醸造所を大改革した結果、柔らかく洗練されたスタイルに変貌した。

55

Corton-Charlemagne / Domaine J-F Coche-Dury

コルトン・シャルルマーニュ 2004年 / ドメーヌ・ジャン・フランソワ・コシュ・デュリ

三つの村にまたがる特級畑。「シャルドネの神様」と称されるこのドメーヌはアロース・コルトン村に区画を所有し、6樽ほど造っている。「絹の手袋をはめた鋼鉄の拳」という表現が似合う、剛健なミネラルと上品な果実味のバランスは世界一感動的なワインの一つ。2010年にジャン・フランソワ氏は引退し、息子のラファエル氏が継いでいる。

56

Corton-Charlemagne / Domaine Simon Bize et Fils

コルトン・シャルルマーニュ 1997年 / ドメーヌ・シモン・ビーズ・エ・フィス

ペルナン・ヴェルジュレス村側のアン・シャルルマーニュに0.6haの区画を所有。1996年が初ヴィンテージ。2016年に逝去したパトリック・ビーズ氏は、テロワールと真摯に向き合い表現することに情熱を燃やし、緻密で風格のあるアン・シャルルマーニュを造ってきた。今は奥さまの千砂さんと、息子のユーゴ氏が踏襲している。2016年は悲惨な霜害により1樽分の量もかなわなかった。

57

Corton-Charlemagne / Domaine Bonneau du Martray

コルトン・シャルルマーニュ 1991年 / ドメーヌ・ボノー・デュ・マルトレ

ペルナン・ヴェルジュレス村側に、シャルルマーニュ大帝が所有していた区画も含む9.5haを所有する大御所。コルトンの赤ワインもあり、特級畑のみを造る。2017年に、カリフォルニアのカルトワイン「スクリーミング・イーグル」を持つ大富豪オーナーに買収され、さらに骨太のスケールの大きな白ワインとなる。

58

Ladoix 1er Cru La Micaude / Domaine Capitain-Gagnerot

ラドワ・プルミエ・クリュ・ラ・ミコード 2008年 / ドメーヌ・キャピタン・ガニュロ

ラドワ・セリニ村はコート・ド・ボーヌ地区最北の村。7代目のキャピタン・ガニュロ氏曰く、粘土の多いニュイ側に近い畑の赤はタニック（タンニンが強い）、ボーヌ側に近い畑は石灰が多いので繊細になる。自慢のモノポール、ラ・ミコードはニュイ側なので、がっしりとたくましい赤ワイン。

59

Savigny-lès-Beaune 1er Cru Aux Vergelesses / Domaine Simon Bize et Fils

サヴィニ・レ・ボーヌ・プルミエ・クリュ・オー・ヴェルジュレス 2005年 / ドメーヌ・シモン・ビーズ・エ・フィス

サヴィニ・レ・ボーヌ村は、極上の赤と白の両方を生む非常に稀有なアペラシオン。オー・ヴェルジュレスは、ペルナン側の斜面にある最上の1級畑で、濃厚かつ複雑な赤と、ミネラルと酸が美しい白を生む。ヴェルジュレスは「（あまりにも美味しいので）私がグラスを置く時にグラスは空っぽ」という意味があるほど味わい深い。芯の強さと情熱が感じられる。

60

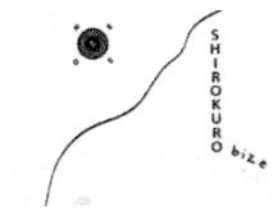

Savigny-lès-Beaune Blanc de Noirs Shirokuro / Domaine Simon Bize et Fils

サヴィニ・レ・ボーヌ・ブラン・ド・ノワール 白黒 2019年 / ドメーヌ・シモン・ビーズ・エ・フィス

ビーズ千砂さんが2018年に初リリース。サヴィニ・レ・ボーヌ村のフィトテラピー（薬草療法）を実践している区画のピノ・ノワールを、白ワイン仕込みで造るナチュラルワイン。黒ブドウを圧搾しピンク色の果汁を樽発酵。モモやスモモのような厚みのある鮮やかな果実味がジューシーに広がり、旨味たっぷり。滑らかで滋味深い余韻が長く続く。

61

Savigny-lès Beaune 1er Cru Les Narbantons / Domaine Leroy

サヴィニ・レ・ボーヌ・プルミエ・クリュ・レ・ナルバントン 2007年 / ドメーヌ・ルロワ

ボーヌ村側の斜面にあるラ・ドミノードの下に広がる1級畑。ペルナン・ヴェルジュレス村側よりも柔らかく、肉付きの良い赤ワインを生む。ラルー・ビーズ・ルロワさんが1988年に設立したドメーヌで、22haもの素晴らしい畑を所有。一切妥協せずに造られるワインはごく少量生産で非常に洗練されているが、価格が高すぎる。

62

Chorey-lès-Beaune / Domaine Tollot-Beaut

ショレ・レ・ボーヌ 2007年 / ドメーヌ・トロ・ボー

コート・ドール地区で最もフルーティーでチャーミングな赤ワイン。特級畑と1級畑がないのはマルサネ村、サン・ロマン村とこの村のみ。当主のナタリー・トロさんが造るショレ・レ・ボーヌは可憐な果実味とソフトなタンニンが力強く広がり、村名ワインとしてはかなり高レベル。このドメーヌのコルトンとコルトン・シャルルマーニュは飛び切りの絶品である。

63

Beaune 1er Cru Clos des Mouches / Domaine Joseph Drouhin

ボーヌ・プルミエ・クリュ・クロ・デ・ムーシュ 1999年 / ドメーヌ・ジョセフ・ドルーアン

ボーヌ村とポマール村との境目の斜面の中腹にある1級畑で、銘醸畑として名高い。エレガントな果実味の肉付きの良い赤と、リッチでパワーのある白を生む。ムーシュは「ミツバチ」(ハエではない)という意味で、エチケットにはブンブンとたくさん飛んでいるミツバチの姿が描かれている。

64

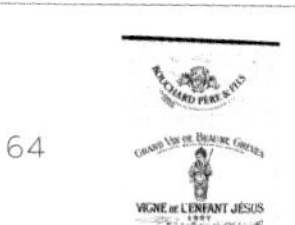

Beaune 1er Cru Grèves Vigne de L'Enfant Jéjus / Bouchard Père et Fils

ボーヌ・プルミエ・クリュ・グレーヴ・ヴィーニュ・ド・ランファン・ジェジュ 1997年 / ブシャール・ペール・エ・フィス

「ビロードのズボンをはいた幼子イエスの畑」という名のモノポールの1級畑。フランス革命後の競売の際に「ブシャール・ペール・エ・フィス」が購入した、当時から有名な畑。ブシャールは老舗ネゴシアンであり、またコート・ドール地区に130haもの畑を所有する大ドメーヌ。1995年からシャンパーニュのジョセフ・アンリオ氏が経営するようになり品質が向上したが、2022年に「アルテミス」に買収された。

65

Beaune Cuvée Nicolas Rolin / Hospices de Beaune

ボーヌ キュヴェ・ニコラ・ロラン 1949年 / オスピス・ド・ボーヌ

1443年にブルゴーニュの宰相ニコラ・ロランが設立したボーヌ慈善病院が所有するブドウ畑は約60ha。当時からワインを売った収益で病院が運営されている。畑を寄進した貴族の名前はワインラベルにキュヴェ名として記載。11月第3日曜日のチャリティー・オークションは、1851年から続く。オスピスが所有する最高レベルの醸造所で、51種類のワインが造られている。写真の1949年は20世紀のベスト5に入るヴィンテージで、長命だった。当時のオスピス・ド・ボーヌのエチケットは珍しい。

66

Pommard Les Vaumuriens / Domaine J-F Coche-Dury

ポマール・レ・ヴォーミュリアン 2006年 / ドメーヌ・ジャン・フランソワ・コシュ・デュリ

シャルドネの神様ジャン・フランソワ氏が造る赤ワインは、ヴォルネ1級畑、モンテリ、オーセイ・デュレスも素晴らしい。ポマールのヴォーミュリアンは、特級畑の実力があるとの誉れ高いレ・リュジアンの上部に位置する。赤も白と同様に古木と低収量にこだわるゆえ、テロワールの激情が確かに伝わってくる。

67

Pommard 1er Cru Les Epenotts / Domaine Parent

ポマール・プルミエ・クリュ・レ・ゼプノ 1996年 / ドメーヌ・パラン

ポマール村の老舗のドメーヌ。当主フランソワ・パラン氏は、妻であるヴォーヌ・ロマネ村出身のアンヌ・フランソワ・グロさんとともにドメーヌを運営。レ・ゼプノはボーヌ村側に位置する1級畑。グラマラスな果実味と上品なフレーバーを持ち、「パラン」のスタイルは華やかでみずみずしい。エプノは「棘」を意味し、畑の前に棘のある藪があったことから名付けられたそう。

68

Pommard 1er Cru Clos Blanc / Domaine Albert Grivault

ポマール・プルミエ・クリュ・クロ・ブラン 2000年 / ドメーヌ・アルベール・グリヴォ

赤ワインなのに「ブラン」と呼ばれる理由は、11世紀にミサ用の白ワインを造るためにシトー会の修道僧がシャルドネを植えたという、由緒正しい畑だから。グラン・ゼプノの南側に隣接するクロ・ブランから、ピノ・ノワールから端正な輪郭を持つ上品な赤ワインを造っている。

69

Pommard 1er Cru Les Rugiens Bas / Domaine Michel Gaunoux

ポマール・プルミエ・クリュ・レ・リュジアン・バ 2019年 / ドメーヌ・ミシェル・ゴヌー

テロワールを鏡のように映し出す「ドメーヌ・ミシェル・ゴヌー」。洗練された古典的なワイン造りを行っている。リュジアンの畑は鉄分に富む赤い(ルージュ)土壌なのでリュジアンと名付けられた。リュジアン・バは勇壮なタイプだが、リュジアン・オーは平凡なワインを生む畑なので注意が必要だ。

70

Volnay 1er Cru Santenots-du-Milieu / Domaine des Comtes Lafon

ヴォルネ・プルミエ・クリュ・サントノ・デュ・ミリュ 2003年 / ドメーヌ・デ・コント・ラフォン

ヴォルネ村の丘陵に位置する、ムルソー村との境目の土壌は 赤白ともに優良品を生む。シャルドネはAOCムルソー・プルミエ・クリュ、そしてピノ・ノワールであればAOCヴォルネ・サントノになる。「コント・ラフォン」はほかの造り手とは全く異なったスタイルで、赤ワインの色は濃く巨大な果実味の迫力と気品がある。

71

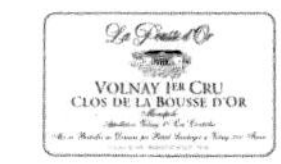

Volnay 1er Cru Clos de la Bousse d'Or / Domaine de la Pousse d'Or

ヴォルネ・プルミエ・クリュ・クロ・ド・ラ・ブス・ドール 2010年 / ドメーヌ・ド・ラ・プス・ドール

コート・ド・ボーヌ地区で最も優雅な赤ワインの一つであり、ブルゴーニュ公が所有していた銘醸畑。19世紀には「ブス・ドール」と呼ばれていたが、1964年に「プス・ドール」と改名された。が、結局フランス政府の命令で元の名前に戻った。97年にパトリック・ランダンジェ氏がオーナーになってからの改革により洗練され、次世代に受け継がれている。

72

Volnay 1er Cru Les Mitans / Domaine de Montille

ヴォルネ・プルミエ・クリュ・レ・ミタン 2004年 / ドメーヌ・ド・モンティーユ

ヴォルネ村を代表する、常に繊細で上品な赤ワインを造る歴史的ドメーヌ。1996年にユベール・ド・モンティーユ氏からエティエンヌ氏に代替わりしてから所有畑を増やし、カリフォルニアや函館にもワイナリーを設立。今も発展中だ。レ・ミタンはキラキラとしたミネラルとフィネスが果実の旨味に溶け込んでいて、タンニンもきめ細かい。

73

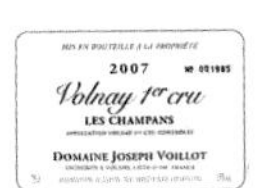

Volnay 1er Cru Les Champans / Domaine Joseph Voillot

ヴォルネ・プルミエ・クリュ・レ・シャンパン 2007年 / ドメーヌ・ジョセフ・ヴォワイヨ

ムルソー村に近い1級畑レ・シャンパンは、ヴォルネ村の中でも一番エレガントなので「女性らしい」と表現される。ボーヌ村のワイン学校の先生をしていたジョセフ氏の娘婿である当主ジャン・リュック・シャルロ氏は、ヴォルネの典型的な優雅な赤ワインを造り出す。

74

Montélie / Domaine Jean-Philippe Fichet

モンテリ 2006年 / ドメーヌ・ジャン・フィリップ・フィシェ

モンテリ村は、ムルソー村からオート・コート地区に行く途中にある小さい村。90%以上が赤ワインで、ポマール村やヴォルネ村よりも田舎っぽい印象のワインが多い。「コシュ・デュリ」の甥であり、ムルソーの名手ジャン・フィリップ・フィシェ氏が造る白ワインは「クリスピーでフルーティーなプティ・ムルソー」という趣。

75

Auxey-Duresses Les Clous / Domaine d'Auvenay

オーセイ・デュレス・レ・クル 1999年 / ドメーヌ・ドーヴネ

モンテリ村の西隣に位置する谷間の村。30%ほど産出される白ワインは、一般的にはムルソー白のボディを軽くし細身にしたようなタイプ。「ドーヴネ」は、ラルー・ビーズ・ルロワさんのプライベートなドメーヌ。所有する南向き斜面の中腹にある区画で少量造られるオーセイ・デュレスは、独特の気品に満ち、繊細なムルソーのような味わい。

76

Saint-Romain / Domaine Alain Gras

サン・ロマン 2008年 / ドメーヌ・アラン・グラ

コート・ドール地区で最も冷涼で標高の高い急斜面の畑が多い村であり、1級畑はない。白ワインの比率は50%弱。アラン・グラ氏はサン・ロマンの魅力を最大限に引き出す村一番の造り手であり、白は柑橘類やデリシャスリンゴの風味が弾け、清涼感に溢れている。

77

Meursault 1er Cru Perrières / Lucien le Moine

ムルソー・プルミエ・クリュ・ペリエール 2006年 / ルシアン・ル・モアンヌ

シトー会の僧侶をしていた当主のムニール・サウマ氏(レバノン出身)は、ワイン造りの修業をした後1999年にボーヌ村でミクロ・ネゴシアンを設立。特級畑と1級畑の中でも最上の区画の果汁やワインを栽培農家から少量購入し、熟成・瓶詰めを行う。最高の食材を手に入れて調理する3ツ星レストランのシェフのようだ。

78

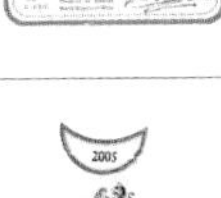

Meursault 1er Cru Clos des Perrières / Domaine Albert Grivault

ムルソー・プルミエ・クリュ・クロ・デ・ペリエール 2005年 / ドメーヌ・アルベール・グリヴォ

クロ・デ・ペリエールはペリエールの中にある1haの区画で、「アルベール・グリヴォ」のモノポール。特級畑に値する、と昔からいわれている。その区画の表土は特別に厚いので、周りに広がる石灰質が強いペリエールとは違い、芳醇なワインとなる。グリヴォのワインは、ほかの造り手に比べると早くから香りが開きインパクトはあるが、ストラクチャーが弱い。

79

Meursault 1er Cru Genevrières / Domaine des Comtes Lafon

ムルソー・プルミエ・クリュ・ジュヌヴリエール 1997年 / ドメーヌ・デ・コント・ラフォン

ムルソー村の中で眩いばかりのフレーバーを最も感じさせる造り手「コント・ラフォン」。3大1級畑を所有し、それぞれの個性が贅沢に堪能できる。ジュヌヴリエールはムルソーらしいグラ(オイリー)なテクスチャーが一番強いタイプ。ナッツやバターのようなコクと粘性が力強く口中に広がり、リッチなソースを使う甲殻類の料理に相性抜群。

80

Meursault 1er Cru Charmes / Domaine François Mikulski

ムルソー・プルミエ・クリュ・シャルム 2006年 / ドメーヌ・フランソワ・ミクルスキ

3大ムルソーの中ではフローラルで繊細な印象のシャルム。広い畑で、ペリエールに近い区画は引き締まったミネラル感が加わり、斜面の下の方の区画はフルーティーで肉厚なニュアンスを持つワインとなる。フランソワ・ミクルスキ氏のスタイルは、ほかの造り手と比べるとより純粋でスタイリッシュさを追求している。1992年に初リリースしてから、人気は年々高まっている。

81

Meursault-Blagny 1er Cru / Domaine Thierry et Pascale Matrot

ムルソー・ブラニ・プルミエ・クリュ 2002年 / ドメーヌ・ティエリ・エ・パスカル・マトロ

ムルソー村とピュリニ・モンラッシェ村の境目にある小さな村落。表土は厚く、1級畑の赤ワインはAOCブラニ・プルミエ・クリュとなる。しかし、同じ畑で白ワインを造るとAOCムルソー・ブラニとなる。ややこしいが、赤と白の両方造られている。「ブラニ」が付いていると、普通のムルソーよりもミネラルと酸がごつくてたくましい。

82

Puligny-Montrachet 1er Cru Les Pucelles / Domaine Leflaive

ピュリニ・モンラッシェ・プルミエ・クリュ・レ・ピュセル 2004年 / ドメーヌ・ルフレーヴ

世界一高貴な白ワインで有名なピュリニ・モンラッシェ村には1級畑が17面もあるが、その中でレ・ピュセルが最もピュリニの個性を表現している。華やかさと純粋性に溢れ、フィネス豊かでポテンシャルが非常に高い。ルフレーヴの献身的な栽培・醸造により、その個性が鮮やかに感じられる。

83

Puligny-Montrachet 1er Cru Clos de la Mouchère / Domaine Henri Boillot

ピュリニ・モンラッシェ・プルミエ・クリュ・クロ・ド・ラ・ムシェール 2005年 / ドメーヌ・アンリ・ボワイヨ

1級畑ペリエールの中にある小さな区画クロ・ド・ラ・ムシェールは、「アンリ・ボワイヨ」の代表的なモノポール。凛としたミネラル感に加え、熟した白桃のような甘い果実味とクリーミーなフレーバーが魅力。ムシェールは、ミツバチという意味で、ワインにもハチミツの香りが漂う。

84

Puligny-Montrachet 1er Cru La Truffière / Domaine Jean-Marc Boillot

ピュリニ・モンラッシェ・プルミエ・クリュ・ラ・トリュフィエール 1992年 / ドメーヌ・ジャン・マルク・ボワイヨ

樫の木の下でトリュフが見付かったことから名付けられた、1級畑のトリュフィエール。ジャン・マルク氏はエティエンヌ・ソゼ氏の息子で(アンリ・ボワイヨ氏と兄弟)、相続によってこの畑を得た。表土が薄く石灰質が強い斜面にある畑なので、ギュッと詰まったミネラル感と美しい果実味とのバランスが見事である。

85

Puligny-Montrachet 1er Cru Folatières / Domeine Paul Pernot

ピュリニ・モンラッシェ・プルミエ・クリュ・フォラティエール 2002年 / ドメーヌ・ポール・ペルノ

1級畑のフォラティエールはピュリニ・モンラッシェにしては肉付きが良くて力強いのが特徴。ペルノのワインは、ピュリニらしい繊細な絹糸のような酸とミネラル感、上品な果実味とフィネスのバランスの良いものが多いが「ルフレーヴ」に比べるとやや控えめ。

86

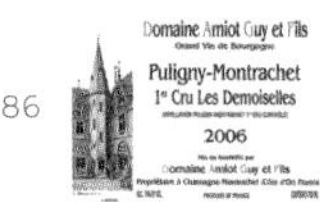

Puligny-Montrachet 1er Cru Les Demoiselles / Domaine Amiot Guy et Fils

ピュリニ・モンラッシェ・プルミエ・クリュ・レ・ドモワゼル 2006年 / ドメーヌ・アミオ・ギィ・エ・フィス

ドモワゼルは、モンラッシェの北側の1級畑カイユレの南端にある10畝ほどのブドウ樹から生まれる贅沢な白ワイン。ギィ・アミオ氏が造る壮麗なモンラッシェは感動的。ドモワゼルも堂々としたそのボリューム感がパワフルで、ピュリニ・モンラッシェとしては個性的だ。

87

Montrachet / Marquis de Laguiche

モンラッシェ 1996年 / マルキ・ド・ラギッシュ

モンラッシェ8haは、ピュリニ・モンラッシェ村側のモンラッシェに4軒、シャサーニュ村側のル・モンラッシェに11軒の所有者がいる。最大の区画所有者であるラギッシュ公爵家は北端から2ha持つ。栽培は「マルキ・ド・ラギッシュ」、収穫から販売までは「ドルーアン」が行うモンラッシェの味わいは、最も繊細で格調高い。ラギッシュ公爵は、フランス革命前に大区画を所有していたが、革命の際に没収され処刑された。その後、一族は畑を4ha取り戻したが、結局半分を失い今のサイズに。

88

Montrachet / Domaine Ramonet

モンラッシェ 2002年 / ドメーヌ・ラモネ

シャサーニュ村側の斜面は、東南の向きから南に向きを変えているので、シャサーニュ側に区画を所有する「DRC」「コント・ラフォン」「ルフレーヴ」のワインはより熟した濃厚さでパワーがある。「ラモネ」はピュリニ村側に区画を持つが、ラモネの特徴である凝縮した果実味とパワーがあり、シャサーニュ側の畑かと惑わされるほどだ。1978年からピュリニ村側に0.26haの区画を所有。

89

Chevalier-Montrachet / Domaine Etienne Sauzet

シュヴァリエ・モンラッシェ 2000年 / ドメーヌ・エティエンヌ・ソゼ

ピュリニ村側にある特級畑。モンラッシェの上部に位置し、標高の高さと石灰岩が露出するほどの表土の薄さで、鋼のようなミネラル感と酸が効いた骨太筋肉質なボディを持つ。当主ジェラール・ブド氏のシュヴァリエは、特別エレガントでフィネスに溢れており、現在では娘エミリさんとその婿ブノワ・リフォー氏がそれを踏襲したワイン造りを行っている。

90

Bâtard-Montrachet / Vincent Girardin

バタール・モンラッシェ 1999年 / ヴァンサン・ジラルダン

モンラッシェの斜面下に広がる特級畑。モンラッシェよりも表土が厚く、赤土や粘土が多い土壌なので、肉厚で非常にグラなワインとなる。ヴァンサン・ジラルダン氏は常に大柄で粘性の強いワインを造っていたが、2012年に引退。そのブランド名を継いだ新オーナーの下で、ヴァンサン氏の右腕だったエリック・ジェルマン氏がエレガントなスタイルを追求している。

91

Bienvenues Bâtard-Montrachet / Domaine Leflaive

ビアンヴニュ・バタール・モンラッシェ 1988年 / ドメーヌ・ルフレーヴ

「ようこそバタール・モンラッシェへ」という意味を持つ特級畑。ピュリニ側にあり、バタールの北に隣接。南隣はピュセル。バタールとピュセルの中間的な性格といえる。全3.68ha中に1.15ha所有の「ルフレーヴ」は、ビアンヴニュの最大の所有者。1997年からはビオディナミ100%を実践し、生命力あるワインを造っている。

92

Chassagne-Montrachet 1er Cru Maltroie / Heitz-Lochardet

シャサーニュ・モンラッシェ・プルミエ・クリュ・マルトロワ 2017年 / ハイツ・ロシャルデ

2013年が初ヴィンテージの新星ドメーヌ。当主はアルマン・ハイツ氏。曾祖父が買った畑のブドウは「メゾン・ドルーアン」に売られていたが、アルマン氏が栽培・醸造方法を学び、ワイン造りを始めた。赤白ほぼ同量のワインを生むマルトロワでは、硬質なミネラル感のしっかりとした白ワインを造っている。

93

Chassagne-Montrachet 1er Cru Clos Saint-Jean / Tomas Morey

シャサーニュ・モンラッシェ・プルミエ・クリュ・クロ・サン・ジャン 2017年 / トマ・モレ

2007年、豊潤なワイン造りで有名な父親のベルナール・モレ氏が引退する際に、ヴァンサン氏とトマ氏の兄弟が畑を分割・相続した。トマ氏は「DRC」のモンラッシェの栽培責任者を3年間務めたことがあり、自社畑でもビオディナミを実践し、生命力溢れる上質なブドウからストラクチャーのしっかりとした白ワインを造る。クロ・サン・ジャンは、斜面最上部に位置し、凜とした味わい。

94

Chassagne-Montrachet 1er Cru Les Macherelles / Domaine Amiot Guy et Fils

シャサーニュ・モンラッシェ・プルミエ・クリュ・レ・マシュレル 2002年 / ドメーヌ・アミオ・ギィ・エ・フィス

マシュレルは、ピュリニ村とシャサーニュ村との境目に近い斜面中腹にある1級畑なので、エレガントで繊細なタイプ。ギィ・アミオ氏が造ると濃厚でパワフルになる傾向があったが、現在は息子のティエリー氏が造り、果実味のバランスが良くなっている。畑仕事に非常に熱心なヴィニュロンだ。

95

Chassagne-Montrachet 1er Cru Morgeot / Michel Coutoux

シャサーニュ・モンラッシェ・プルミエ・クリュ・モルジョ 2008年 / ミシェル・クトゥ

ミシェル・クトゥ氏は、ミシェル・ニーヨン氏の娘婿。そのドメーヌの当主でありながら、ネゴシアン「ミシェル・クトゥ」も運営する。村の南側に位置する1級畑モルジョから造られる白ワインは、シャサーニュの中では最も大柄でオイリーなタイプ。モルジョでは、粘土質が多めの区画から赤ワインが造られており、土の風味が強いたくましくて力強いタイプとなる。

96

Saint-Aubin 1er Cru En Remilly / Domaine Pierre-Yves Colin-Morey

サントーバン・プルミエ・クリュ・アン・ルミリ 2007年 / ドメーヌ・ピエール・イヴ・コラン・モレ

1級畑のアン・ルミリは、モンラッシェの斜面と地続きの、裏側の南向き急斜面に位置している。それゆえ、造り手と天候が良いと限りなくモンラッシェに似た格調高い味わいとなる。ドメーヌ名は父のマルク・コラン氏と、奥さまの父親マルク・モレ氏の苗字をハイフンで結んだもの。2001年が初ヴィンテージ。

97

Santenay 1er Cru Clos du Passe Temps / Domaine Floulot-Larose

サントネ・プルミエ・クリュ・クロ・デュ・パス・タン 2018年 / ドメーヌ・フルーロ・ラローズ

「DRC」のオベール・ド・ヴィレーヌ氏の先祖デュヴォ・ブロシェ家が建てた、地下2階地上3階の城館シャトー・デュ・パス・タンの目前に広がる美しい畑、パス・タン。当主のニコラ・フルーロ氏の奥さまは日本人の久美子さん。白ワインはシャサーニュよりも骨太で、赤はジュヴレの土っぽさやタンニンがあり、ともに長期熟成タイプ。

98

Maranges 1er Cru Les Clos Roussots / Domaine Chevrot

マランジュ・プルミエ・クリュ・レ・クロ・ルソ 2007年 / ドメーヌ・シュヴロ

コート・ドール地区の南端にある三つの村がまとまってAOCマランジュになっている。コート・ド・ニュイ的な骨格のある力強い赤ワインが多く、1級畑のレ・クロ・ルソはコッテリとした果実味とたくましいタンニンが特徴。当主のパヴロ・シュヴロ氏は、2002年にドメーヌでワイン造りを始め、現在は弟のヴァンサン氏と一緒に畑仕事にも励んでいる。

99

Hautes-Côtes de Nuits / La Vinia

オート・コート・ド・ニュイ 2000年 / ラ・ヴィニア

オート・コート・ド・ニュイ地区は、コート・ド・ニュイ地区の斜面裏手の標高の高い場所に広がっている。「DRC」のオベール・ド・ヴィレーヌ氏が造るこのワインの畑は、サン・ヴィヴァン修道院の真横に位置する。このワインは修道院を修復するための資金集めが目的で、1999年からパリの酒屋ラ・ヴィニア（2021年に閉店）とカーヴ・ドージェに販売していた。

100

Hautes -Côtes de Beaune / Domaine Jayer-Gilles

オート・コート・ド・ボーヌ 2012年 / ドメーヌ・ジャイエ・ジル

オート・コート・ド・ボーヌは、オート・コート・ド・ニュイよりもかなり広い生産地区。設立者ロベール・ジャイエ氏（アンリ・ジャイエ氏のいとこ）の造り方は、「DRC」で働いていた経験から、熟した品のある果実味と新樽の香りが特徴で、このクラスにしてはゴージャス。ドメーヌを受け継いだジル氏は2018年に逝去し、16年がラストヴィンテージとなった。

ワイン農家では、収穫が終わると同時に二つの暦が始動します。一つは「畑の暦」で、もう一つは「ワイン醸造の暦」です。

「美味しいだけではなく、心に響く感動的なワインは、この二つの異なるリズムを持つ"暦"が共鳴し合ってこそ生まれる賜物」

これが私のワインに対する思いです。

一つ目の「畑の暦」での作業は「動」の性格を持ちます。足先手先が痛くなるような寒い季節でも畑に出て剪定をする。暑さでクラクラするような天気でも枝葉の手入れをする。この小さいけれど要となる作業の積み重ねが、健全なブドウを作るための秘訣なのです。多少技術が必要とされる剪定などの作業もありますが、基本的に難しいことではありません。ただひたすら体を動かして作業をするだけのことです。

実り多き
シャルドネの収穫。
ビーズ家ではすべて
手摘みで行う

二つ目の「ワイン醸造の暦」は「静」の世界です。発酵期間中、酵母は活発に動きますが、醸造家の心は常に冷静でなければなりません。発酵の途中、突然温度が上がってしまったり、好ましくない香りがしたりすることがあります。そのような時こそ落ち着いて対応していくことが求められます。また、樽での熟成期間中は、ワインを美味しくするのも、そうでなくさせるのも、澱が要因だと私は考えているので、澱の活動を乱さないように静かに見守るように心掛けています。

私にとってのワイン造りは、この「動」と「静」のシンフォニーなのです。

次に、私が特に力を注いでいる畑の仕事についてご説明します。

ワイン農家の仕事の9割は畑作業です。どんな作業をするのか見ていきましょう。

収穫が終わるとほぼ同時に、チームは畑の手入れに戻ります。まずは一部のブドウの樹を引き抜く作業です。天命を全うできればいいですが、ウイルスに感染したり、傷口から侵入した菌に侵されたり、時にトラクターに倒されたり、いろいろな理由で樹がダメになってしまうケースが多々あります。ここで約1〜2%の樹が植え替え候補となると、22ha所有しているビーズ家の場合、年間3000〜

ビーズ家の四季

収穫に始まり収穫で終わるワイン農家の1年

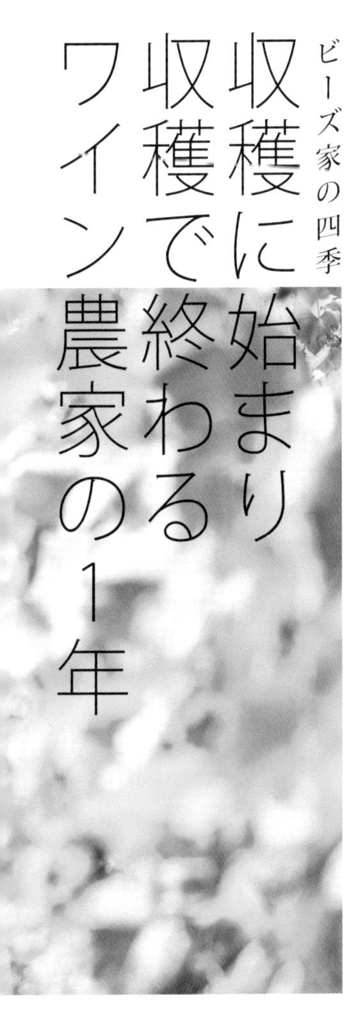

5000本を抜根することになります。かなりの本数ですよね。

そして霜が降りる季節の到来とともに剪定を始めます。畑の作業で一番大切なのが、この剪定です。樹液の流れを考えながら、春先以降の作業のしやすさを考えながら、形の美しさを考えながら、剪定をしていきます。

3月に入り、樹液が動き始めるころにスタートするのが誘引作業。剪定した枝を水平に渡してある針金にくくり付けていきます。そうすることで新梢が上に向かって真っすぐ伸びていくのです。苗木を植えたり、痛んだ杭や緩んでしまった針金の修理をしたりする作業もこの時期に行います。

その後、ちょっとした息抜きの時を経て、芽掻きがスタート。ここから7月半ばまでは息つく暇なく手入れをしていきます。この時期の作業を怠ると風通しが悪くなり病気にかかりやすくなったり、収量のコントロールができずに結果ブドウが完熟しなかったり、ということが起きます。

色づきが始まると、収穫まではお天道さまのご機嫌をうかがう毎日です。雨の降り過ぎは困りますが、近年は雨が少なすぎ、水不足となり、ブドウの成長がストップしてしまうことのほうが懸念されます。

6月の開花から100日後が収穫開始の目安。完熟したシャルドネは透明感が増して黄金色に輝き始めます。ピノ・ノワールは黒真珠のように私たちを惹き付け、食してみると甘酸っぱさが口いっぱいに広がります。種をかじってみて、クルミのような風味がしたら完熟のサイン。ここまでくるとひと安心。収穫開始が「畑の暦」の終わりであり、また新たな1年がスタートします。

春の畑。新梢、若葉の合間に蕾が見え隠れして可愛らしい

「黄金の丘」と呼ぶにふさわしい秋のブドウ畑

気温10℃以下になるとブドウ樹は休眠する。11月には雪が降る

ミクロクリマ（微気候）があるブルゴーニュでは、ダイナミックな虹を見かけることが多い

ナチュラルワインの動向

ナチュラルワインとはどんなワインなのでしょう。ビオワインとナチュラルワインが混同されることが多々ありましたが、2019年に「ナチュラルワイン協会（Vin Méthode Nature）」が発足したことで定義付けされ、ロゴもできました。でも、そのロゴが普及するにはまだ時間がかかることでしょう。

協会の定義を簡単にまとめると次の通りです。

- 有機栽培のブドウだけを使用
- 収穫は100％手摘み
- 天然酵母だけで発酵
- 発酵や醸造過程で添加物を使用したり、酒質を物理的に変質させたり、衝撃を与える技術を導入してはならない
- 亜硫酸添加に関しては、発酵段階では不可。発酵終了後はワインの色や種類を問わず総亜硫酸量が1ℓ当たり20mgあるいは30mg（カテゴリーによる）以下であること

ナチュラルワイン（Vin Méthode Nature）協会のロゴ。亜硫酸無添加のワインに付ける。ほか亜硫酸添加30mg／ℓ以下のロゴもある

ナチュラル派にとっては、従来のワインは硬すぎてスルスル飲めない代物。反対にトラディショナル派にとっては、ナチュラルワインは"馬小屋臭"がしたり、ブドウ品種の個性が出ていないと感じられるものがある。両者の境界線はハッキリとしていて、お互いを受け入れるのはなかなか難しいものでした。

最近では、機械的に亜硫酸を使用していた伝統的な生産者の間でも、ワインの品質を見極めつつ細心の注意を払って使用するようになってきました。このような生産者は英語で「New Old Style Domaine」と呼ばれます。「古いけれど新しいスタイルの造り手」とでも訳すのでしょうか。

「ドメーヌ・シモン・ビーズ」もその一つです。10年ほど前から、白ワインに関しては瓶詰めまでは亜硫酸を全く使わず、澱を生かし、瓶詰め時にヴィンテージの性格を様子見しつつ亜硫酸の添加、あるいは無添加という方法を取っています。赤ワインは一部のキュヴェで亜硫酸無添加の状態で醸造、そして瓶詰めまで行っていますが、今のところすべてを無添加で醸造するには至っていません。確かに、亜硫酸無添加で醸造するほうが果実本来の美味しさを感じることができるのですが、蔵の目指すところは「美味しく安定したワインを供給する」こと。近年、温暖化のせいか酸が落ちやすく、どうしても醸造の段階から不安定になりがちなため、様子を見ながら行っているのが現状です。

多様化する醸造用容器

醸造用のタンクで古典的なものは、木製です。赤ワイン専用です。底が楕円形で筒形。そして「開放桶」と呼ばれるように、蓋のようなものはなく、温度を管理するようなシステムもありません。現在新たに作られる木製のものは、楕円ではなく円形が主流になりました。蓋を付けたり、温度をコントロールするための「ドラム」と呼ばれる板を使用する際に効率が良いのでしょう。木製の利点は保温性があること。難点は管理が面倒なことで、洗浄や使用開始前の準備も煩雑です。衛生的に完璧ではないと言ってしまえばそれまでですが、だからこそ独特な風合いがワインにもたらされる、と個人的には思います。

白ワインは、木製を使用する場合は発酵と熟成を小樽（228ℓ）で行っていましたが、500ℓや600 ℓのようなより大きなサイズの樽を多く見かけるようになりました。小樽と比較すると、よりフレッシュな果実味を確保できます。温暖化でブドウが過熱気味になっているため、これは有効な方法です。さらに大きい、アルザス地方やジュラ地方でよく見かけるフードルと呼ばれるタンク型の木樽が、ブルゴーニュでも使われるようになってきました。容器の上部と下部で温度の差があり、自然に対流が起きることで澱が常に舞い、ワインにより深みが出ます。ビーズ家の場合は1200ℓのフードルを数年前に購入し、今後増やしていく予定です。

保温性があるものとしては、ほかにコンクリート製があります。管理も木製より簡単で、現在でも多くのドメーヌが使用しています。また密閉性があるのも選ばれる理由です。以前はスペースを有効に活用するため立方体でしたが、現在はいかような形にも成形できることから小樽形、卵形、甕（かめ）形といろいろあります。

ステンレス製のタンクは現在主流の容器です。衛生面で優れていて取り扱いが簡単だからです。ただ保温性がないので、温度管理をするシステムの導入が必要となります。

陶器製、磁器製、砂岩製のアンフォラや壺、卵形の容器もどんどん登場しています。これらの容器はワイン発祥のころから使われてきたものであり、目新しいものではありません。運搬に便利で扱いやすい木製の小樽の登場とともに忘れられていたにすぎません。コンクリートやステンレス製のものを使いたくない若い世代が、好んで使用しているように思います。素焼きのように目が粗いものの場合はワックスや樹脂で内部をコーティングする必要があります。密閉性のある素材として、贅沢にセラミックやガラス製を使う生産者もいるから驚きます。

卵形コンクリートタンク。
一番奥にあるのは、同じ素材の
宇宙船のような八角形タンク

木製の発酵槽といろいろなサイズの
ステンレスタンク

上が228ℓの小樽。下が600ℓの熟成樽。
奥の大樽は1200ℓのフードル。
すべてフレンチオーク製

知的ワインガイドブック **ブルゴーニュ コート・ドールへようこそ!**

目次 Contents

Column コラム

ブルゴーニュの歴史

栄華を極めたブルゴーニュ公国の後先

16世紀に建てられたシトー会クロ・ド・タール修道院

1570～1924年まで使用されていた、クロ・ド・タール修道院の圧搾機

1 世紀　南仏からローヌ川を北上したローマ人によって、ブルゴーニュにブドウ栽培・ワイン造りが伝わる。

2 世紀　後のブルゴーニュの先祖の一翼となるブルグント族が、北欧のボーンホルム島からドイツのウォルムスに移り住み、406年にブルグント王国を作る。

534 年　ブルグント王国の滅亡。フランク軍はブルグント軍との戦いに勝利し、ブルグント（ブルゴーニュ）はフランク王国の支配下になる。

630 年　ジュヴレ村にベネディクト会のベーズ修道院が設立され、640年にアマルゲール公爵が寄進した土地にブドウが植えられた。「シャンベルタン・クロ・ド・ベーズ」の誕生。

768 年　フランク王国の宮宰カール・マルテル（686〜768年）の息子ピピン3世（小ピピン）の息子であるシャルルマーニュ（742〜968年）がフランク王に即位。ワイン造りを奨励し、ブルゴーニュ・ワインが栄える。フランス、ドイツ、イタリア一帯を支配し、偉大なカール大帝と呼ばれた。800年に、ローマ教皇レオ3世からローマ皇帝の冠を受けた。

843 年　シャルルマーニュ（カール大帝）死後、*ヴェルダン条約で帝国は分割される。旧ブルグンディア領は東西に二分され、西半分はシャルルの手に（後のフランス）、東半分はブルゴーニュ大公国となる。その後920年ごろ、ヴァイキングの侵略を撃退し、ブルゴーニュ地方を統合したリシャール半官公がブルゴーニュ公国の礎を築く。ディジョンを首都にした。

*フランク王国カロリング朝の王ルートヴィヒ1世の死後、遺子のロタール、ルートヴィヒ、カールが王国を分割相続することを定めた。これにより東フランク王国、西フランク王国、中フランク王国が誕生し、現在のドイツ、フランス、イタリアの原型が作られた

900 年ごろ　ベネディクト会のサンヴィヴァン修道院がブルゴーニュ公の補佐官であるヴェルジの領主マナセ1世によって設立された。1095年に、教皇ウルバン2世の命令でクリュニーの修道院となる。サンヴィヴァン修道院が寄進された区画は、現在の特級畑「ロマネ・コンティ」「ラ・ターシュ」「リシュブール」「ラ・ロマネ」など。

909 年　ベネディクト会クリュニー修道院創建。アキテーヌ公ギョームがマコン伯爵でもあったことから、自領内に流れるグローヌ川のほとりのクリュニーの土地をベネディクト会に寄進。クリュニー修道院創建。クリュニーの守護聖人は「最後の審判」でキリストの両側にいる聖ペテロと聖パウロ。ヨーロッパに次々と修道院や教会が設立された背景には、当時の封建貴族達のひたむきな救済への願望があり、多くの布施・寄進をクリュニーに行ったことが挙げられる。寄進者と修道院は霊的兄弟の誼(よしみ)を結び、修道士は寄進者の救霊のために彼らに代わって祈りに専念した。11世紀、クリュニーは西欧キリスト教世界の霊的中心地となり、200年の間に、ヨーロッパ各地に1200〜1500従属修道院からなる連合を組織した。
当時の人々はキリストの誕生日よりも「*キリスト受難の1000年目」を重視し、1035年が来るのを不安、恐怖のうちに生きていた。これから逃れ救済を手に入れるためには、修道院への布施・寄進が必要であった。

*この世が始まって以来、支配していた季節や秩序が永遠に混沌に落ち込んで、人類の終結が来ると信じられていた

*987*年　カペー朝ブルゴーニュの誕生。パリ伯ユーグ・カペーがフランス王となる。カペー朝はブルゴーニュ公国との結び付きが濃い。341年間のブルゴーニュはフランス王家の臣従として忠誠を貫いた。また、歴代のブルゴーニュ公は結婚による姻戚関係の強化によって王家における影響力を強め、公領の拡大に努めた。

*1098*年　シトー会修道院の設立。設立したロベール・ド・モレームは、クリュニー修道会の堕落や浪費から逃れた、「清貧」（使徒的生活、キリストのように貧しく）がモットーの改革派。クリュニー修道院から東北へ約80km離れたソーヌ川沿いの荒廃地に建てられた。この辺の湿地に多く見られた葦（シトー）から名付けた。このころ「清貧」の運動が盛んになる。

*1116*年〜*1160*年　シトー会がヴジョで畑を拓き、醸造所が「クロ・ド・ヴジョ」に作られる。シトー会は中世後期を通じて、ヨーロッパ全土でブドウ栽培・ワイン醸造を牽引した。

*1141*年　ノートル・ダム・デュ・タールのシトー会女子修道院が、モレ・サン・ドニに畑を入手。「クロ・ド・タール」となる。

*1328*年　ヴァロワ朝誕生。フィリップ4世の弟、ヴァロワ伯シャルルの息子フィリップ6世がフランス王に即位。フィリップ6世はウード（ブルゴーニュ公）の妹ジャンヌと結婚、その後ブルゴーニュは長きにわたってフランス王家に大きな影響力を持つ。このころから、ブルゴーニュの銘醸ワインは王侯貴族や教会権力者のステイタスシンボルとなる。

*1337*年　百年戦争勃発。フィリップ4世の孫に当たるイングランド王エドワード3世がフランス王位継承者と主張し、両国の間で百年戦争が始まる。北フランス側はブルゴーニュ派を中心としてイギリス同盟を結び、対する南フランス側はアルマニャック派に集結した。

*1346*年　クレシーの戦。イングランド王エドワード3世がフィリップ6世を破る。

*1347*年　ペスト大流行。西欧全人口の1/4〜1/3が失われる。

*1364*年　シャルル5世、フランス王に即位。弟のフィリップ豪勇公（Philippe le Hardi。在位1364〜1404年）にブルゴーニュ公領を譲る。1364〜1477年、ヴァロワ＝ブルゴーニュ家がブルゴーニュを支配。

*1369*年　フィリップ豪勇公がフランドル女伯マルグリットと結婚し、フランドル伯となる。

*1395*年　フィリップ豪勇公が“下品なガメ”を引き抜き、ピノ・ノワールを植えるように命じた。

*1404*年　ジャン1世（無怖公Jean Sans Peur。在位1404〜19年）がシャルル6世の摂政権を巡ってオルレアン公ルイと対立した結果、ルイを暗殺してパリを支

配。アルマニャック派とブルゴーニュ派との抗争開始。しかしその後1419年、シャルル6世の息子シャルル7世（フランス・ヴァロワ朝の5代国王。在位1422〜61年）に暗殺された。

*1418*年　ブルゴーニュ派、パリ占領。

*1419*年　ブルゴーニュ公国が頂点の時代。フィリップ3世（善良公 Philippe le Bon。在位1419〜67年）は安定した政治を行い、所領を拡大した。金羊毛騎士団を創設し、騎士道文化が最盛期を迎えた。ファン・エイク兄弟などのフランドル派画家や、ブルゴーニュ楽派の音楽はヨーロッパで最高水準になった。公国の宮廷はディジョンからブリュッセル（今のベルギー）に移った。

*1428*年　イングランドのヘンリー6世の執政であるベドフォード卿は、北フランスの大半を制圧し、さらにオルレアンを包囲。そのころ聖ミシェルと聖女マルグリットのお告げにより、ジャンヌ・ダルクがフランス軍を率いてイングランド軍を奇襲。*シャルル7世は奇跡的に救出される。

*シャルル6世の死後、イングランド王ヘンリー5世がフランス王女カトリーヌの婿としてフランス王位を継承することが「トロワの和解」によって取り決められ、イングランド寄りの政策は1422年に顕著になっていた。これに対抗して、廃嫡された王太子シャルルはアルマニャック派の支持を得て、フランス王シャルル7世と名乗り、ヘンリー5世の後を継いだヘンリー6世との抗争が続いていた

*1429*年　シャルル7世（ヴァロワ朝第5代国王。在位1422〜61年）、ランスで戴冠式。

*1430*年　ジャンヌ・ダルクはフィリップ善良公に、フランス軍に対する敵対行為を止めるように手紙を書く。しかしフィリップは再び軍隊を建て直し、パリ北部のフランス軍の拠点を襲撃。シャルル7世を助けたジャンヌを捕らえ、イングランド軍に引き渡した。ジャンヌは1431年に処刑される。

*1435*年　百年戦争、ブルゴーニュでの終結。ニコラ・ロラン官房長官の活躍によって、ジャン無怖公の謝罪とピカルディの割譲を条件に、フランス王シャルル7世とブルゴーニュ公との間に和議成立。

*1443*年　ニコラ・ロランが亡くなり、それまで蓄えていた膨大な資産によってボーヌに「オテル・デュー」（オスピス・ド・ボーヌ慈善病院）が作られる。

*1453*年　百年戦争の終結。イングランド軍がカスティヨンの戦いで退敗。

*1456*年　フィリップ善良公が国の政治を息子のシャルルに譲る。フランス王国を離れた生粋のブルゴーニュ公国王。

*1467*年　シャルル突進公（豪肝公 Charles le Téméraire。在位1467〜77年）、公領としてではなく、王国として復興しようと無謀な戦争を行った。また、都市勢力と対峙し、フランス王ルイ11世にも立ち向かわなければならなかった。

*1470*年　フランス王ルイ11世、ブルゴーニュに宣戦布告。フランス統一国家を再建するために、ブルゴーニュ軍を壊滅するための策を練った。

*1477*年　シャルル突進公がロレーヌ地方のナンシーで敗死。相続人のマリーが神聖ローマ帝国皇帝ルードヴィッヒ3世の一人息子マクシミリアンと結婚し、ルイ11世の脅威から逃れる。

*1482*年　アラスの和約。ルイ11世と神聖ローマ皇帝マクシミリアン1世により、ブルゴーニュ公国をフランス国に併合される。マリーは落馬事故で死亡。

*1493*年　神聖ローマ皇帝マクシミリアンとフランス王家の和平が成立。公国を分割し、現在のブルゴーニュ公領は解体された。ネーデルラント、アルトワ、フランシュ・コンテはマクシミリアンに、シャロレ、シノン城などは娘のマルグリットに、ほかのブルゴーニュ公領はフランス王領に統合された。

*17*世紀　太陽王ルイ14世（在位1643〜1715年）の宮廷で、ブルゴーニュ・ワインがシャンパーニュ地方産ワインとライバル関係に。

*1760*年　コンティ公（ルイ・フランソワ・ド・ブルボン）、ルイ15世の愛妾ポンパドゥール婦人と「ロマネ」の畑の争奪戦に勝ち、畑を入手。

*1789*年　フランス革命勃発。

*1791*年　教会、王侯貴族が所有していたすべての畑は、革命政府によって没収され、競売によって民間に払い下げられた。この時から畑の細分化が始まる。

*1798*年　ルイ16世が処刑される。

*1804*年　ナポレオン・ボナパルトが皇帝に即位（第1帝政）。「ナポレオン法典」では、すべての子が親の財産を均等に相続することを義務付けたので、代替わりする度に畑の細分化が進み、零細農家が多数誕生。

*1851*年　11月第3日曜日、オスピス・ド・ボーヌで慈善競売会が始まる。

*1864*年　アメリカのブドウ樹に付いていた寄生虫フィロキセラが南フランスのブドウ畑に侵入。19世紀末に全ヨーロッパの2/3のブドウ樹が枯れ、壊滅状態に陥ったが、フィロキセラに対し免疫力のあるアメリカ系ブドウ品種の台木を使用することで難を逃れた。

*1930*年代　第1次世界大戦や1920年代からの世界恐慌により、景気はどん底に。ネゴシアン（ワイン商）の下請け的な存在であった栽培農家は、ネゴシアンが不景気でブドウを買わなくなったことから、優れた畑を所有する農家がワイナリーを立ち上げ「ドメーヌ元詰め」を行うようになる。

参考文献
『読む事典 フランス』編：菅野昭正、高橋秀爾、木村尚三郎、荻昌弘（三省堂）
『フランスの中心 ブルゴーニュ 歴史と文化』編：饗庭孝男（小沢書店）
『ル・ドメーヌ・ド・ラ・ロマネ・コンティ』著：ゲルト・クラム、監修、訳：山本博（ワイン王国）
『Inside Burgundy』著：ジャスパー・モリス MW（Berry Bros. & Rudd Press）

ブルゴーニュの基礎知識

世界中のワイン愛好家が
愛してやまないブルゴーニュ・ワイン
フランスで最も複雑で奥深い
ブルゴーニュ・ワインを解き明かします。

ブルゴーニュ概論

ブルゴーニュ・ワイン愛好家が知るべき
ブルゴーニュの基本と
コート・ドールの独自性

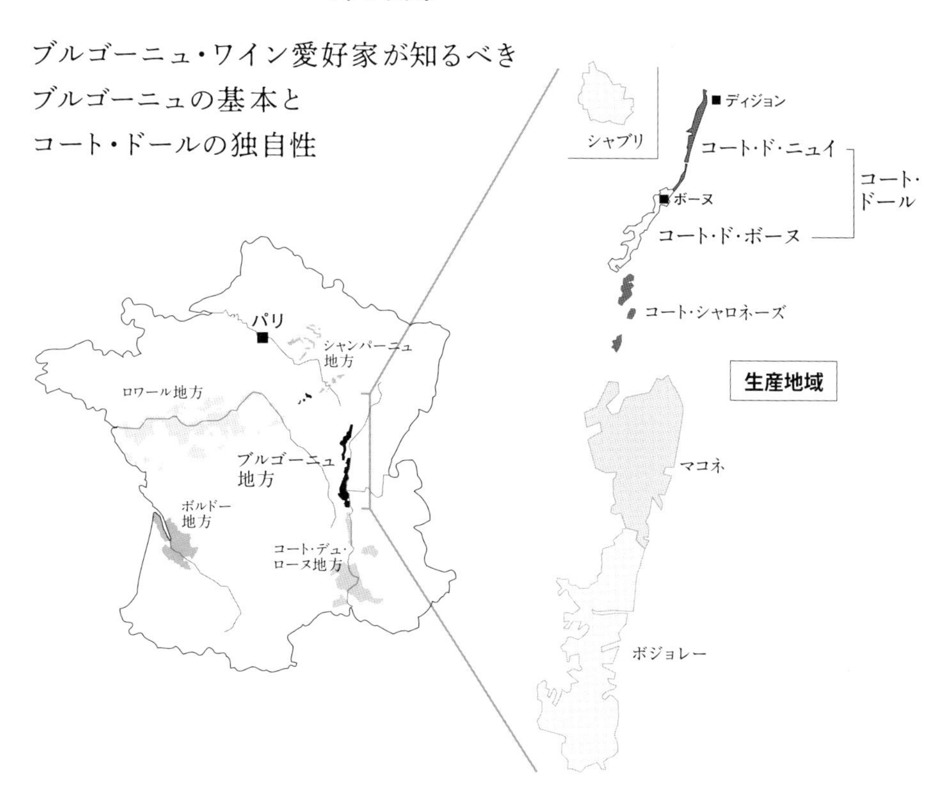

ワインとの出合いは芸術との出合い

素晴らしいワインに出合った時に、芸術との出合いに似た知的興奮を覚えるのはなぜでしょう。それはワインの香りや味わいが、そのワインの生まれ故郷の美しいブドウ畑の景色を連想させるからです。ワインのラベルの向こう側にあるドラマチックな歴史や文化を感じさせ、さらに知識を深めたいという好奇心をかきたてるワインは、まさに「土地を表現する芸術」です。

ブルゴーニュのワイン名は、シャンパーニュやボルドーのようなブランド名（生産者名やワイナリー名）ではなく、特級畑、1級畑、村、地区などの名前がワイン名になるので、ワインが生まれた土地の特徴がダイレクトに感じ取れます。

自然をリスペクトしたワイン造り

優れたワインの造り手は、ワインの素となる「ブドウ畑」の仕事に精を出します。職人気

馬で耕作するロマネ・コンティの畑

質のヴィニュロン（ブドウ栽培醸造家）は、ワインの品質の90％は畑で決まると語り、労力を惜しまず畑を観察し、有機栽培や*ビオディナミを実践して健康的に熟したブドウを収穫します。残りの10％である醸造においては、ブドウが持つテロワール（気候・土壌・地勢など畑を取り巻く自然環境）を表現できるように発酵から瓶詰めまで丁寧に行うのですが、その技術や情熱に芸術的な感性が伴えば瓶詰め後10年以上は風味が向上し、心に響く感動的なワインを造ることができます。

また「ブドウは大地の歌を歌い、それを指揮するのがヴィニュロン」という格言があるように、芸術性のあるヴィニュロンが造れば最高のワインとなります。

*オーストリアの人智学者、ルドルフ・シュタイナー（1861～1925年）が提唱した有機栽培農法。太陰暦に従い、宇宙のリズム、天体の運行に合わせて農作業を行う

好奇心に駆られるコート・ドールの複雑性

ワイン愛好家が思い浮かべるロマンチックなブドウ畑、「神に祝福された土地」という言葉がよく似合うコート・ドールの魅力とは。

1. 単一品種を用いて、さまざまな村や畑のテロワールの個性を鏡のように映し出す

ブルゴーニュ原産のシャルドネは「辛口白ワインの王様品種」として、またピノ・ノワールは「最も優美な赤ワイン品種」として知られています。そのブルゴーニュ品種は世界中のワイン産地でも広く栽培されていますが、多くの場合、コート・ドールの造り手を手本としてワイン造りが行われています。また近年は温暖化の影響で、鋭い酸味が特徴の白

ブドウ「アリゴテ」の品質が向上しています。多産系品種なので、古木となり収量が激減すると、凝縮したブドウからテロワールの個性が表われます。

2. ワインの特徴や品質を決定付けるブドウ畑の母岩と表土（土壌）

コート・ドール地域の斜面の中腹に広がる32のグラン・クリュ（特級畑）と数百のプルミエ・クリュ（1級畑）などの優れた畑は、それぞれ独自の個性を持つとされています。その個性を産む要因の一つが母岩。表土や水の流れも大切ですが、ワインを唯一無二にするものは母岩にあると言えます。地質年代である中生代ジュラ紀（1億4550万年前〜1億9650万年前）の海底堆積物（当時の海洋生物の死骸）由来の化石である石灰岩を母岩とするブドウ畑がコート・ドールにあります。パレオジン（古第三期、6600万年前〜2303万年前）のアルプスの隆起（アフリカ大陸とヨーロッパ大陸のプレートの衝突がきっかけで発生）によって周囲に隆起・陥没が起こっ

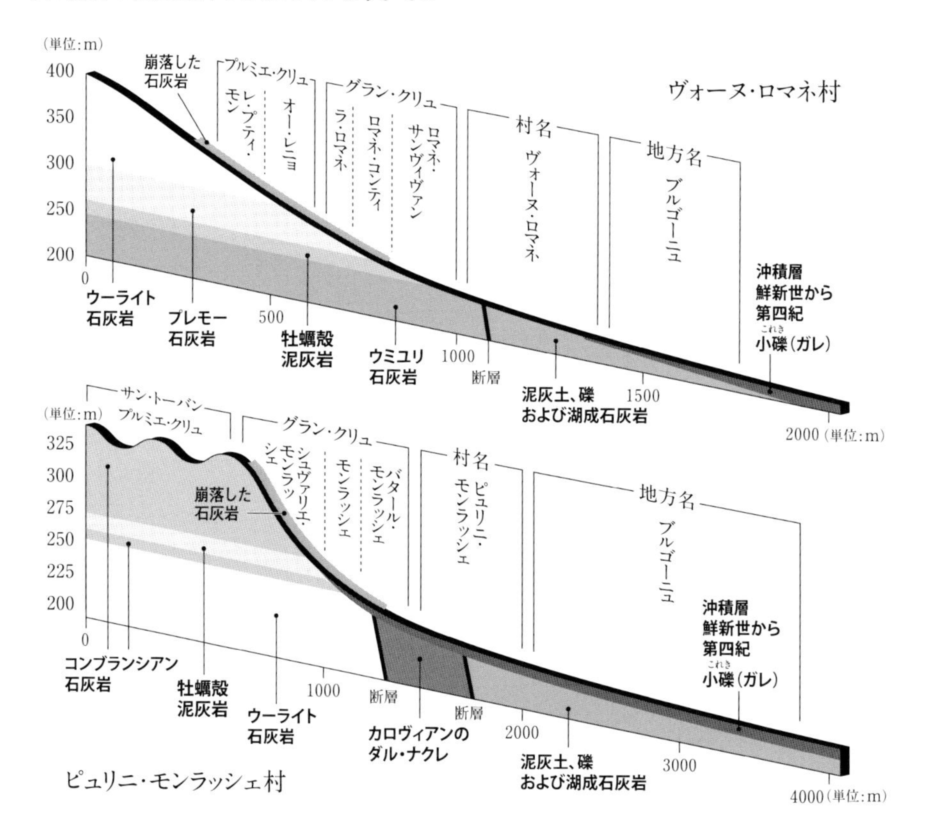

た際に、現在の県道974号線の東側に裂け目ができ、ジュラ紀の石灰岩が地表に現れました。ジュラ紀は、恐竜が活動していた熱帯気候。その遠浅の海にすむウミユリやプランクトンなどがおびただしく繁殖した時代です。さまざまな海洋生物の死骸の化石である石灰岩は、古い年代から新しい年代へ地層を成しています。約6000万年前の隆起・陥没の際にできた石灰岩の断層や褶曲（しゅうきょく）によって複雑な形になり、丘陵に連なっている畑は小道を挟むだけでも違う母岩を持ち、数百ある畑は、その母岩がどの石灰岩であるのかによってワインに大きな影響を与えます。

コート・ド・ニュイ地区は硬い石灰岩、コート・ド・ボーヌ地区は泥灰岩（石灰岩にシルトと粘土が混ざる）が母岩なので、景観やワインの個性も違ってきます。石灰岩よりも柔らかい泥灰岩を母岩とするコート・ド・ボーヌの斜面は、上部から下部までの距離が長くなだらかで、北西方面にも複雑に広がっています。母岩の種類は20種超あり、石灰岩（炭酸カルシウム）に含まれる二枚貝の殻・骨・プランクトンの殻などの化石は、ワインに独特のミネラル感を与えます。ワインを飲むと酸が硬く引き締まって感じるテクスチャーです。

ブドウ畑では、表土の下にある母岩は見ることができませんが、ブドウ樹に水分や養分を与える表土の影響も大きく、平地では約80cm、特級畑がある斜面の中腹では約30cm。表土が薄い方が根が地中深く伸びて、母岩から複雑なミネラルを吸収します。ブドウの根は、15mほど地下に伸びると言われています。

「ドメーヌ・ポンソ」のカーヴから見える、プレモー石灰岩とマルヌ・ジョーヌ

3. 一つのクリマ（栽培区画）を複数の造り手が表現

ブルゴーニュの場合、一つの畑に複数の所有者が存在し、同じ畑名ワインが複数できるので、畑の個性に加えて造り手の力量を知る必要があります。ブルゴーニュの縮図と言われている特級畑「クロ・ド・ヴジョ」は、約50haに80人以上の所有者が存在し、それぞれの手法によりワインを造るので、味わいも多少違ってきます。クロ・ド・ヴジョをはじめすべての畑は元々修道院や王侯貴族が所有していました。1789年フランス革命の際、政府に没収され競売にかけられた時から細分化が始まり、ナポレオン法典の「均等分割相続法」によって拍車がかかったのが原因。一つの畑を単独で所有している場

合、「モノポール」(Monopole＝独占所有) と特別な呼ばれ方をするほど珍しいことです。

4. ロマン溢れる歴史

(「ブルゴーニュの歴史」参照／20~24ページ)

神に捧げる至高のワインを造るために、シトー派やベネディクト派の修道僧たちが開墾したコート・ドールの畑は、歴代のブルゴーニュ公、ヴィニュロンやネゴシアンたちによって守られ発展しました。時の権力者であった王侯貴族によって愛されたワインは、現在では世界中のワイン愛好家によって楽しまれています。

2015年、コート・ドールの1247のクリマとディジョンとボーヌの旧市街は、ユネスコの世界文化遺産に登録されました。

ブルゴーニュの生産地区

フランスの中央東部、北のシャブリ地区～南のボジョレー地区まで約300km。シャブリ地区はセーヌ川沿い、コート・ドール地域からボジョレー地区はソーヌ川沿いにある生産地で、ディジョンからリヨンまで約180km。栽培面積は約4.5万ha、生産量は約230万hℓ。ほぼ赤ワインを産するボジョレーを除くと、ワインの生産比率は、白ワイン60%、赤・ロゼワイン29%、スパークリングワイン11%。白・赤・ロゼともに辛口ワインのみで、甘口はありません。スパークリングワインの「クレマン・ド・ブルゴーニュ」は、瓶内2次発酵で造られ、泡立ちがクリームのよう (クレマン) に滑らかです。

生産地域について、ブルゴーニュワイン委員会(BIVB)では、ローヌ県に位置するボジョレー地区はブルゴーニュから外しています。

1. シャブリ地区
Chablis

パリとディジョンの間に位置する、辛口白ワインのみの地区。白亜紀のキンメリジャン土壌 (貝の化石を含む土壌) で育つシャルドネから生まれる、ミネラル感豊かな酸のキレの良さ、余韻には独特の海のミネラルの塩味・辛味・苦味が残ります。シャブリ・グラン・クリュ、シャブリ・プルミエ・クリュは凝縮感が強く上質、シャブリ、プティ・シャブリはカジュアルでフルーティー。

コート・ドール地域

“黄金の丘陵”は2地区に分かれています。

2. コート・ド・ニュイ地区
Côte de Nuits

ディジョンからコルゴロワンまでの南北25km、幅1kmに広がる地区。ジュラ紀中期の硬い石灰質を母岩とし、東南の向きの斜面の中腹に拓かれた24の特級畑の姿は、宝石をちりばめたような美しさ。長期熟成型の高級赤ワインが99%を占め、白はわずかです。

3. コート・ド・ボーヌ地区
Côte de Beaune

ラドワ・セリニ村からマランジュ村まで、南北25km、幅は2～5kmとコート・ド・ニュイ地区よりも広く、傾斜もなだらか。ジュラ紀後期の泥灰岩を母岩とし、主に東南の向きの斜面に拓かれた八つの特級畑は、赤ワインのコルトンを除くとスケールの大きい長期熟成型の高級白ワイン。全生産量の半分近くを占める赤ワインは、コルトン以外はチャーミングで親しみやすいタイプが多いです。

4. コート・シャロネーズ地区
Côte Chalonaise

コート・ド・ボーヌ地区のすぐ南にあり、南北25km、幅7kmほどの起伏のない地区。ジュラ紀とトリアス紀の石灰岩などを母岩としていますが、生まれるワインはコート・ドールほどの複雑性はない中級クラスです。村名AOCは五つ、1級畑も認定されています。ブーズロン村以外はシャルドネとピノ・ノワールで造る白と赤。ブーズロンはアリゴテのみで造られる上質な白ワインとして知られています。メルキュレ、ジヴリは赤、リュリ、モンタニは白に優れたワインが多い村です。

5. マコネ地区
Mâconnais

コート・シャロネーズ地区の南に位置し、南北40km、東西30kmの、フルーティーな白ワインの大量生産地区。ジュラ紀の石灰岩、トリアス期の泥灰岩や花崗岩を母岩とし、わずかに高級白ワインがあります。村名AOCは五つあり、そのうち最上品のプイィ・フュイッセは、ジュラ紀中期のバトニアンとバジョシアンの石灰岩の母岩を持ち、骨格のしっかりとした白ワイン。2020年、個性が認められた22区画が1級畑に認定されました。

6. ボジョレー地区
Beaujolais

マコネ地区の南端からリヨンまでの南北60km、東西15kmの、ガメから造られるカジュアルな赤ワインの大量生産地区であり、母岩は花崗岩。白とロゼが5%ほどあります。ボジョレーの北部には、クリュ・デュ・ボジョレー（Cru du Beaujolais）という村名ボジョレーの10のAOCがあり、通常のボジョレーやボジョレー・ヴィラージュよりも凝縮した果実味のある良品です。また、日本で大人気のボジョレー・ヌーヴォーは、11月第3木曜日に解禁される新酒。「*マセラシオン・カルボニック」（炭酸ガス浸漬法）という特殊な製法でインスタントに造られるので、フレッシュさが保たれる6カ月以内に飲み切りましょう。

*縦型の密閉ステンレスタンクに、収穫したガメを房ごと詰め、二酸化炭素（炭酸ガス）気流中で数日間置く方法。この間ブドウは軽く細胞内発酵を始め、細胞膜が破れやすい状態になる。ごく少量の糖分をアルコールと炭酸ガスに変え、果皮に含まれる芳香成分が発散され、バナナや赤い果実やキャンデー香（エステル香）が生まれる。このブドウを圧搾し赤い果汁をアルコール発酵させると、渋味のない強い香りのワインができ上がる

クリマとは　Climat

「クリマ」はフランス語では「気候」という意味ですが、ブルゴーニュ地方では「ブドウ栽培区画」を指します。何世紀もかけて細心の注意を払い境界限定された土地であり、特殊な地理的および気候的条件の恩恵を受けている土地です。

AOCはピラミッド型の品質等級制度

フランスのワイン産地は、AOC（Appellation d'Origine Contrôlée）法という原産地統制呼称のワイン法が定められています。各地域ではブドウ品種、栽培方法、醸造方法、1ha当たりの収穫量、最低アルコール度数などがAOC法によって規定されています。全国で500ほどのAOCのうち、ブルゴーニュ地方は最多の約120のAOCが存在し、格付けされた畑を含む4段階に分類されたピラミッド構造となっています。グラン・クリュ（特級畑）→プルミエ・クリュ（1級畑）→コミュナル（村）→レジョナル（地区・地方）の順に等級が下がります。等級が高いほど生産規制が厳しくなるので、エキス分が凝縮されることにより上質で個性が強くなります。

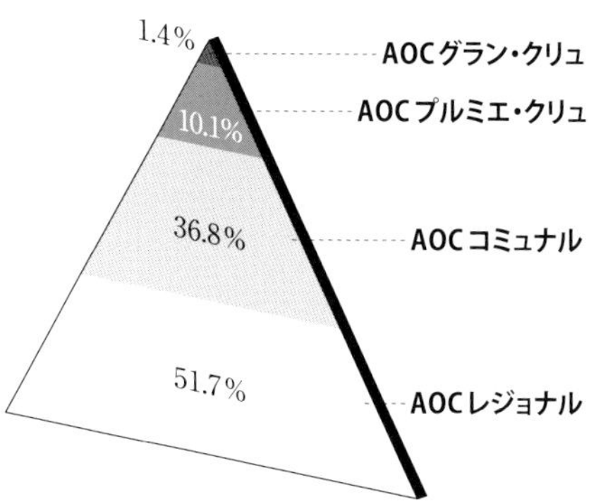

1.4%　AOCグラン・クリュ
10.1%　AOCプルミエ・クリュ
36.8%　AOCコミュナル
51.7%　AOCレジョナル

AOC グラン・クリュ（特級畑）　1.4%

コート・ドール地域で32、シャブリ地区で1（七つのクリマ名が付記）が認定されています。コート・ドールのグラン・クリュのラベルには村名が表記されず、畑名のみが記載されます。例：モンラッシェ、シャンベルタン、クロ・ド・ヴジョ

AOC プルミエ・クリュ（1級畑）　10.1%

コート・ドール地域に684クリマあります。シャブリ地区、コート・シャロネーズ地区、マコネ地区で数カ所認定。ラベルには村名+1級畑名が表記されます。例：シャンボール・ミュジニ・レ・ザムルーズ

AOC コミュナル（村）　36.8%

44の村名があり、コート・ドール地域では26村が認定。ラベルには村名が表記されます。例：マルサネ、サン・ロマン、メルキュレ

AOC レジョナル（地方）　54.5%

23の地区名および地方名が表記されます。例：ブルゴーニュ・アリゴテ、オート・コート・ド・ボーヌ、クレマン・ド・ブルゴーニュ

ブドウ品種

○白ブドウ〈シャルドネ Chardonnay〉

ブルゴーニュ地方におけるシャルドネの栽培比率は51%（ボジョレー地区を除く）。あらゆる気候や土壌に適応し、醸造に関してはマロラクティック発酵（乳酸発酵）や樽熟成により複雑で芳醇なワインに仕上がる、白ワインの王様。世界中で栽培されていますが、冷涼で石灰質土壌のブルゴーニュ地方では、とりわけ繊細な酸味とミネラル感が豊かです。

北部のシャブリ地区では、海藻を思わせるミネラルや柑橘系フルーツ、コート・ド・ボーヌ地区ではやさしい酸味の白桃、南部のマコネ地区では柔らかい酸味の洋ナシのような風味、というように、地区によってフレーバーが変化します。

醸造方法は、シャブリ地区とマコネ地区のフレッシュでさわやかなタイプはステンレスタンクで発酵を行います。コート・ドール地域では伝統的にオーク樽で発酵・熟成を行い、複雑で厚みのあるワインを造ります。

○白ブドウ〈アリゴテ Aligoté〉

アリゴテのブルゴーニュ地方における栽培比率は6%、特にコート・シャロネーズ地区のブーズロン村で成功しています。近年は地球温暖化の影響から、酸の鋭いアリゴテが完熟することで果実味が増し、注目されています。ラビットワイン（飛び上がるほど酸っぱい）とは呼ばれなくなりました。醸造方法は、フレッシュで軽快な辛口はステンレスタンク発酵ですが、高級品はオーク樽で発酵・熟成を行います。

●黒ブドウ〈ピノ・ノワール Pinot Noir〉

ピノ・ノワールのブルゴーニュ地方における栽培比率は39.5%（ボジョレー地区を除く）。ブルゴーニュ原産で、冷涼地を好み「石灰質土壌で歌をうたう」と言われ、かび病に弱く栽培が難しい品種。華やかな果実味やフィネス（繊細さ・優雅さ・上品さ）が豊かなので、世界で一番魅力的な品種と称されています。世界中で栽培されており、アメリカのオレゴン州やカリフォルニア州の寒冷地、ニュージーランドやオーストラリアの寒冷地、北海道の余市でも上質なワインが造られています。

香りは赤いフルーツ、ラズベリーなどベリー系、チェリー、プラムにバラやスミレ、スパイス等。酸味はシャープ、タンニンは紅茶のようにきめ細かいです。

● 黒ブドウ〈ガメ Gamay〉

ガメの栽培比率はボジョレー地区が98%を占めます。花崗岩と相性が良く、フレッシュでみずみずしいイチゴのような風味、フルーティーでジューシーな味わいです。広域ブルゴーニュAOCの中に、ブルゴーニュ・パストゥグラン、コトー・ブルギニヨンというピノ・ノワールとガメをブレンドした赤ワインがあります。マコネ地区マコン村の赤は、ガメもブレンドされます。

気候

夏は暑く冬は厳しい寒さの大陸性気候。冷涼地であり、デリカシーのある複雑なワインが生まれます。春の霜害、夏の雹害、収穫期の雨といった天候被害が起こりやすいため、収穫年ごとの品質の差が大きいです。2000年代に入り地球温暖化の影響を受けるようになりました。03年、05年、09年は猛暑、18年以降は干ばつが続いています（21年は例外的に雨の多い年）。近年は、暑さ対策として、畑の畝間に緑肥になる植物を植える畑が増えています。

生産者

ドメーヌ　Domaine

自社畑を所有し、その畑で収穫されたブドウを用いてワイン醸造、熟成、瓶詰めまで行う、自給自足的なワイナリー。多くは数haの土地しか持たず、家族経営です。1930年ごろまではワインの熟成、瓶詰め、販売はネゴシアン（ワイン商）が担っていましたが、世界的不景気が原因で彼らがワインを買わなくなったため、栽培農家が自ら瓶詰め販売を開始。90年ごろには、約50%の栽培農家がドメーヌとなりました。

ネゴシアン　Négociant

自社畑を所有せず、栽培農家やドメーヌからブドウや樽に入ったワインを購入し、自社で醸造、熟成、瓶詰めして販売する形態のワイナリー。比較的規模が大きい。ネゴシアンであっても自社畑を所有していることもあり、そうした自社畑産のワインは「ネゴシアンのドメーヌもの」と言われます。

ミクロ・ネゴシアン　Micro-Négociant

近年、ブルゴーニュ以外の土地から移住して小規模の会社を始める生産者が増加しています。栽培農家からブドウまたは発酵が終わったばかりのワインを購入し、醸造、熟成、瓶詰めを行います。また、自社畑以外のワインを造るために栽培農家からブドウを購入し、ミクロ・ネゴシアンビジネスを行うドメーヌ、若い造り手が増えています。

ブドウ樹の畝の間に植わるソラマメの緑肥

ブドウ栽培

第2次世界大戦後の1945年以降は、生産性や効率性だけに重点を置いた農業を行うために、奇跡の薬物と呼ばれる農薬がブルゴーニュでも使用されました。畑での労働を楽にする「除草剤」「殺虫剤」「防かび剤」の利用によって、土中の微生物が死滅し、フカフカとしていた土が固くなり、ブドウ樹は根を深く張ることができず、健康を損ねてしまいました。また、大量に撒かれたカリウム肥料によって劇的に生産量は上がったものの、ブドウの酸度は低下し、寒冷地にもかかわらず補酸が必要になるほどに。酸度が低いとワインの寿命は短くなり、さらに微生物汚染のリスクも高まります。

1980年代後半以降は化学薬品を使用せ

「エシャラ」
針金を使わない棒仕立て

「トレセ」
新梢の枝先を切らないとブドウの糖度が増し、 酸は減少する

ず、土を活性化して健康的なブドウ樹を育てる生産者が少しずつ増え、現在では、職人気質の一流のヴィニュロンたちは生命力に満ちたブドウを収穫するために有機栽培（ビオロジック）やビオディナミ農法を実践しています。

近年は干ばつの年が増えたので、ブドウ樹の根が水を求めて地下深く張ることができるフカフカの土壌を作るビオロジックは必須。土を活性化させるビオディナミが理想的です。また、日照りで土が乾燥しないように、ブドウ樹の畝間に緑肥を植えている畑が増加中。マメ科（ソラマメ）は土中の窒素を固定させる、アブラナ科の植物は土の炎症を抑える、イネ科の植物は炭素補給をしたり、寝かせて、植物マルチとして利用します。

また、ロニャージュ（夏の剪定で行う摘心、新梢の枝先を切る作業）を行わない自然派の栽培方法で、エシャラとトレセがあります。フィロキセラ禍以前の畑のように1ha当たり3万本もの樹を植える生産者も増えています。エシャラ仕立ては針金を使わず、2mほどの高い杭を樹ごとに添えます。トレセ（トリコタージュ＝編み込むという意味）は、高い位置まで針金を張って新梢の枝先を針金に編み込みます。ロニャージュを行わないと、ブドウの糖度が高くなるのが早くなり、酸も残るので、猛暑の年にはおあつらえ向きの仕立て方です。

ブドウ栽培の詳細については、ビーズ千砂さんのコラム「ブドウ栽培について1、2、3」（93、103、113ページ）をお読みください。

ワイン醸造

白ワインの伝統的な造り方

・完熟したシャルドネを収穫。

・全房（房ごと）プレス器に投入、ゆっくりと時間をかけて果汁を搾る。果汁の酸化防止、バクテリア汚染を防ぐために少量の亜硫酸（SO_2）を添加する。

・デブルバージュは「泥落とし」を意味し、ステンレスタンクに入れた未発酵果汁（マスト）を約10℃に冷却し12時間置いて、タンクの底に溜まった灰色の泥のような沈殿物を除去する。マストはリンゴジュースのような透明な色になる。

・マストをオーク樽（228ℓ）に入れると、ブドウの果皮に付着していた野生酵母によってアルコール発酵が自然に始まる。近年は、大きめの樽ドゥミ・ミュイ（600ℓ）等を利用し、樽風味を避ける生産者が増えた。大量生産ワインは安定性を重視し、培養酵母を使用する。発酵温度は約20℃、ステンレスタンク発酵よりも少し高め。

・発酵が終ると、樽底に沈んでいる酵母の死骸である澱とともに熟成して、抗酸化作用を高める。また「バトナージュ」と呼ばれる、棒（バトン）で澱を攪拌する作業を行い、酵母由来のアミノ酸の旨味をワインに付与する。バトナージュは近年、ワインの酸化が進むという理由で行わない生産者が多い。

・マロラクティック発酵は、春ごろに樽内で起こる。乳酸菌によりワインの中のリンゴ酸が乳酸と二酸化炭素に分解され、まろやかな酸になる。

・澱引きは、樽底に沈んでいる澱の上にあるワインを古樽やタンクに移し替え、還元臭を取り除き、樽香が付き過ぎないようにする。樽熟成は6〜18カ月。

「ドメーヌ・ラモネ」の熟成庫

・瓶詰めの際、ワインに濁りがあれば清澄剤やフィルターを使用する。亜硫酸添加は、一流生産者の場合はごく少量を使用する。亜硫酸を入れ過ぎると、ワインは固い印象となり、硫黄の臭いしかしなくなる。

・シャブリやマコンで造られているフレッシュでフルーティーな若飲みタイプのワインの場合は、樽を使用せず、温度調節付きステンレスタンクを使用。低温発酵し、その後タンクで6〜12カ月の熟成を行う。

赤ワインの伝統的な造り方

伝統的醸造法、すなわち全房でアルコール発酵を行う生産者は非常に少なかったが、近年の地球温暖化により完熟したブドウと果梗が得られるようになったので、複雑性を与えてくれる全房を利用する生産者が増加中。ちなみに、昔から行っていたドメーヌは「DRC」「ドメーヌ・シモン・ビーズ」「ドメーヌ・デュジャック」「ドメーヌ・デ・ランブレ」「ドメーヌ・プリューレ・ロック」「ドメーヌ・ルロワ」など。

・完熟したピノ・ノワールを収穫。選果台で未熟果や腐敗果を取り除く。果梗が十分に熟していないと青く刺々しいタンニンが出るので、厳しくチェック。

・木製発酵タンクに房ごと投入し、足で踏んだり棒で突いたりすると野生酵母によって徐々にアルコール発酵が始まる（発酵温度は約30℃前後）。

・発酵中はブドウの果皮や果梗が炭酸ガスの勢いで浮き上がるので、ピジャージュ（スキーストックのような棒、ピジュで果帽を押し沈める）や、ルモンタージュ（発酵中のワインを空気圧で汲み上げ、果帽に振りかける）を行う。近年は、過度な抽出を避けるようピジャージュを行わない生産者が多い。

・発酵が終ると、果皮・果梗・種子・酵母の死骸がタンクの底に沈む。上澄みのワインを樽に移し、底の沈殿物をシャベルで取り出

「ドメーヌ・デ・ランブレ」の木製発酵タン

し、プレス器でプレスする。ここで搾られる色の濃い渋いワイン（プレスワイン）は、樽熟成のワインに加えると骨格がしっかりとする。

・マロラクティック発酵は春ごろに樽内で起こる。12〜18カ月の樽熟成後、卵白で清澄し、軽くフィルターをかけて瓶詰めする。旨味がそぎ落とされないように清澄・フィルターを行わない一流生産者が多い。

全房発酵を行うと複雑な赤ワインができる

果梗が付いたままの全房のブドウは、足で踏むなどすると粒ごとに破砕の時間差が生まれる。早く破砕されたものは発酵が始まり、踏まれていない房のブドウは果梗が付いているため成熟が進み、甘くなる。

除梗したブドウ粒は酸化が始まるが成熟はしない。また、一斉に発酵が単純に始まるので、全房発酵によって生まれる複雑性は少ない。

一流の生産者は、天候に恵まれず果梗と種子が熟さなかった場合は、全房発酵をあきらめて除梗することもある。全房発酵をしたワインは、複雑で繊細なフローラルさやスパイシーな風味をワインに与える。

「ドメーヌ・ルフレーヴ」訪問記

ブリス・ド・ラ・モランディエール氏は多国籍企業の経営者から転身した

ドメーヌ・ルフレーヴの試飲ワイン

アーチ型天井の樽熟成庫

白ワインのアルコール発酵はステンレスタンクで行う

ブルゴーニュ随一の格調高い白ワインの造り手として世界中のワイン愛好家を魅了する「ドメーヌ・ルフレーヴ」。2023年4月、2年前に完成した新セラーを訪問した。

4代目当主のブリス・ド・ラ・モランディエール氏は非常にエネルギッシュで人を惹き付けるエンターテイナーのような人。1916年からの歴史的建物の庭跡に建造された立派なセラーは、3代目の故アンヌ・クロードさんの長女で自然環境に配慮した設計を行う建築士マリンヌさんが手掛けた。セラーの壁に断熱効果のある藁を使用している。

ピュリニ・モンラッシェ村は地下水位が高いため地下セラーは造れないが、ここのセラーは地面より数十cm低く設計されている。収穫したブドウを素早くプレスし、時間をかけて理想的に搾汁できるよう、入口スペースに8台のプレス器を設置。2018年に始めたネゴシアン物もここで醸造する。

アルコール発酵は小樽ではなくステンレスタンクで行い、その後小樽に移して熟成、マロラクティック発酵に進む。気候変動を念頭に置き、温度管理を徹底しているという。

試飲した21年ヴィンテージは、モランディエール氏によると冷涼で雨が多く、べと病等が蔓延し苦労した年。選果を厳しく行ったため生産量が少ない。17年から醸造を担うピエール・ヴァンサン氏のワインは、フレッシュさとミネラル感が際立っていた。「バタール・モンラッシェ」に関しては「私のように厚くて肉付きがいいボディです」とモランディエール氏。「シュヴァリエ・モンラッシェ」のタイトな筋肉質タイプとは違う魅力があり、どちらもフィネスに溢れていた。

この十数年でコート・ドールのブドウ畑や生産者を取り巻く環境は激しく変化した。いち早く対応してダイナミックに改革を行うモランディエール氏に感銘を受けた。

ワインの詳細はこちら ►

ブルゴーニュのクローン基礎知識　～世界に広がるピノ・ノワールのクローン～

**「孫悟空は自分の髪の毛を抜いて
それに息を吹きかけ分身を作る」**

分身とは「クローン」のことで、同じ遺伝子を持つ「そっくりさん」です。ブドウ樹の場合は、枝から切り取った穂木を繁殖させることで、同一の遺伝子を持つ「そっくりさん」を増やしています。

ワイン用語の「クローン」とはブドウ栽培用の苗木におけるクローンを指し、一つの品種の中で同じ遺伝子を持つものごとに名前や番号が付けられています。現在、世界で1万種以上のブドウ品種が栽培されているといわれていますが、それぞれの品種は、さらに遺伝子レベルのサブタイプに分かれていて、そうしたサブタイプのことをクローンと呼びます。ブドウ樹の繁殖は、種からの繁殖（有性生殖）ではなく、取り木（無性生殖）で行われるため、同一クローンはすべて遺伝子的に同一になるわけです。

例えば人間の場合、親子はどんなに似ていても双子のような「そっくりさん」にはなりませんが、一卵性の双子は同じ遺伝子を持っているので、外観だけでなく性格も似ています。ブドウも同様に、種を植えて育てると遺伝子が多少変化するので外観も性格も全く同じにはなりません。しかし、ブドウは親となる樹から枝を採取して、それを苗木として土に挿し木すると、親の樹と全く同じ遺伝子を持つ「そっくりさん」が育ちます。この苗木のことをクローンと呼びます。「クローン・セレクション」は一つの畑の区画を一つのクローンで統一する選抜方法です。

クローンにはコード番号が付けられています。苗木屋で*フィロキセラ対策のための接ぎ木をし、売られます。栽培家は自社の畑に向くクローンを買い育てますが、畑には1種類ではなく、何種類かのクローンがあるほうがワインは複雑になります。

＊ブドウ根アブラムシ。植物の根や葉から樹液を吸い、枯らせる害虫。1800年代後半にアメリカから流入し、ヨーロッパのブドウ栽培に壊滅的な打撃を与えた

ピノ・ノワールのクローンは世界最多

ブドウ品種の中でもクローンの数が最も多いのは、ピノ・ノワールです。果皮が薄く突然変異を起こしやすいという理由から、クローンの数は全世界で数百から数千種類もあるといわれています。クローン・セレクションは、もともと1950年にフランスの「国立ブドウ栽培技術開発機関」（ENTAV）で始まりました。当時ブドウのウイルス病の蔓延によって深刻な収量低下が起きたことから、ウイルスに侵されていない苗木を確保するのが目的でした。選抜されたクローンは3桁のコード番号が付けられています。番号の若いものは選抜時期が早いもの。ブルゴーニュで選抜されたクローンは「ディジョン・クローン」と総称され、現在世界中のピノ・ノワール産地で栽培されています。ディジョン・クローンはモレ・サン・ドニ村の「ドメーヌ・ポンソ」の畑から採取された穂木です。

ENTAVに登録されている公的なピノ・ノワールのクローンは50以上あり、ブルゴーニュで最も多く植わっているのは、ストラクチャーがしっかりしている「115」。シャンパーニュ地方では「375」「386」（寒さに強く収量が多い）。土、スパイス、黒系フルーツの風味が出る「667」、フローラルでタンニンがシルキーな「777」も世界中で広く栽培されています。また、近年ENTAVでクローン選抜された「943」は、顆粒が小さく房も小ぶりなので最良だといわれています。

オート・コート・ド・ボーヌの畑に植えられるディジョン・クローン「115」

世界中を席巻するピノ・ノワール

カリフォルニア大学デイヴィス校（UCD）で登録されたクローンは、現在世界中で広く使用されています。その一つ「UCD23」は、スイスのヴェーデンスヴィル研究所から持ち込まれたクローンです。「10/5」（テン・パー・ファイブ）も同所からUCDに持ち込まれ、その後ニュージーランドで最初に植えられ、「フェルトン・ロード」が所有する「ブロック3」で高級ワインを生み出しています。

必ず高品質ワインになると思われるのが"ヘリテージ（遺産）・クローン"。1980年代から90年代にかけて、コート・ドールの銘醸畑から米国に不法に持ち込んだ（盗んだ）穂木をクローン・セレクションしたもので、出自は公表されていない、別名「スーツケース・クローン」。新世界の畑で独自に育てられています。

例えばカリフォルニアにある「マウント・エデン」は、ポール・マッソン氏が「コルトン」「コルトン・シャルルマーニュ」「ロマネ・コンティ」から持ち込みました。「カレラ（シャローン）」は「シャンベルタン」から。「スワン」は、ウエスタン・エアラインの元パイロットが「ロマネ・コンティ」から。「ポマール」はアメリカ人の学者がポマールの畑から持ち込んだといわれています。この四つのクローンは「UCD37」（マウント・エデン）、「FPS122」（カレラ）、「FPS97」（スワン）、「FPS4,5,6」（ポマール）としてUCDに登録されています。

ニュージーランドのクローン「エーベル」は、検閲官が「ロマネ・コンティ」の穂木をフランスから密輸入した人から取り上げて自身で育苗したもの。

また、オーストラリアに持ち込まれた「MV6（マザー・ヴァイン6）」は、19世紀にクロ・ド・ヴジョの畑からオーストラリアに持ち込まれたといわれています。ちなみに北海道の余市では「MV6」から高品質ワインが生まれています。新世界では、コート・ドールの銘醸ワインのような心に響くワインを造るために、優れた遺伝子を持つクローンを苗木屋から入手することに非常に熱心です。

ブルゴーニュでの繁殖方法

コート・ドール地域の一流ドメーヌでは、苗木屋で番号付きクローンを買うのではなく、自社畑の樹から選抜する「マサル・セレクション」を行います。マサル・セレクションには二つの手法があります。

❶畑の中で最も優れた果実を付ける樹を選び、冬に剪定して切り取った穂木を接ぎ木してほかの畑に植樹する方法。

❷「マルコタージュ」（伏せ木）、「プロヴィナージュ」（取り木）という植物の栽培方法。

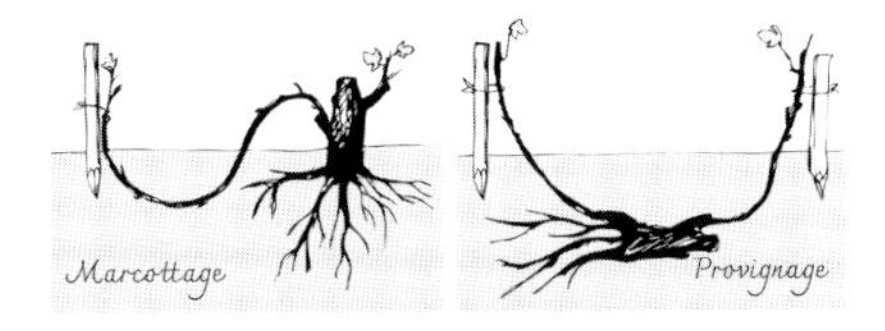

マルコタージュ（左図）は、親株となる樹の枝の先端を土の中に埋め、根が出てきたところで親株と切り離し、その子株を繁殖させていく方法です。フィロキセラ禍以前の栽培方法です。取り木を行っていた当時は1ha当たり3万本のブドウ樹が植えられており、現在のような垣根式栽培（1ha当たり1万本）ではありませんでした。

マルコタージュの場合、直接親株とつながっていたことから同一株と考えられるので、土に根を張ったばかりの若樹でも"樹齢100年"などと主張するヴィニュロンもいます。

また「取り木」と言っても、プロヴィナージュ（右図）の場合はマルコタージュよりも複雑な方法であり、土の下にある親株から出た枝を切り離さずに、新しくできた苗木をそのままの場所に残して、その畑の栽培密度を高める方法です

シャンパーニュの『ボランジェ・ヴィエイユ・ヴィーニュ・フランセーズ』は、接ぎ木をしていないピノ・ノワールとして高名ですが、「en foule」（群生）と畑の看板にある通り、正真正銘のプロヴィナージュで栽培されています。

「ドメーヌ・ポンソ」訪問記

ポンソの醸造所は「クロ・サン・ドニ」と「クロ・デ・ランブレ」の間にある

醸造責任者のアレクサンドル・アベル氏

樽熟成庫。正面はクロ・サン・ドニの母岩プレモー石灰岩

高級盆栽のようなアリゴテの畑の向こうに「クロ・ド・ラ・ロッシュ」が見える

モレ・サン・ドニ村の名門であり、ブルゴーニュのクローン選抜のパイオニアでもある「ドメーヌ・ポンソ」を2023年4月に訪問した。

ワイン造りの天才と称され名声を得たローラン・ポンソ氏。17年にネゴシアン「ローラン・ポンソ」を息子とともに立ち上げドメーヌを去った後、ローラン氏の妹ローズ・マリーさんがドメーヌの当主となった。現在の醸造責任者アレクサンドル・アベル氏は、ホスピタリティー溢れる陽気な人。ワイン造りはローラン氏とほぼ同じなので、味わいに変化はない。自然栽培、亜硫酸無添加、ピエ・ド・キューブ（1部発酵させた果汁）を加える発酵、コンピューターによる管理、古樽熟成などを実践する。

1911年に植樹したアリゴテで有名な1級畑「モン・リュイザン」の急斜面は、淡いベージュ色のコンブランシアン石灰岩と、威風堂々としたアリゴテの古株の景色が圧巻だ。その畑の上の超急斜面には村名AOCモン・リュイザンのピノ・ノワールがコルドン・ロヤ方式で栽培され、その横では気候変動対策用にシラー、マルベック、ムロン・ド・ブルゴーニュ等を試験的に栽培している。

醸造所の古い木製発酵槽は、相変わらず修理しながら使用している。選果は畑で2回。3回目は振動する選果台で行い、除梗時も振動式で虫などを取り除く。除梗は常に100%行う。

2021年ヴィンテージが樽熟成中のカーヴを見ると、いつもは50樽の「クロ・ド・ラ・ロッシュ」（3.4ha）が、13樽しかない。べと病などが蔓延したため一段と厳しい選果をした結果だという。試飲は『クロ・ド・ラ・ロッシュ』と『モン・リュイザン』の垂直を含む10種。21年は18年のような濃密な果実味はないが、どちらの年もポンソらしいエレガンスに満ちた味わいだった。

ワインの詳細はこちら ►

コート・ドールの26村

コート・ド・ニュイ地区に8村
コート・ド・ボーヌ地区に18村。
たぐいまれなる銘酒を生み出す
各村のブドウ畑とワインの特徴を
解き明かします。

2回目のルネサンスは赤ワイン 熱い視線が注がれる最北の村

マルサネ
MARSANNAY

コート・ドール26村、最北のAOCマルサネはマルサネ・ラ・コート、シュノーヴ、クシェの3村から構成されます。ひと昔前は、ブルゴーニュでは唯一ロゼが村名AOCになっていること、北の冷涼地なのでピノ・ノワールが完熟できず赤ワインは酸が突出していること、白ワインはあまり個性がない、という認識でした。

しかし、この十数年で赤ワインの品質向上が目覚ましく、注目の的になっています。地層に関しての調査も行われ、現在は「クロ・デュ・ロワ」や「ロンジュロワ」などの優れたワインを生む14の畑が１級を申請中。畑のテロワールを表現する高級赤ワインとしてルネサンスの真っただ中にいます。

マルサネのブドウ畑は、ロゼ用はほぼ平地ですが、赤・白用は標高300m辺りの穏やかな東南向き斜面に広がり、南に位置するジュヴレ・シャンベルタン村と母岩が同じ中生代のジュラ紀中期バジョシアンのウミユリ石灰岩の地層などが多く存在します。全生産量の70%ほどを占める赤ワインの中には、長期熟成型も存在します。また、温暖化によりブドウは毎年完熟するようになり、しかも豊かな粘土質土壌は干ばつの年にも保水性に優れています。そこに、才能溢れるシルヴァン・パタイユ氏のような造り手たちの新感覚ワインが登場して大人気となり、また老舗ドメーヌの「メオ・カミュゼ」や「ドニ・モルテ」などが造る高級マルサネは、きれいな果実味の凝縮感が素晴らしいワインです。

1回目のルネサンスは「ドメーヌ・クレール・ダユ」のジョセフ・クレール氏が1919年にピノ・ノワールで造るロゼを初めて売り出し、ディジョンのカフェで大流行させたことでした。19世紀ごろ、マルサネの生産者たちは、ディジョンが近いことからガメでカジュアルな赤ワインを造っていましたが、19世紀末に鉄道が整備された結果、南仏の安価なワインがディジョンに出回りガメ・ワインが売れなくなりました。その対策として、ガメではなくピノ・ノワールで造る美しい色のロゼを広め、成功しました。現在ロゼ、白の生産量はそれぞれ全生産量の約15%です。

奇しくも20世紀初頭と21世紀初頭、100年ごとに時代の潮流に乗るマルサネ・ワインから目が離せません。

紋を成している金と青の波模様は、13世紀にマルサネを統治していたブランシオン家の家紋である。ブランシオン家は現在観光名所となっているブランシオン市を中心に一大勢力を張っていた。2人の騎士はブランシオン家と、15世紀にフィリップ善良公に仕えたボーフルモン家を表している。

現在1級畑はないが、14の優良な畑を1級畑に昇格させるようとINAO（国立原産地呼称機関）に申請中。

● *Rouge*　○ *Blanc*
● *Rosé*

特級畑 0 *Grand Cru*

1級畑 0 下記14のクリュを申請中 *Premier Cru*

クロ・デュ・ロワ、ロンジュロワ、アン・ラ・モンターニュ、レシェゾー、 ラ・シャルム・オー・プレートル、ル・ボリヴァン、 レ・グラス・テット、 ル・クロ・ド・ジュ、 サン・ジャック、 レ・ファヴィエール、オー・シャン・サロモン、 オー・ジュヌリエール、 エス・クロ、 シャン・ペルドリ

代表的な生産者 *Domaine*

ドメーヌ・ブルーノ・クレール
Domaine Bruno Clair

1979年にブルーノ・クレール氏が設立したドメーヌ。祖父のジョセフ・クレール氏が死去し、その相続による一族の争いが起こったが、孫のブルーノ氏が分散していた畑を統合し、特級畑も買い足して合計27haを管理している。

ドメーヌ・ジャン・フルニエ
Domaine Jean Fournier

マルサネのブドウ栽培家としてルイ13世の時代までさかのぼる老舗。2001年に醸造に参画し、その後父親からドメーヌを継いだローラン・フルニエ氏は現在、マルサネの新時代をシルヴァン・パタイユ氏などとともに牽引している。古木を多く所有し、04年から有機栽培を実践。マルサネのテロワールを細分化し、各畑の個性を最大限に引き出す。パワフルな「クロ・デュ・ロワ」、エレガントな「レシェゾー」、芯の強い「ロンジュロワ」は、1級畑候補のベスト3に入る。

ドメーヌ・シルヴァン・パタイユ
Domaine Sylvain Pataille

近年マルサネで最も注目を浴びているシルヴァン・パタイユ氏は、祖父の畑を譲り受け2001年にドメーヌを設立。ボーヌとボルドーの醸造学校を卒業後、ブルゴーニュで醸造コンサルタントとしても活躍。ビオディナミ農法を実践、所有畑の古木から生まれるワインは生命力とミネラル感に溢れ、果実味が美しい。

マルサネ村役場前

マルサネののどかなブドウ畑

ソヴァージュからチャーミングな印象に

フィサン
FIXIN

ジュヴレ・シャンベルタン村の北隣に位置するフィサン村のワインは、昔は粗野な印象があり、壮麗なジュヴレ・シャンベルタンのようなフィネス（繊細・優雅・上品さ）をあまり備えていませんでしたが、近年は洗練されてきました。ブドウ栽培地は小さく、その面積は1級畑と合わせてもわずか約120haです。1級畑は、小さな二つの丘陵の標高350〜380mに位置する、上部南東向き斜面に6面、その下に村名ワインが平地まで広がり、特級畑はありません。

ジュラ紀中期バジョシアンのウミユリ石灰岩の地層がマルサネから続く、ポテンシャルのある村ですが、沖積土や粘土質が多い土壌なので、どちらかというと野性味のあるワインが生まれます。全生産量の94％が赤ワイン、白はわずかに産出されています。

地味な果実味と土っぽい堅牢なタンニン、筋肉質タイプの赤ワインというフィサンのイメージは、さすがに近年の栽培や醸造の工夫などにより、ピュアでフレッシュな果実味のあるチャーミングなスタイルに変貌。さらに、温暖化により熟した滑らかなタンニンが得られ、ますます洗練されてきて、人気が高まっています。

フィサンで昔から有名な1級畑は「クロ・ド・ラ・ペリエール」というモノポール（1軒の生産者が単独所有する畑）。1142年からの歴史を持ち、1853年以降ジョリエ家が所有。当時からフィサンで最上であると称賛されていました。『コート・ドールのブドウと銘酒の歴史と統計』（ジュール・ラヴァル博士、1855年の著作）によると、当時銘醸畑「シャンベルタン」と同価格で取引されていたそうです。

また「クロ・ナポレオン」と通称で呼ばれている1級畑「オー・シュソ」は、「ピエール・ジュラン」のモノポール。村の観光名所に、フィサン公園にあるナポレオンの銅像「ナポレオンの目覚め」があります。これは、フィサン出身の貴族であるクロード・ノワゾが、パリのジャンヌ・ダルク像を制作した彫刻家フランソワ・リュドに作らせた名作です。ノワゾは多くの戦争をナポレオンとともに戦い、エルバ島に追放された際にも同行したほどのナポレオン信者。彼の所有畑であったオー・シュソは、後に「クロ・ナポレオン」という名が付けられました。

フィサンの名士であり、ナポレオンがエルバ島に配流された時に追従した兵士クロード・ノワゾの栄光を称え、ナポレオンのシンボルであったハチをあしらう。その左上にはフランス王国のシンボル、右上にはブルゴーニュ公国のシンボルを冠する。

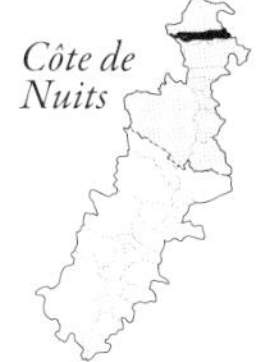

1098年3月21日、シトー派の結成とともにブルゴーニュで組織的なワイン生産が始まった。フィサンには1142年からの歴史を持つ「クロ・ド・ラ・ペリエール」がある。「クロ・ド・ヴジョ」から30年後の開墾であり、AOC法ができる前は特級畑として扱われていた。

● *Rouge*　○ *Blanc*

特級畑 0 *Grand Cru*

1級畑 6 *Premier Cru*

お勧め1級畑

オー・シュソ（クロ・ナポレオン）

Aux Cheusots (Clos Napoléon)

1.83ha。「ピエール・ジュラン」のモノポール。1950年代に植樹したピノ・ノワールの古木から、深みのある長期熟成タイプが生まれる。筋肉質でタンニンと酸のストラクチャーがしっかりとした赤ワイン。鉄っぽさやスパイス、土っぽい野性味があるのが特徴だが、近年はエレガントな味わいに。

クロ・デュ・シャピトル

Clos du Chapitre

4.79ha。伝説の畑「クロ・ド・ラ・ペリエール」の真下（東）という、絶好の位置にある大きな畑。「ギ＆イヴァン・デュフレール」のモノポールだが、収穫量が多いので一部をネゴシアン（ワイン商）に販売している。「メオ・カミュゼ・フレール・エ・スール」が秀逸。

代表的な生産者 *Domaine*

ドメーヌ・ベルトー・ジェルベ
Domaine Berthaut-Gerbet

もとは「ドメーヌ・ベルトー」という名前だったが、2013年に7代目オーナーとなったアメリ・ジェルベさんが、母方であるジェルベ家の畑（ヴォーヌ・ロマネ村）も引き継いだことで「ドメーヌ・ベルトー・ジェルベ」と改名。ジェルベさんはボルドー、カリフォルニア、ニュージーランドで研修した人で、ピュアなワイン造りを行う。
16年から「ドメーヌ・ド・ラ・ロマネ・コンティ」（DRC）や「プリューレ・ロック」で栽培を担当していた夫のニコラ・フォーレ氏が栽培長に就任してからは、豊かな果実味とフレッシュ感溢れるワインとなり注目されている。

ドメーヌ・ピエール・ジュラン
Domaine Pierre Gelin

ステファン・ジュラン氏と息子のピエール・エマニュエル氏が運営する、フィサンで一番有名なドメーヌ。「クロ・ナポレオン」のほか、1級畑の「エルヴレ」を所有する。エルヴレは軽めのワインとなる。特級畑は「シャンベルタン・クロ・ド・ベーズ」（ジュヴレ・シャンベルタン村）を所有している。

ドメーヌ・ジョリエ（マノワール・ド・ラ・ペリエール）
Domaine Joliet (Manoir de la Perrière)

ジョリエ家が1853年から所有しているモノポール「クロ・ド・ラ・ペリエール」5haを先代のフィリップ・ジョリエ氏の息子ベニーニュ氏が引き継いだ。シャルドネを植えて白ワインも造る。2005年からフィリップ・シャルロパン氏がコンサルタントを行い、畑と醸造所を大改革。洗練された果実味のあるモダンなワインとなった。

10〜12世紀のロマネスク教会（指定文化財）

ブロンズ像「ナポレオンの目覚め」。
1847年、フランソワ・リュド作（ノワゾ博物館）

強靭なボディとフィネスを備えた巨人

ジュヴレ・シャンベルタン
GEVREY-CHAMBERTIN

コート・ドール地域をフィサン村から南に進むと、コンブ・ラヴォー（ラヴォー背斜谷）の北側、ブロション村から続く丘陵は南へと向きが変わり、そこにジュヴレ・シャンベルタンの1級畑が連なります。そしてコンブ・ラヴォーの南側には九つの特級畑を擁する壮麗な丘陵が広がっています。その外観からも最高級ワインが生まれると想像できるほど、ジュヴレ・シャンベルタン村は地形と土壌（母岩と表土）の恩恵をたっぷりと受けています。母岩は、骨格のがっしりとした力強いワインのキーとなるウミユリ石灰岩や、優雅なテクスチャーを与えるコンブランシアン石灰岩などです。ジュラ紀中期の生物の化石である硬い石灰岩を母岩としている畑から、約1億7000万年前のミネラルをブドウが吸収します。タンニンと酸の強さが骨格を、土やスパイスの香り漂う黒系果実味は筋肉質な印象を与えます。

ジュヴレ・シャンベルタン村のブドウ栽培面積は約530haと、コート・ドール地域では最大です。特級畑が9面とコート・ドールで最多を誇り、また26面ある１級畑の中には「クロ・サン・ジャック」のように特級畑を凌駕するような豪傑も存在。卓越した畑が多い上に、志が高く畑仕事に熱心なヴィニュロン（ブドウ栽培醸造家）が大勢住んでいる点がジュヴレ・シャンベルタンを偉大なワイン産地にしています。

ブドウ畑はラヴォーの谷の北側と南側二つの斜面と、その谷間から続く扇状地に広がる３エリア。北側の「クロ・サン・ジャック」がある丘陵は、標高260〜380mの南東から南向きに１級畑が帯状に連なります。谷間から冷たい風が吹くので、谷に近い「ラヴォー・サン・ジャック」の区画は収穫時期が約1週間遅れます。一方、南側の特級畑がある丘陵（標高260〜320m）の南東向きの斜面には、豊かな日照に恵まれた九つの畑が並びます。斜面上部は冷風が強いですが、畑のすぐ上にある森が冷たい風からブドウ樹を守る役目を果たします。

二つの丘陵の中央にある扇状地は、何千年もの間に谷間から運ばれてきた崩積土と沖積土土壌なので、ここで造られる村名ワインは特級畑や１級畑に比べると全体的に果実味、タンニン、酸味が柔らかく、フルーティーです。またコート・ドール地域の畑では、県道974号線の東側は水はけの悪い沖積土のため、AOCブルゴーニュというワンランク下の格付けになります。しかし、この村では山から石灰質が扇状地に流れ込み974号線の東側にも広がったという理由から、AOCジュヴレ・シャンベルタンを東側でも広く造ることができます。村全体の生産量が多いこともうなずけます。

左にはクリュニー修道院のシンボルである十字の鍵と剣。右は上下に分かれ、上部はブルゴーニュとヴァロワ王朝を、下部はブルゴーニュ公国を象徴する。

コンブ・ラヴォーは「クロ・サン・ジャック」の前の道を、谷あいのシャンブィフ方面へ進んだところにある、硬い石灰の岸壁が作り上げた景勝地。コート・ドールの裏街道には美しい風景が多く存在している。

● *Rouge*

シャンベルタン
Chambertin

12.9ha、21軒の所有者。ナポレオン皇帝のお気に入りで、遠征の時も必ずワイン樽を馬車で運び愛飲していた話は有名。九つの特級畑の中で最も筋肉質で壮麗、スケールの大きい、複雑かつ上品なワインであり、「シャンベルタン・クロ・ド・ベーズ」とともに別格。両畑の母岩は、ウミユリ石灰岩、牡蠣殻石灰岩、粘土石灰岩、プレモー石灰岩の地層がバランスよく存在する。
「シャンベルタン」はグリザール・コンブ（グリザールの谷）からの冷風を受けるため、シャンベルタン・クロ・ド・ベーズよりも堅固なボディとなる。クロ・ド・ベーズのワインはAOCシャンベルタン名乗れるが、シャンベルタンはAOCクロ・ド・ベーズを名乗れない。

シャンベルタン・クロ・ド・ベーズ
Chambertin - Clos de Bèze

15.4ha、18軒の所有者。「クロ」とは、石灰岩を積み上げて作った囲いのこと。コの字形になっていて、斜面の表土が流れるのを防いでいる。
コート・ドール最古の畑と考えられているのが「シャンベルタン・クロ・ド・ベーズ」。ブルゴーニュ地方の銘醸畑と修道院の関係は中世の時代にさかのぼり、この土地は、640年にアマルゲール公爵が同じ村にあるベネディクト会のベーズ修道院に寄進したもので、その際にブドウが植えられた。クロが完成したのは14世紀。男性的な「シャンベルタン」に比べると、果実味の肉付きが良くフィネスが豊かなので女性的と表現されている。

マジ・シャンベルタン
Mazis-Chambertin

9.1ha、18軒の所有者。「シャンベルタン・クロ・ド・ベーズ」の北隣に位置し、コンブ・ラヴォーからの北風を受けるため、より引き締まったボディを持ち、骨格がしっかりとしていて力強い。母岩はチャート（プランクトンの死骸の化石）を多く含むプレモー石灰岩。

シャルム・シャンベルタン
Charmes-Chambertin

12.24ha、22軒の所有者。「シャルム」（魅力）の名の通り、ジュヴレ・シャンベルタン村の特級畑の中では、果実味豊かな丸みのあるチャーミングなワインになる。母岩はコンブランシアン石灰岩（柔らかいテクスチャーを感じる）にウミユリ石灰岩。南隣の「マゾワイエール・シャンベルタン」は「シャルム・シャンベルタン」の名をラベルに表記することが認められていて、知名度のある後者の名で販売されることが多い。シャルムの斜面の下部の区画ほど表土が厚く、果実味にボリューム感がある。

マゾワイエール・シャンベルタン
Mazoyères-Chambertin

8.59ha、32軒の所有者。非常に広い畑でモレ・サン・ドニ村に隣接している。母岩は「シャルム・シャンベルタン」とほとんど変わらないが、「マゾワイエール・シャンベルタン」には谷から流れてきた沖積土壌が広がっている。シャルムよりも筋肉質で野性的な印象も。「トプノー・メルム」のシャルムとマゾワイエールを比較すると違いがわかりやすい。

ラトリシエール・シャンベルタン
Latricières-Chambertin

7.35ha、12軒の所有者。「シャンベルタン」の南隣に位置し、モレ・サン・ドニ村の「クロ・ド・ラ・ロッシュ」と地続き。母岩はウミユリ石灰岩、粘土石灰岩、プレモー石灰岩。グリザール・コンブからの冷風を受け、しっかりとした骨格と引き締まったボディに加え、ミネラル感が強く感じられる。

グリオット・シャンベルタン
Griotte-Chambertin

2.73ha、8軒の所有者。グリオットは「野生のサクランボ」という意味があり、野性的な赤い果実の強烈で濃厚なフレーバーが特徴。また、狭い畑は日射量を多く受ける地形になっていることから、「グリル」（焼く）に由来するという説もある。母岩はコンブランシアン石灰岩とウミユリ石灰岩。コンブランシアンが柔らかさとエレガンスを与える。

リュショット・シャンベルタン
Ruchottes-Chambertin

3.3ha、8軒の所有者。「マジ・シャンベルタン」の真上（西）に広がり、母岩はプレモー石灰岩とウーライト（白色魚卵状）石灰岩。表土が薄く、加えてコンブ・ラヴォーからの北風を受けるので、詰まったミネラル感と酸の厳格なワインになることが多い。「アルマン・ルソー」のモノポール「クロ・デ・リュショット」は、平均40年以上の古木から造られる複雑な風味とミネラル感が感動的。

シャペル・シャンベルタン
Chapelle-Chambertin

5.49ha、8軒の所有者。畑の名の由来は、1155年にベーズ修道院の傍らに建設された礼拝堂（チャペル）からきているが、1789年に始まったフランス革命の際に破壊された。「グリオット・シャンベルタン」の北隣に位置しており、全く同じ母岩だが、地形がなだらかなのでグリオットほど濃厚な果実味ではなく、エレガント。

お勧め1級畑

クロ・サン・ジャック
Clos Saint-Jacques

6.7ha、5軒の所有者。「シャンベルタン」と標高や母岩が同じ。特級畑並みの華麗で勇壮なワインを生む。コンブ・ラヴォーに位置する急斜面には、標高の高い区画と低い区画があるが、幸い5軒の所有者は上部から下部まで縦帯状に区画を持っているので、安定したバランスの良いワインができる。お勧め順に「アルマン・ルソー」「フーリエ」「ルイ・ジャド」「シルヴィー・エモナン」「ブルーノ・クレール」。

ラヴォー・サン・ジャック
Lavaut Saint-Jacques

9.53ha。「クロ・サン・ジャック」よりも峡谷からの冷風を直接受ける畑なので、酸がしっかりしている。しかし南向きの急斜面ということもあり、熟した果実味の力強いワインとなる。母岩はプレモー石灰岩、粘土石灰岩で、一部沖積土が広がる。

レ・カズティエ
Les Cazetiers

9.12ha。「クロ・サン・ジャック」の北東にあり、東向き斜面。母岩はウミユリ石灰岩、プレモー石灰岩、牡蠣殻泥灰岩、斜面の下部は砂質泥灰岩が広がり、力強さに加えてまろやかさやエレガンスがある。

ベレール
Bel Air

2.65ha。北隣は特級畑「リュショット・シャンベルタン」、真下（東隣）は「シャンベルタン・クロ・ド・ベーズ」という絶好の位置。リュショットと地続きで、同標高の畑は1級畑だが、それより上部にある畑は村名AOCに。1級畑の母岩はプレモー石灰岩、村名畑はウーライト石灰岩と、全く異なる。よく熟したブドウだけを選び醸造する「フィリップ・シャルロパン」のワインは、厳しさがなく上品で官能的だ。

オー・コンボット
Aux Combottes

4.57ha。特級畑の「ラトリシエール・シャンベルタン」と、モレ・サン・ドニ村の「クロ・ド・ラ・ロッシュ」に挟まれた、位置的に恵まれた畑。1級畑なのが不思議に思うくらいだが、実は後方にはグリザール・コンブからの冷たい風が吹き込むためブドウが熟すのに時間がかかるのと、窪地になっているせいで水はけが悪い。

シャンポー
Champeaux

6.68ha。「レ・カズティエ」の北側と地続きにある畑だが、地形と母岩の違いにより、異なるキャラクターのワインとなる。畑には石灰岩の母岩が所々露出している。岩だらけで表土が薄く、気温も低め。母岩はウミユリ石灰岩、牡蠣殻泥灰岩、標高の高い場所はウーライト石灰岩。フィネスというよりも剛健なタイプとなる。

「シャンベルタン・クロ・ド・ベーズ」の畑

ドメーヌ・アルマン・ルソー
Domaine Armand Rousseau

ネゴシアンによる不正なブレンドが横行していたころ、ドメーヌ元詰めを1930年ごろから始め、ブルゴーニュ・ワインの品質向上に貢献した。2代目のシャルル・ルソー氏は父親のアルマン氏が亡くなった59年に6haだった畑を、その後14haに拡大。現在は3代目のエリック氏が栽培・醸造を行い、2014年から娘のシリエルさんがドメーヌに参画。特級畑はジュヴレ・ジャンベルタン村に五つ、モレ・サン・ドニ村に一つ、合計8haを所有するトップドメーヌ。
早めの収穫により優雅さをもたらすのが特徴。「シャンベルタン」「シャンベルタン・クロ・ド・ベーズ」「クロ・サン・ジャック」は新樽100%で熟成。凝縮した上品な果実味にテロワールの複雑性を表現。早くから旨味が溶け込み、上質の絹のようなテクスチャーが特徴的。約15ha所有。

ドメーヌ・クロード・デュガ
Domaine Claude Dugat

当主は5代目のクロード・デュガ氏。妻と3人の子どもたちと栽培・醸造を行っている。醸造所は1240年の建造物で、当時は農民税として納める作物の貯蔵庫だった。ラングル様式の内装が素晴らしい。馬で耕作したフカフカな畑で、樹齢100年ほどの樹も大切に育てている。非常に果実味が凝縮した濃いワインであり、ジュヴレ・シャンベルタンの特徴が顕著に現れている。「グリオット・シャンベルタン」は芸術品といえる。約6ha所有。

ドメーヌ・ベルナール・デュガ・ピィ
Domaine Bernard Dugat-Py

クロード・デュガ氏のいとこのベルナール氏が営む。驚くほど凝縮度が高く、濃密な果実味が爆発的であるが、上品で洗練されたワインを平均65年の古木から造っている。とりわけビオディナミ農法に熱心。クロード氏は醸造の際に果梗を100%除くが、ベルナール氏は20～80%果梗を残して発酵させる。約15ha所有。

ドメーヌ・フィリップ・シャルロパン
Domaine Philippe Charlopin

1976年に父親から約1.5haの畑を相続。現在ジュヴレ・シャンベルタン村、モレ・サン・ドニ村、フィサン村などに合計25haを持つ。アンリ・ジャイエ氏から「やっと酒造りがわかったな」と1990年に褒められたそう。収穫後も厳しい選別を行い、完熟した果実味が非常に濃厚で、つややかなワインを造る。

ドメーヌ・フーリエ
Domaine Fourrier

ジャン・マリ・フーリエ氏は、アンリ・ジャイエ氏や、オレゴンの「ドメーヌ・ドルーアン」のもとで修業後、23歳の時に父親からドメーヌを継いだ。「テロワリスト」と自称するほど畑仕事に非常に熱心で、生命力と複雑性に溢れた完璧な赤ワインを造り上げる。約10ha所有。
2020年、オーストラリア最高峰のピノ・ノワール生産者「バス・フィリップ・ワインズ」の醸造責任者に。その後ワイナリーを継ぎ、22年に当主となる。

ドメーヌ・ドニ・モルテ
Domaine Denis Mortet

2006年に命を絶った偉大な父親ドニ・モルテ氏の後を、しっかり者の母親に支えられながら息子のアルノー氏が24歳の時に継いだ。「メオ・カミュゼ」と「ルフレーヴ」で研修。父親が造っていた濃厚でゴージャスなワインは1990年代に熱狂的に支持されたが、アルノー氏はピュアな果実味とエレガンスを求め、現在はバランスの良い見事なワインを造っている。約16ha所有。

その他のお勧め生産者

ドメーヌ・ジャン・ルイ・トラペ
Domaine Jean-Louis Trapet

オリヴィエ・バーンスタイン
Olivier Bernstein

ドメーヌ・ルイ・ジャド
Domaine Louis Jadot

ドメーヌ・フェヴレ
Domaine Faiveley

ドメーヌ・ピエール・ダモワ
Domaine Pierre Damoy

ドメーヌ・シルヴィ・エモナン
Domaine Sylvie Esmonin

「ラトリシエール・シャンベルタン」の畑

たくましい果実味と同居するフィネス

モレ・サン・ドニ

MOREY-SAINT-DENIS

卓越した五つの特級畑を擁するモレ・サン・ドニ村は、2010年代に格式ある2軒のドメーヌのオーナー交代劇によって、世界中から脚光を浴びました。フランスのラグジュアリーブランドのトップに君臨する2大企業による、ブルゴーニュ史上最高値の特級畑買収です。ベルナール・アルノー氏率いる「LVMHグループ」が14年に「クロ・デ・ランブレ」を、フランソワ・ピノー氏率いる「アルテミス・グループ」が「クロ・ド・タール」を17年に入手。大資本の投入と大改革による品質向上が期待されます。それと同時に、ブルゴーニュ・ワイン全体がますます高騰するのではないかと、世界中のブルゴーニュ愛好家が愁いを抱きました。

モレ・サン・ドニはジュヴレ・シャンベルタン村とシャンボール・ミュジニ村に挟まれた、南北1.2kmほどの小さな村です。ドメーヌ元詰めが行われていない時代は（1960年ごろまで）、ネゴシアンによってジュヴレ・シャンベルタンやシャンボール・ミュジニの名前で販売されるほど無名でした。そのモレ・サン・ドニが注目されるようになった背景には、80年代の「ドメーヌ・ポンソ」「ドメーヌ・デュジャック」のテロワールを表現した格調高いワインの出現があります。その後「ドメーヌ・ユベール・リニエ」などにより世界的な評価が上がり、95年以降はクロ・ド・タールの改革や、「ドメーヌ・アルロー」などの新たなスター醸造家によって、知名度がますます高まりました。

ブドウ栽培面積は約140haと小さい割に特級畑が5面、1級畑が20面あり、村名ワインは約40%です。ほとんどが赤ワインで、白ワインは１級畑と村名畑でごくわずかに造られています。赤はがっしりタイプのジュヴレ・シャンベルタンほど骨太筋肉質ではなく、また優雅なシャンボール・ミュジニほど繊細ではありませんが、重量感とフィネスの両面をバランスよく持ち合わせた魅惑のスタイルであり、ヨード的なミネラルが余韻に残るのも特徴です。

特級畑は標高280〜300mの急斜面に帯状に広がり、「クロ・ド・ラ・ロッシュ」から「ボンヌ・マール」までの母岩は硬いバジョシアンのウミユリ石灰岩。斜面の上部は白色ウーライト石灰岩やコンブランシアン石灰岩を、表土のすぐ下に見ることができます。特に急勾配のクロ・デ・ランブレとクロ・ド・タールは、ブドウ樹の畝を南北にして（通常は東西）畑の土が雨で流されないようにしています。緩やかな斜面に広がる1級畑は表土が厚いので、鉄やスパイス風味に加え、果実味のある肉付きの良い魅力的な赤ワインになります。

上部は8世紀からフランス革命までラングル教区とオータン教区にまたがって統治をしたヴェルジィ公爵家の紋章。下部は狩猟と戦争のシンボルであった狼をあしらう。

「サン・ドニ」は3世紀にパリでキリスト教を広めた聖人の名前。当時キリスト教を弾圧していたディオクレティアヌス皇帝によって首を落とされ殉教した。

● *Rouge*　○ *Blanc*

クロ・ド・ラ・ロッシュ

Clos de la Roche

16.9ha、22軒の所有者。モレ・サン・ドニ村で最大の面積。「ラトリシエール・シャンベルタン」と地続きの母岩はウミユリ石灰岩や粘土石灰岩など、五つの特級畑の中で最もミネラル感が強く骨太で、筋肉質な果実味に豊かなフィネスが融合している。お勧め生産者は「ポンソ」「デュジャック」「ルロワ」「アルロー」「アルマン・ルソー」。

クロ・サン・ドニ

Clos Saint-Denis

6.62ha、17軒の所有者。母岩は「クロ・ド・ラ・ロッシュ」とほぼ同じだが、粘土質が多い。豪奢な果実味を支える緻密なタンニンと酸も芳醇。最上の区画を所有するのは「アルロー」。お勧め生産者は「アルロー」「デュジャック」「ルシアン・ル・モアンヌ」「ミシェル・マニャン」。

クロ・デ・ランブレ

Clos des Lambrays

8.84ha、2軒の所有者。「ドメーヌ・デ・ランブレ」が8.66ha所有。畑の下部に「トプノ・メルム」が0.18ha所有。母岩はウーライト石灰岩を含み、たくましさよりも繊細さや気品が感じられる。

ドメーヌ・デ・ランブレは伝統的な醸造法、全房で醸造。色が明るいクラシックなタイプ。1979年から品質向上に努めた支配人のティエリ・ブルーアン氏は、2016年に引退。14年から「LVMHグループ」が運営。責任者は「ラルロ」や「クロ・ド・タール」の支配人を経たジャック・ドゥヴォージュ氏。22年ヴィンテージから、グラヴィティ・フロー（重力によってブドウ果汁やワインを移動させ醸造する）設備の豪華な新醸造所で造られている。

クロ・ド・タール

Clos de Tart

7.53ha、モノポール。ネゴシアンの「モメサン」が約80年間所有していたが、2017年フランソワ・ピノー氏が率いる「アルテミス・グループ」が2億8000万ユーロで買収。「シャトー・ラトゥール」のフレデリック・アンジェラ氏がCEOに。

特級畑のモノポールとしては最も大きく、母岩はウミユリ石灰岩、プレモー石灰岩、ウーライト石灰岩。優雅でベルベットのような厚みと力強さが特徴。12世紀の建造物や1850年にできた地下セラーは圧巻。

1996年に地質学者のシルヴァン・ピティオ氏が責任者となり、品質向上。2019年より、ピノー一族が所有する「シャトー・グリエ」（ローヌ地方）で活躍したアレッサンドロ・ノリ氏が支配人。19年完成の新醸造所では、木製発酵槽を使用し、区画ごとに除梗率を変えて醸造。

ボンヌ・マール

Bonnes-Mares

1.52ha、2軒の所有者。シャンボール・ミュジニ村にまたがり、約1/10がモレ・サン・ドニ村にある。「ボンヌ・マール」の母岩はウミユリ石灰岩と砂質性泥灰岩が「シャンベルタン」から続いているため、凝縮感とタンニンはしっかり。モレ側からシャンボール側に向かい上部から下部へ斜めに小径があり、下部はテール・ルージュ（赤土）、上部はテール・ブランシュ（白土）と呼ばれる複雑な土壌。モレに近い粘土の多い赤土からはどっしりとした力強いワイン、テール・ブランシュからは牡蠣殻泥灰岩を含む土壌から繊細なワインが生まれる。モレ側の区画は「クレール・ダユ」から受け継いだ「ブルーノ・クレール」と「ブジュレ・ド・ボークレール」（フェルマージュ契約）が所有。ブルーノ・クレールはシャンボール・ミュジニ側にも所有している。

「ドメーヌ・デ・ランブレ」の庭

お勧め1級畑

モン・リュイザン
Monts Luisants

5.39ha。標高340m付近は村名AOC、300～340mが1級畑。表土が薄くコンブランシアン石灰岩だらけの土地。1960年代からピノ・ノワールやシャルドネに植え替えが進んだが、「ポンソ」は中世の時代から標高の高い畑はアリゴテ向きと考え、11年に植樹したアリゴテの古木から強烈な白ワインを造る。「デュジャック」は2004年からシャルドネで醸造。

「ドメーヌ・ポンソ」の「モン・リュイザン」の畑とコンブランシアン石灰岩

レ・リュショ
Les Ruchots

2.58ha。「クロ・ド・タール」と「ボンヌ・マール」の真下(東)に位置しているベスト1級畑。濃厚で柔らかい果実味がある、ボンヌ・マールをソフトにしたようなタイプ。「アルロー」が秀逸。

クロ・ソルベ
Clos Sorbè

3.55ha。斜面の下部に位置。特級畑が持つようなフィネスはないが、果実味が濃密でたくましい点が「クロ・ソルベ」らしい。「フレデリック・マニャン」のワインはよく凝縮していてコストパフォーマンスが高い。モレ・サン・ドニ村に多くの畑を所有していたジャッキー・トルシヨ氏が引退した後、畑を引き継いだダヴィド・デュバン氏は、クロ・ソルベの最大所有者。

代表的な生産者 *Domaine*

ドメーヌ・デュジャック
Domaine Dujac

当主のジャック・セイス氏は実家の「ナビスコ」を退社、「プス・ドール」で研修した後に「DRC」などと交流を重ね、1968年に「ドメーヌ・マルセル・グライエ」を購入し「ドメーヌ・デュジャック」を設立。現在は息子のジェレミ氏とアレック氏が引き継いでいる。モレ・サン・ドニを中心に、ジュヴレ・シャンベルタン、シャンボール・ミュジニ、ヴォーヌ・ロマネからリッチで深遠なワインを造っている。
2000年に畑の管理も行うネゴシアン「デュジャック・フィス・エ・ペール」を立ち上げ、05年にはヴォーヌ・ロマネ村の「ロマネ・サン・ヴィヴァン」「オー・マルコンソール」を入手し、盤石の体制を築く。DRCと同様に全房で発酵する醸造法だったが、ジェレミ氏は除梗の比率を年により変える。17.5ha所有。

ドメーヌ・アルロー・ペール・エ・フィス
Domaine Arlaud Père et Fils

1998年にシプリアン・アルロー氏が当主となり、緻密な果実味としなやかなタンニンが融合したフィネス豊かなワインを造る。2009年よりビオディナミ農法を実践。弟と妹が馬で畑を耕作し、シプリアン氏は醸造を担当する。年ごとに複雑性が増している特級畑「クロ・サン・ドニ」は芸術作品といえる。15ha所有。

ドメーヌ・ポンソ
Domaine Ponsot

1872年に設立された老舗。ブルゴーニュのクローン・セレクション(ディジョン・クローン)は、ジャン・マリ・ポンソ氏によりこのドメーヌから始まった。ジャン・マリ氏の息子ローラン氏がドメーヌを継ぎ2001年に作った醸造所では、ウルトラモダンと伝統的な醸造法をミックスした見事なワインを造る。新樽は絶対に使用せず、亜硫酸は瓶詰め時以外は添加しないので、常に色は明るくアミノ酸の旨味が早くから出てくる。
現在、ローラン氏の妹ローズ・マリーさんが5代目当主。醸造責任者のアレクサンドル・アベル氏はローラン氏と同じ哲学を持ち、ワインのスタイルは変わっていない。約9.1ha所有。
一方17年2月、ドメーヌ・ポンソを離れたローラン氏はネゴシアン「ローラン・ポンソ」を立ち上げた。18年より息子クレメン氏が当主に。「グリオット・シャンベルタン」を約1ha所有。

オート・コートの魅力

1997年、初めてブルゴーニュを訪れた時のこと。ディジョン駅から国道74号線（現在の県道974号線）を車で南下していくと、ジュヴレ・シャンベルタン、モレ・サン・ドニ、シャンボール・ミュジニ、ヴォーヌ・ロマネ、ニュイ・サン・ジョルジュと、ワインのラベルで見ていた名前そのままの村が次々と登場。ボーヌの町を過ぎるとポマール、ヴォルネ、ムルソー、ピュリニ・モンラッシェとさらに続き、飲んだワインの記憶と目の前の景色が重なり、心踊らされたことをはっきりと覚えています。ところで、このメインロードの西側の小高い丘の上に"別のワインの世界"が広がっていることをご存じですか？オート・コート、その名も「高い丘」と呼ばれる地域とそのワインを少しだけご紹介します。

旧国道74号線上の村、ラドワ・セリニの丘斜面を上がり、コルトンの石で有名な採石場を通り過ぎると、オート・コート・ド・ニュイとオート・コート・ド・ボーヌの境界線であるマニ・レ・ヴィレ村に到着。ここから北側にオート・コート・ド・ニュイを産出する、魅力溢れる16村が地図上では仲良く腕を組むように並んでいます。実際はかなり高低差があり、その多彩な景色はドライブに最適です。南側にはマランジュ村周辺まで長く広くオート・コート・ド・ボーヌのブドウ畑が点在しています。私のお勧めはマヴィイ・モンドロ村からサン・ロマン村辺り。自然環境のダイバーシティ（多様性）は抜群で、コート・ドールとは思えない風景です。この辺りにはブルゴーニュ・ワインに魅せられて住み着いた若者が集まり、少しずつしゃれたレストラン、コーヒーショップ、ビオのパン屋ができたりと、サブカルチャーが広がってきている場所でもあります。

オート・コートは標高が300～450mとやや高く、以前は酸味を必要とするクレマン用のブドウを多く産出する地域でした。近年の温暖化はオート・コートのブドウにとっては好都合で、完熟ブドウからできるワインはフレッシュ感も備わり、人気上昇中です。新星ミクロ・ネゴシアン（小規模なワイン商）がオート・コートのリーズナブルなブドウから個性的なワインを造っていることにも、注目が集まります。

サン・ロマン村に近いオート・コートの畑。標高の高いオート・コートのブドウ樹の仕立て方は、一般的に背が高く畝間が広いのが特徴

優雅に舞う天女の羽衣

シャンボール・ミュジニ

CHAMBOLLE-MUSIGNY

ブルゴーニュ・ワイン愛好家は、シャンボール・ミュジニのフィネスを限りなく集約したようなワインに特別な憧れを抱きます。透明感のある華やかな果実味や花の香り、そしてシフォンのようなタンニンと酸の調和が美しいワインです。北端に位置する畑「ボンヌ・マール」以外は、ほとんど粘土を含まない石灰に富む土壌から、コート・ド・ニュイ地区で最も麗しいワインが生まれます。「シルクとレース」「最高のデリカシー」と形容されるように、この優雅なワインに出合った時には、誰もその誘惑から逃れることができません。

シャンボール村は1110年、「Cambolla」(シャンボーラ)と記されていたころ、シトー派の修道士が移住を始めました。当時、頻繁に嵐が村を襲いグローヌ川が溢れ出すことが多かったことから、「Champ Boullant」(boiling water＝煮立っている湯)と呼ばれ、1302年に「Chambolle」(シャンボール)という名前に変わります。1878年には「Le Musigny」(ル・ミュジニ)という傑出した畑の名を付加して、シャンボール・ミュジニという村名になりました。

生産されるワインは、ジュヴレ・シャンベルタン村やヴォーヌ・ロマネ村のようにすべて赤ワインといってもいいくらいですが、年間生産量わずか6樽(1800本)ほどの貴重な特級畑の白ワイン『ミュジニ・ブラン』を「コント・ジョルジュ・ド・ヴォギュエ」が造っています。コート・ド・ニュイ地区で唯一、白の特級畑AOCに認められるほど、味わいが個性的で強烈です。ヴォギュエはヴィエイユ・ヴィーニュ(古木)から造るワインにしか「ミュジニ」の名前を使わないという信念を持つため、シャルドネを植え替えた後の1994〜2014年は樹が若いという理由から「ブルゴーニュ・ブラン」に格下げして販売。15年からミュジニ・ブランは復活しました。ちなみに、かつてヴォギュエ家では「ミュジニ」の赤があまりにも強くて堅固すぎるという理由で、シャルドネを5〜10%混ぜて飲みやすくしていたそうです。

特級畑は2面。最南端にある「ミュジニ」は、コート・ドール地域最大の面積を持つ特級畑「クロ・ド・ヴジョ」の真上に位置する急斜面の畑。一方「ボンヌ・マール」は最北に位置し、隣のモレ・サン・ドニ村にまたがった横長の畑です(90%はシャンボール・ミュジニ側にある)。この二つの畑はかなり離れており、母岩が全く違うことから驚くほど個性が異なるワインが生まれます。ミュジニは巨大なミネラル感と繊細さから独特の気高いオーラが強く、他を寄せ付けない荘厳さがありますが、ボンヌ・マールはモレ・サン・ドニ村の「クロ・サン・ドニ」のように、果実味のパワーで圧倒するようなフルボディです。

1級畑は斜面中腹に24面広がり、断層によって場所による微妙な母岩の違いが、それぞれのワインの特徴に影響を与えています。丘陵北部の「レ・フエ」と「レ・クラ」は粘土石灰岩とプレモー石灰岩なので骨格とミネラル感、モレ側の「レ・サンテイエ」はプレモー石灰岩とコンブランシアン石灰岩、村の中央に位置する「レ・シャルム」はコンブランシアン石灰岩なので、果実味の繊細さと柔らかいテクスチャーがあります。扇状地にあるレ・シャルムより丘陵の南に位置する１級畑は、より繊細でミネラル感が強いワインになります。

1級畑の中でも、特級畑並みの扱いをされているのは「レザムルーズ」。ミュジニの真下(東隣)に位置し、土壌もよく似ているため格調高いフィネス豊かなワインが生まれます。ミュジニほど厳格ではない上、「恋する乙女たち」という名前がロマンティックなので非常に人気があります。さらにその東隣の「レ・オー・ドワ」も似ているけれど水はけが悪いせいなのか、ワインは軽めです。

16世紀に村の教会の責任者だったモワッソン家の家紋。塔は村の守護聖人である聖バルブを象徴する。

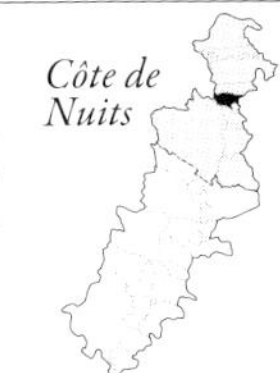

「ミュジニ」と「レザムルーズ」の畑は標高差60mにわたり傾斜沿いに広がっている。標高240m弱まで斜面を降りた所にあるのがレザムルーズの池。某ワイン漫画では男女の出会いの一幕となっているが、今では藻が張っている。

● *Rouge* ○ *Blanc* (特級畑のみ)

特級畑 2 *Grand Cru*

ミュジニ
Musigny

10.85ha、11軒の所有者。標高260～300m、傾斜が4～8度と勾配がきつい急斜面。畑の母岩はほぼコンブランシアン石灰岩で、わずかに白色ウーライト石灰岩を含む場所もある。リュー・ディ（小区画）は三つ。「レ・ミュジニ」5.9ha、「レ・プティ・ミュジニ」4.19ha、「ラ・コンブ・ドルヴォー」0.77ha。

レ・プティ・ミュジニの区画はすべて「ヴォギュエ」が所有していて、そのうちの0.5haにシャルドネが植えられている。1級畑ラ・コンブ・ドルヴォーの一部が1989年にミュジニのリュー・ディに加わる（所有者は「ジャック・プリウール」）。ヴォギュエは500年以上前からミュジニ畑の約2/3を所有している超資産家。

所有面積が多い順に「ヴォギュエ」(7.12ha)、「ジャック・フレデリック・ミュニエ」(1.13ha)、「ジャック・プリウール」(0.77ha)、「ドルーアン」(0.68ha)、「ルロワ」(0.27ha)。

ボンヌ・マール
Bonnes-Mares

13.54ha（全15.06ha）、24軒の所有者。畑の13.54haがシャンボール・ミュジニ村に、1.52haがモレ・サン・ドニ村に位置する（P53を参照）。

所有面積が多い順に「ヴォギュエ」(2.7ha)、「ジョルジュ・ルーミエ」（1.89ha）、「ブルーノ・クレール」（1.64ha）、「ドルーアン・ラローズ」（1.49ha）。

「ミュジニ」の畑

1級畑 24 *Premier Cru*

お勧め1級畑

レザムルーズ
Les Amoureuses

5.4ha。レザムルーズは「恋する乙女たち」という意味。「恋人たち」と訳すと女性同士の恋人という意味になる。「ミュジニ」の気品と優雅さを備えつつ、明るくて親しみやすいのが特徴。「グロフィエ」が最大の所有者。「ヴォギュエ」「ジョルジュ・ルーミエ」「ジャック・フレデリック・ミュニエ」「ベルトー」「アミオ・セルヴェル」も、それぞれ美しく魅力的なワインを造っている。

ラ・コンブ・ドルヴォー
La Combe d'Orveau

2.23ha。「ラ・コンブ・ドルヴォー」には三つのAOCが存在する。①1級畑、②特級畑「ミュジニ」のリュー・ディの一つ、③村名AOCの畑。斜面の上部にある1級畑の母岩はコンブランシアン石灰岩とプレモー石灰岩だが、ミュジニとの違いは、母岩だけではなく標高や寒風の影響もあり、酸が突出している年が多い。「ブルーノ・クラヴリエ」はテロワールを鏡のように映したワイン造りに定評がある。

ドメーヌ・コント・ジョルジュ・ド・ヴォギュエ
Domaine Comte Georges de Vogüé

1528年までさかのぼる名家。1989年から3人のチーム、醸造のフランソワ・ミエ氏、栽培のエリック・ブルゴーニュ氏、支配人のジャン・リュック・ペパン氏によって黄金時代を築いた。「ミュジニ」と「ボンヌ・マール」の最大所有者であり、「レザムルーズ」も含めブルゴーニュで一番華やかでゴージャスなワインを造る。12.5ha所有。
現在の醸造責任者は、ニュイ・サン・ジョルジュ村の「ドメーヌ・ド・ドゥセル・ヴィラ」の醸造責任者を20年務めたジャン・ルパテッリ氏。
ミエ氏は2021年に引退し、自身のドメーヌ「フランソワ・ミエ・グラン・エ・フィス」を息子たちと設立。

ドメーヌ・ロベール・グロフィエ・ペール・エ・フィス
Domaine Robert Groffier Père et Fils

1950年設立。現在はロベール・グロフィエ氏の孫のニコラ氏が栽培・醸造を行う。モレ・サン・ドニ村に本拠を置くが、シャンボール・ミュジニに多くの畑を所有。「レザムルーズ」の最大所有者。ワインのスタイルはニコラ氏の父セルジュ氏の時代は凝縮度が高くパワフルだったが、ニコラ氏が手掛けるようになってからは繊細で優美になった。8ha所有。

ドメーヌ・ジョルジュ・ルーミエ
Domaine Georges Roumier

1924年に設立。82年からクリストフ・ルーミエ氏が当主となり、そのシルキーで透明感のある赤ワインが絶賛されている。借りている畑のワインはネゴシアン「クリストフ・ルーミエ」の名前で売る。「ミュジニ」は、やっと1樽分を造れる量しかない、最も入手困難な特級畑。「ボンヌ・マール」はテール・ブランシュとテール・ルージュの区画を所有し、両区画を別々に醸造してからブレンドする逸品。12.6ha所有。

ドメーヌ・ジャック・フレデリック・ミュニエ
Domaine Jacques-Frédéric Mugnier

当主のフレデリック・ミュニエ氏はパイロットを辞めて、父が共同経営をしていたドメーヌを1986年に継いだ。畑とシャトー・シャンボール・ミュジニ（1709年建造）はフレデリック氏の祖父がマレ・モンジュ・ファミリーから買ったもの。2004年に新キュヴリー（醸造所）が完成してから、ワインの果実味とボディが豊かになり、一層華やかで深みが出ている。
また「フェヴレ」に長年貸していたニュイ・サン・ジョルジュ村のモノポールの1級畑「クロ・ド・ラ・マレシャル」は、フレデリック氏の手にかかると野性味が果実味にマスキングされて、上品な印象に。ちなみに、フレデリック氏の曾祖母は日本人。約14ha所有。

「ドメーヌ・コント・ジョルジュ・ド・ヴォギュエ」の醸造責任者ジャン・ルパテッリ氏

恒久のブドウ畑「ロマネ・コンティ」の成り立ちを紐解く

「ロマネ・コンティ」の畑は、「ロマネ・サン・ヴィヴァン」の畑とともにサン・ヴィヴァン修道院の所有畑でした。サン・ヴィヴァン修道院は、890年、ヴォーヌ・ロマネ村からはるか遠く離れたヴェルジの丘に、ヴェルジ領主のマナセ1世が設立。その後1095年のクレルモンの宗教会議の際、教皇ウルバン2世の命令でベネディクト会クリュニー修道院の系列となりました。当時、領主たちから畑を寄進されましたが、サン・ヴィヴァン修道院は僧の数が少なかったため、シトー会の「クロ・ド・ヴジョ」のように自ら耕作できず、小作に出されました。

1241年ごろの文書に四つのブドウ畑の名前などが残っていたことから、このころすでにロマネ・コンティとロマネ・サン・ヴィヴァンの原形となる畑が存在していたことが確認されています。15世紀末になると、ルイ11世によってブルゴーニュ地方がフランスに統合されました。その際に修道院保有地の境界を調べた結果、ロマネ・コンティのルーツが明らかに。

当時の「クルー・デ・サンク・ジュルノー」（1人で耕すと5日かかる広さの区画、という意味）が今のロマネ・コンティであり、16世紀前半になると「クロ・デ・クルー」と呼ばれました。1584年、クロ・デ・クルーはディジョンの王室管理人クロード・クザンに売却（永久賃貸）され、その年にクザンが植えたピノ・ノワールは1945年末までプロヴィナージュ栽培（取り木栽培。P.41参照）で生き残りました。1651年、修道院はクロ・ド・ヴジョの所有者、ジャック・ヴノーに売却されました。このころにやっと「ロマネ」という名前で呼ばれるようになりますが、ワインはクロ・ド・ヴジョで醸造されていました。同じころルイ14世が、医師から薬としてスプーン1杯のロマネを勧められたという逸話があります。その後、浪費家だったヴノーの娘婿が莫大な借金を作り、借金返済のためにロマネを売却するはめに。そこへ登場したのが、かの有名なルイ・フランソワ・ド・ブルボン（コンティ公、ルイ15世のいとこ）です。1760年にコンティ公が購入した時のロマネはすでに有名であったため、近隣の畑よりも5～6倍ほど高かったとの記録が残っています。

コンティ公の息子が相続後、1789年のフランス革命によりロマネは国に没収され、競売にかけられます。94年にニコラ・ドフェ・ド・ラ・ヌエルが競売で購入しましたが、1819年にはナポレオン帝政時代の武器商人として財産を築いた銀行家ウーヴラールが買い取ります。そして、69年に現在の「ドメーヌ・ド・ラ・ロマネ・コンティ」（DRC）のオーナーであるド・ヴィレーヌ家の先祖ジャック・マリ・デュヴォー・ブロシェの手に渡りました。

その後、1942年にはオベール・ド・ヴィレーヌ氏の祖父と、ネゴシアンのアンリ・ルロワ氏の共同経営になりました。いずれも近年世代交代があり、2022年、オベール氏から甥のベルトラン氏へ世代交代。18年にはアンリ・フレデリック・ロック氏からラルー・ビーズ・ルロワさんの娘ペリーヌ・フェナルさんへ受け継がれています。ブルゴーニュの造り手たちの手本となるDRCの芸術的なワインを生産しつつ、今後も歴史的国宝級ワインであるロマネ・コンティの名声を維持してくれることでしょう。

村の80%を占める歴史的な特級畑

ヴジョ
VOUGEOT

ブルゴーニュを初めて旅する時に、必ず訪れるべき名所のベスト3に入るのがヴジョ村唯一の特級畑「クロ・ド・ヴジョ」と、畑内にある歴史的建造物。県道974号線を車で走っていると目の前に見えてくる広大な畑、その中に佇む古いシトー派修道会の醸造所と、ルネサンス様式のシャトー・デュ・クロ・ド・ヴジョ（1551年に建造）は必見です。12世紀に始まるシトー派修道僧の優れたワイン造りの歴史は、ここからスタートしました。

クロ・ド・ヴジョは50.96haと、コート・ド・ニュイ地区最大の面積を誇ります。シトー派修道僧によって開墾されたクロ（石垣）のある畑は、標高や位置、土壌によってワインの個性が微妙に違うことや、一つの畑に生産者が複数いるため同じワイン名にもかかわらず品質レベルに差があることから、ブルゴーニュ・ワインの縮図のような畑だといわれています。現在クロ・ド・ヴジョには107区画、80人を超える区画所有者がいます。

ヴジョは、シャンボール・ミュジニ村とフラジェ・エシェゾー村の境目に位置する小さな村。近くにヴジョ川が流れていることが名前の由来です。村名ワインは約3.2haとコート・ドール地域では最小。１級畑は4面で11.4haほどの大きさです。

ブルゴーニュの畑がこのように細分化されて多くの造り手に所有された理由は二つあります。一つ目は、1789年のフランス革命後に畑が国庫に没収され競売にかけられた際、農民は小さい単位でしか畑を購入できず細切れで売られたこと。二つ目は、ナポレオン法典による相続法（例えば、5人子どもがいれば均等に５人で分ける）によってさらに細分化されたこと。その結果、小さな畑に数十人の所有者が存在することになりました。

クロ・ド・ヴジョは、革命後の91年に競売にかけられ、ナポレオンを支えた銀行家ガブリエル・ジュリアン・ウーヴラールの息子が入手。その後、ウーヴラール家に管理され、1889年にブルゴーニュのネゴシアン6社に売却されるまでは単独所有でした。1920年には所有者が約40軒となり、現在は約80というように細分化されていきました。

クロ・ド・ヴジョはもともと12世紀にシトー派の修道僧によって拓かれた畑で、畑の最下部は県道974号線に接している珍しい特級畑としても有名。標高は974号線と同じ240〜255mと特級畑の中では低く、傾斜は3〜4度と緩やかです。斜面の上部の母岩は粘土石灰岩、表土は浅く小石に粘土質という土壌。中部の表土は少し厚くなりますが、小石が多く水はけのいい土壌で、上質なブドウができます。しかし、下部は表土が1mと厚めで粘土質が多い沖積土のため、平凡なブドウしか得られないといわれています。中世は、上部は教皇の畑（特級畑）、中部は王様（１級畑）、下部は修道僧のための畑（村名クラス）として認識されていたほど畑内の格差が激しかったようです。しかしながら、現代では畑の下部の区画であっても、優秀な生産者が栽培・醸造を行えば素晴らしいワインになります。

特級畑の斜面の最上部、シャトー・デュ・クロ・ド・ヴジョの入口辺りにある区画

「ミュジニ」はシャンボール・ミュジニ村の「ミュジニ」の斜面の真下（東）に位置し、「ドメーヌ・グロ・フレール・エ・スール」がフィネス豊かなワインを造っています。また、シャトーに隣接した区画を所有する「ドメーヌ・ルロワ」と「メオ・カミュゼ」は、凝縮した複雑な果実味のある卓越したワインを造っています。「グラン・モーペルテュイ」は、「グラン・エシェゾー」の真下（東）に広がる秀逸な区画であり、その区画名を「ドメーヌ・ミシェル・グロ」と「ドメーヌ・アンヌ・グロ」はボトルに表記しています。

コート・ド・ニュイ地区の特級畑の中では、クロ・ド・ヴジョに次いで広い畑が「エシェゾー」（ヴォーヌ・ロマネ村）。37.69haに80人あまりの所有者が存在しているので、ヴジョと同様に区画の位置や造り手を知ることが重要です。

フランス王家の白百合の紋の中央にブルゴーニュ公国の紋をあしらったこの紋はシトー修道院のもの。城壁のようにかたどられた外枠は「クロ・ド・ヴジョ」を表す。

「クロ・ヴジョ音楽祭」（ワインと音楽のマリアージュ）が毎年6月半ばに開催される。一流老舗ドメーヌのワインを試飲できる。チャリティー・オークションも行われ、落札金は若手音楽家の助成金として使われる。

● *Rouge* ○ *Blanc*

特級畑 1 *Grand Cru*

クロ・ド・ヴジョ
Clos de Vougeot

50.96ha、約80軒の所有者。凝縮した果実味の、肉付きが良く骨格もしっかりとした、土とスパイスの香りがアクセントになっている長期熟成型がベスト。隣接する「ヴォーヌ・ロマネ」のような華やかさはないがフィネスがあり、独特の土の香りは熟成するとトリュフの芳香に変わる。「クロ・ド・ヴジョ」と「クロ・ヴジョ」の違いは、昔から所有している区画の場合は「クロ・ド・ヴジョ」とラベルに記載するといわれている。

1級畑 4 *Premier Cru*

お勧め1級畑

ル・クロ・ブラン
Le Clos Blanc

2.29ha、モノポール。別名「ラ・ヴィーニュ・ブランシュ」。シトー派修道院がこの畑を手に入れた1110年から白ブドウが植わっていたといわれている。「ヴジュレ」（ボワセ・ファミリー）のモノポール。前所有者のレリティエ・ギュイヨ氏の時代は、非常にリッチでまったりとした個性的な白ワインだったが、ボワセ家の所有になってからはミネラル感に富むエレガントな白ワインに。

レ・クラ
Les Cras

3.75ha。石灰岩（craie）の真上に畑があるので、「craie」→「cras」と名付けられた。ミネラルや土のフレーバーが豊かなフルボディの赤・白の両方が造られている。

レ・プティ・ヴジョ
Les Petits Vougeots

3.49ha。「ル・クロ・ブラン」と区別するために、シトー派修道僧はかつて「プティ・クロ・ノワール」と名付けた。この畑の一部は、「ドメーヌ・ベルターニャ」のモノポール「クロ・ド・ラ・ペリエール」。特級畑のすぐ下（南東）に位置し、その名の通りかつてはペリエール（石切り場）で、修道院や畑の石壁などを築くのに活用された。昔は白ブドウが植えられていたが、現在ベルターニャは赤ワインだけを造っている。

「レ・プティ・ヴジョ」全体では、ベルターニャは白・赤両方を造っている。

ドメーヌ・ベルターニャ
Domaine Bertagna

1960年代に設立されたがその後売却され、88年からエヴァ・レー・シドルさんがオーナーに。ヴジョ村に多くの畑を所有し、「クロ・ド・ヴジョ」のほかにも特級畑の「シャンベルタン」などを所有。醸造責任者はよく変わる。

ドメーヌ・ド・ラ・ヴジュレ
Domaine de la Vougeraie

名前の由来は、ヴジョ村に多くの畑を所有していることと、ヴジョ村が「ボワセ・グループ」創始者の出身地であることから。醸造所はプレモー（ニュイ・サン・ジョルジュ村）にある。2005年からピエール・ヴァンサン氏（17年から「ドメーヌ・ルフレーヴ」支配人）により、厳格なビオディナミ農法や洗練された醸造方法が取り入れられ、格調高いワインとなった。17年からは、15年間ボワセで働いていたシルヴィー・ポワイヨさんが総支配人に。

その他のお勧め生産者

ドメーヌ・アラン・ユドロ・ノエラ
Domaine Alain Hudelot-Noëllat

ドメーヌ・ドニ・モルテ
Domaine Denis Mortet

ドメーヌ・ルイ・ジャド
Domaine Louis Jadot

ドメーヌ・ジャン・グリヴォ
Domaine Jean Grivot

オリヴィエ・バーンスタイン
Olivier Bernstein

ルシアン・ル・モアンヌ
Lucien le Moine

村を流れるヴジョ川

「クロ・ド・ヴジョ」の畑と
「シャトー・ド・クロ・ド・ヴジョ」

ヴジョの村落

畑や買いブドウの高騰とミクロ・ネゴシアン（ネゴス）

近年のブドウ畑の高騰は目を見張るものがあります。グラン・クリュ（特級畑）においてはもう手が付けられず、「ドメーヌ・シモン・ビーズ」が管理する特級畑「ラトリシエール・シャンベルタン」約0.32haの現在評価額は1億円を下りません。1995年に購入した時期と比較すると、すでに7～8倍の時価となります。実際、特級畑の"売り"が表に出てくることはほぼなく、水面下で取引されることがほとんどです。それに合わせてプルミエ・クリュ（1級畑）や"スーパー村名"も高騰。ブルゴーニュの畑を購入することは新規の参入者にとっては夢物語なのです。

それでも、ピノ・ノワールやシャルドネを愛する若者がドメーヌでの修業の後に独立したり、フランス国外の人々がブルゴーニュでワインを造るというワインドリームを追い求め、ブドウあるいはワインを樽単位で購入して自分のワインを醸造するというネゴシアンがどんどん生まれています。彼らは少量のワインを生産するため「ミクロ・ネゴス」と呼ばれています。古いブルゴーニュのしきたりに縛られることなく、自由な発想でワイン造りに取り組み、総じてナチュラル志向。全房使用率が高く、新樽はほとんど使いません。澱を上手に使用して還元的に醸造するというのが彼らに共通する造り方。瓶詰めと同時にすぐにスルスル飲めるタイプが主流で、フランスでは「グルグルワイン」なんて呼ばれています。

ただ、買いブドウの世界でも同様のことが起きています。異常気象の影響を受けた近年の生産高の激減と需要の高まりが、価格の上昇スパイラルを生み出しているのです。また2017年に「ブルゴーニュ・コート・ドール（Bourgogne Côte d'Or）」がアペラシオン（原産地呼称）として独立して以来、コート・ドールと名が付くだけで通常のブルゴーニュ・ワインと比較して3～4割高で取引されるように。比較的安定した価格を保っていたアペラシオンでさえも日常ワインとはいえなくなってきているのが現状です。

最高級のブドウや果汁を買い、醸造して販売する「オリヴィエ・バーンスタイン」。2008年設立当時から21年まで醸造責任者を務めたリシャール・スガン氏

2021年、ボーヌでミクロ・ネゴス「ラ・ピエール・ロンド」を立ち上げた、「ルフレーヴ」の元ビオディナミコンサルタント、アントワーヌ・ルプティ・ド・ラ・ビーニュ氏

ヴォーヌ・ロマネ

VOSNE-ROMANÉE

華やかな果実味とバラの香水のように甘く官能的な香り。ボディはリッチで肉感的、上品・繊細・優雅、つまりフィネスに溢れた赤ワインのイメージがヴォーヌ・ロマネ。八つの豪華な特級畑を擁し、コート・ドール地域の中で最も光り輝いている村であり、世界中のピノ・ノワール愛好家の多くは、ヴォーヌ・ロマネのワインを飲むことに人生の喜びを感じています。ジュヴレ・シャンベルタンに比べると土っぽさやたくましさはなく、また、シャンボール・ミュジニに比べるとその力強さやあでやかさに圧倒されてしまうほどです。

畑の母岩はジュラ紀中期のバジョシアンのウミユリ石灰岩と牡蠣殻泥灰岩、バトニアン期のプレモー石灰岩とウーライト石灰岩等が層を成し、また断層により複雑な地層を形成しています。ウミユリ石灰岩と牡蠣殻泥灰岩は力強さと骨格を、プレモー石灰岩とウーライト石灰岩はミネラル感やエレガントなテクスチャーを与えます。ヴォーヌ・ロマネ村のブドウ畑の景観は雄大に広がり、時空の壁を超えたような壮麗さが感じられます。その姿を見るたびに感動し、しばし眺めずにはいられません。

ブドウ畑は南東向きのなだらかな斜面に広がり、絶好の位置には特級畑が8面、1級畑が14面、村名畑はそれらの上部と下部に少しだけあります。また、ヴォーヌ・ロマネ村の北側にあるフラジェ・エシェゾー村のワインは、特級畑「グラン・エシェゾー」と「エシェゾー」以外はヴォーヌ・ロマネのAOCとして売り出されるので、ヴォーヌ・ロマネの一部と考えられています。ちなみに、ヴォーヌという名前は6世紀に「Vaona」「Voone」（フォレスト＝森を意味する）などと記されていたそうですが、その後有名な畑名をハイフンで結び「Vosne-Romanée」となりました。

憧憬の「ロマネ・コンティ」の畑は何世紀ごろから存在していたのでしょうか。この畑は、もともとサン・ヴィヴァン修道院の畑の一部にありました。この辺りではサン・ヴィヴァン修道院が最も古い修道院であり、ヴェルジの領主マナセ1世によって890年に創立され、後にブドウ畑も寄進されました。1095年からはクリュニー修道院の傘下です。百年戦争が終わり、ブルゴーニュ地方がルイ11世によってフランスに統合されてから35年後の1512年、サン・ヴィヴァン修道院が自己保有地の面積と境界を明らかにしたことにより、ロマネの畑周辺の状況が明らかになりました。現在の「ロマネ・サン・ヴィヴァン」の畑の上部、ロマネ・コンティとほとんど同じ位置の畑は「クルー・デ・サンク・ジュルノー」（1人が5日間で耕せる広さの区画）と呼ばれていました。千年を超える年月、同じ空間と形態で変わることなく連綿と守り続けられたブドウ畑を眺めると、誰もがロマンをかきたてられます。

権力の象徴である獅子がフランス王国とブルゴーニュ公国に忠誠を誓うがごとく両旗を掲げる。

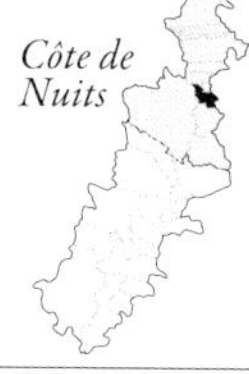

18世紀の歴史家クールテペは、「西暦92年、ドミティアヌス皇の勅令（ガリア｛フランス｝のブドウ樹を半分引き抜く）を282年に廃止したワイン皇帝プロブスに感謝して、ヴォーヌ村の最上のクリマにロマネ（ローマ）の名を冠した」と記している。

● *Rouge*

ロマネ・コンティ
Romanée-Conti

1.81ha、モノポール。「DRC」所有，コラム「恒久のブドウ畑 ロマネ・コンティの成り立ちを紐解く」（P59参照）。標高260～275mに位置し、南東向きの畑の傾斜は6度となだらか。ワインは「完全な球体」と評され、果実味の完成度やフィネスの豊かさは比類なき水準に達し、バランスの良さや余韻の長さは他の追随を許さない。しかし年産4000～6000本の希少品を求め、世界中で争奪戦が繰り広げられ、投機目的も多いので価格が非常に高い。
フランス国王のルイ14世が、薬として1日スプーン1杯のロマネ・コンティを飲んでいた逸話、ルイ15世の愛妾ポンパドゥール夫人とコンティ王子が畑の取り合いをした逸話や、フィロキセラ（ブドウ根アブラムシ）対策を駆使して1945年まで樹を抜かずに持ちこたえた話など伝説が多数。
1869年、ド・ヴィレーヌ家の祖先ジャック・マリ・デュヴォー・ブロシェが畑を購入。1942年、ルロワ家がド・ヴィレーヌ家の共同経営者となり現在に至る。85年からビオロジック、96年からビオディナミ農法を実践。伝統的な全房発酵を行うが、その手法は洗練の極致といえる。

ラ・ターシュ
La Tâche

6.06ha、モノポール。「DRC」所有。標高225～300mの畑の斜面上部は勾配がきつく、下部は緩やかで表土は厚く、粘土が多い。リュー・ディは二つあり、「ラ・ターシュ」と「レ・ゴーディショ」。
45年に「ロマネ・コンティ」の樹をすべて引き抜いた際に、ラ・ターシュの穂木を接ぎ木して畑に植えた影響なのか（DNAが同じ）、香りと味わいがロマネ・コンティとよく似ている。"ロマネ・コンティの腕白な弟"ともいわれる。ラ・ターシュのほうが常にボリュームとパワーが強めで、骨格もしっかりしている。

リシュブール
Richebourg

8.03ha、11軒の所有者。「ロマネ・コンティ」の北側に横長に広がり、斜面も東向きから南東向きまである。標高は260～280m、リュー・ディは二つあり、東南東向きの「レ・リシュブール」と、東向きの斜面上にある「レ・リシュブールまたはレ・ヴェロワイユ」。ヴォーヌ・ロマネの中で最もマスキュランなタイプと評され、大柄で筋肉質、厚みのある滑らかなタンニンが特徴。「DRC」が3.51ha所有。

ロマネ・サン・ヴィヴァン
Romanée-Saint-Vivant

9.44ha、10軒の所有者。標高は225～260m。ヴォーヌ・ロマネの特級畑の中では最も広い。歴史も長く、890年ごろにサン・ヴィヴァン修道院がブドウを植えたのが始まりとされている。「ロマネ・コンティ」と「リシュブール」の畑の下に位置し、南東向きのほとんど傾斜のない畑。ヴォーヌ・ロマネの特級畑の中では最も繊細優美なので「ロマネの女王」と呼ばれている。花束のようなフローラルな香りと、上品な果実味が特徴。「DRC」が最大の所有者。北端に区画を所有する「ルロワ」、南端の区画を持つ「アルヌー・ラショー」「ポンソ」も素晴らしい。

ラ・ロマネ
La Romanée

0.85ha、モノポール。コート・ドール地域で最も小さい特級畑。「ロマネ・コンティ」の上部に位置し、標高は275～300mで、勾配は12度、ブドウ樹は「クロ・ド・タール」のように南北に植えられている。表土は薄い。「コント・リジェ・ベレール」が所有。1815年からリジェ・ベレール家が所有しており、2004年までは「ドメーヌ・フォレ」が栽培・醸造し、熟成・瓶詰めは「ブシャール・ペール・エ・フィス」が行っていた。02年からルイ・ミシェル・リジェ・ベレール氏が当主となり大改革し、栽培から瓶詰めまで一貫して行うようになり劇的に品質向上した。

ラ・グランド・リュ
La Grande Rue

1.65ha、モノポール。「ロマネ・コンティ」と「ラ・ターシュ」の間に挟まれている細長い畑。1933年から「フランソワ・ラマルシュ」（ニコル・ラマルシュ）が所有。91年までは1級畑であったが、隣と同じ土壌であると継続的に主張した結果、92年に特級畑に昇格した。98年からモダンなスタイルとなり、さらに、娘のニコルさんと姪のナタリーさんが携わるようになってからは上品な果実味や力強さが増した。

グラン・エシェゾー

Grands-Échézeaux

9.14ha、14軒の所有者。標高は260mで傾斜があまりない。「クロ・ド・ヴジョ」の上（西）に位置しているが、ヴジョとは異なった華やかな性格のワイン。「エシェゾー」に比べるとより大柄、リッチで骨格がしっかりとしたタイプで長命。表土にはエシェゾーにはない粘土が多く含まれる。「DRC」は最大の区画所有者。2番目は「モンジャール・ミュニュレ」。

エシェゾー

Échézeaux

37.69ha、約80軒の所有者。標高は250～300mで、畑の上部は急斜面だが、下部はなだらか。下の方の区画は特級畑とはいえないような水はけの悪い場所だが、生産者によっては高品質なものもある。リュー・ディは11あり、「グラン・エシェゾー」の斜面上部（西）に位置する「エシェゾー・デュ・ドゥス」（「アルヌー」「ミュニュレ」などが所有）と、「プレレール」（「DRC」がほとんど所有）は最上質。その上部（西）の「レ・ルージュ・ド・バ」（「メオ・カミュゼ」などが所有）、「レ・クリュオ」（「リジェ・ベレール」「エマニュエル・ルジェ」などが所有）からは繊細でエレガントなワインが生まれる。

1級畑 14 *Premier Cru*

お勧め1級畑

オー・マルコンソール

Aux Malconsorts

5.86ha。ニュイ・サン・ジョルジュ村との境、「ラ・ターシュ」の南隣に位置し、同様の土壌から華やかな果実味やフィネスを備えた力強いワインが生まれる。「アラン・ユドロ・ノエラ」が卓越しているが、「デュジャック」と「シルヴァン・カティアール」も素晴らしい。

クロ・パラントゥ

Cros Parantoux

1.01ha。「リシュブール」の上部（西）に位置し、第2次世界大戦前は菊芋が栽培されていた畑を、故アンリ・ジャイエ氏が戦争中に耕してブドウ樹を植えた。畑の2/3はジャイエ氏の区画として甥のエマニュエル・ルジェ氏が相続し、1/3は「メオ・カミュゼ」が所有。ミネラル感が強く、濃密な果実味と巨大なパワーのあるワイン。

レ・ボー・モン

Les Beaux Monts

11.39ha。「エシェゾー」に囲まれるようにして南西側斜面に広がる畑。斜面上部のリュー・ディ「レ・ボー・モン・オー」は涼しすぎて軽めになりがちだが、斜面下部の「レ・ボー・モン・バ」は力強くフィネス溢れる最上質のワイン。「ルロワ」「アラン・ユドロ・ノエラ」「デュジャック」「ブルーノ・クラヴリエ」がお勧め。

オー・ブリュレ

Aux Brûlées

4.53ha。「リシュブール」と「レ・ボー・モン」の間に位置する。ブリュレ（焼かれた）と名付けられるほど日射量たっぷりで、芳醇でパワフルなワインを生む。「メオ・カミュゼ」は特級畑に匹敵するワインを造り、「ドゥジェニ」や「ルロワ」も素晴らしい。

「ドメーヌ・ド・ラ・ロマネ・コンティ」の醸造所

樽熟成庫は奇数年用と偶数年用がある

ドメーヌ・ド・ラ・ロマネ・コンティ
Domaine de la Romanée-Conti(DRC)

1869年、現在の「DRC」の威信を保ち多大な貢献をしたオベール・ド・ヴィレーヌ氏の先祖ジャック・マリ・デュヴォー・ブロシェが「ロマネ・コンティ」を購入。その後次々に畑を増やし、1930年代に「ラ・ターシュ」も加わった。42年にネゴシアンの「アンリ・ルロワ」が半分の権利を買い取り「株式会社DRC」を設立。世界中のワイン愛好家垂涎の特級畑を25ha以上所有し、一切妥協をしないブドウ栽培とワイン醸造で、常に孤高の美を保っている。ピノ・ノワールは全房で発酵させる伝統的な醸造法を採用。
ヴォーヌ・ロマネ村以外に、白の「モンラッシェ」を10樽（3000本）ほど生産。2009年に「コルトン」をメロード家からメタイヤージュ（折半耕作。賃借料をワインで支払う）。「コルトン・シャルルマーニュ」の区画を「ドメーヌ・デュ・マルトレ」から賃借し、19年から生産する。19年ヴィンテージから、ボトルに署名される共同経営者名は「ベルトラン・ド・ヴィレーヌ&ペリーヌ・フェナル」となった。

ドメーヌ・ルロワ
Domaine Leroy

1988年にヴォーヌ・ロマネの「シャルル・ノエラ」を購入し、「ドメーヌ・ルロワ」を設立したラルー・ビーズ・ルロワさん。当初からビオディナミ農法を実践。古木、ロニャージュ（摘心）を行わない樹の仕立て、選別により16hℓ/1ha前後という圧倒的な低収量でワインを生産するスーパードメーヌ。サン・ロマン村に「ドメーヌ・ドーヴネ」も所有。現在ラルー・ビーズさんの娘が「DRC」の共同経営者の1人となっている。

ドメーヌ・メオ・カミュゼ
Domaine Méo-Camuzet

所有する区画は、特級畑・1級畑ともに抜群の立地にある。先祖が購入した畑はアンリ・ジャイエ氏などに貸し出していたが、1989年にジャン・ニコラ・メオ氏が当主となり、本格的なワイン生産を始めた。コンサルタントだったジャイエ氏にならい100％除梗しているが、「コルトン」の場合、タンニンがシビアにならないように除梗後の梗を発酵槽に加えることもある。「メオ・カミュゼ・フレール・エ・スール」は買いブドウでワイン生産を行う。約18ha所有。

ドメーヌ・アルヌー・ラショー
Domaine Arnoux-Lachaux

「ドメーヌ・ロベール・アルヌー」のロベール・アルヌー氏が亡くなった後、娘婿のパスカル・ラショー氏が継ぎ、2008年に「ドメーヌ・アルヌー・ラショー」と改名。13年に長男のシャルル氏が6代目当主となってからは、栽培と醸造方法を大胆に改革。濃密でパワフルなスタイルのワインが、全房発酵のエレガントなワインへと変化した。シャルル氏は"ラルー・ビーズ・ルロワの申し子"として注目されていたが、今では独自路線を邁進中。14ha所有。

ドメーヌ・デュ・コント・リジェ・ベレール
Domaine du Comte Liger-Belair

5.5ha所有。特級畑は「ラ・ロマネ」「エシェゾー」を所有。リジェ・ベレール家はナポレオン帝政期に活躍したルイ・リジェ・ベレール将軍を輩出した貴族。将軍が1815年に「シャトー・ド・ヴォーヌ・ロマネ」を手に入れた際に、多くのブドウ畑も得た。
栽培・醸造はネゴシアンに任せていたが、ブルゴーニュ大学で醸造学を修めた7代目のルイ・ミシェル・リジェ・ベレール氏が2002年に当主となると、元詰めを行うように。長年貸し出していた「ラ・ロマネ」がドメーヌに戻るとすぐに初リリースした。飼育している馬で畑を耕作、08年からビオディナミを実践。ワイン造りの師と仰ぐのは、父親と仲が良かったアンリ・ジャイエ氏。

ドメーヌ・フランソワ・ラマルシュ
Domaine François Lamarche
ドメーヌ・ニコル・ラマルシュ
Domaine Nicole Lamarche

7.44ha所有。20世紀初頭にドメーヌ設立。とっておきの「ラ・グランド・リュ」は1992年に特級畑に昇格。栽培・醸造責任者は、2006年からフランソワ・ラマルシュ氏の長女ニコルさん。10年にはビオロジック栽培を開始。除梗の比率はヴィンテージによる。13年に父フランソワ氏が亡くなった後もドメーヌ名に父の名を残していたが、18年より「ニコル・ラマルシュ」に改名した。

その他のお勧め生産者 ドメーヌ・エマニュエル・ルジェ（Domaine Emmanuel Rouget）、ドメーヌ・ジャン・グリヴォー（Domaine Jean Grivot）、ドメーヌ・シルヴァン・カティアール（Domaine Sylvain Cathiard）、ドメーヌ・コンフロン・コテティド（Domaine Confuron-Cotétidot）、ドメーヌ・ドゥジェニ（Domaine d'Eugénie）、ドメーヌ・アンヌ・グロ（Domaine Anne Gros）、ドメーヌ・ミシェル・グロ（Domaine Michel Gros）、ドメーヌ・グロ・フレール・エ・スール（Domaine Gros Frère et Sœur）、ドメーヌ・モンジャール・ミュニュレ（Domaine Mongeard-Mugneret）、ドメーヌ・ブルーノ・クラヴリエ（Domaine Bruno Clavelier）

筋骨隆々型や魅惑のボディが混在

ニュイ・サン・ジョルジュ

NUITS-SAINT-GEORGES

ニュイ・サン・ジョルジュはコート・ド・ニュイ地区の中心地にある商業の町であり、ワインも有名です。ボーヌの町に次ぐ大きさですが、大手ネゴシアンの社屋のほかに銀行や学校などが並ぶ景観は、中世の城壁に囲まれたボーヌの歴史的な観光地とは異なる、ビジネスの町といった趣です。

この村は赤ワインの生産量が多く、白ワインは1級畑と村名畑が極少量造られています。白はシャルドネ、ピノ・ブランのほか、ピノ・グージュ（「ドメーヌ・アンリ・グージュ」の畑で1930年に発見されたクローン。ピノ・ノワールの突然変異によって生まれた）から造られる、ミネラル感のしっかりとした力強いワインです。

ムザン川が流れている谷間の扇状地に位置する町の北側（ヴォーヌ・ロマネ側）と南側には丘陵があり、南側に連なる畑は2エリアに分かれ、それぞれ個性的なワインが生産されています。

最も北に位置するエリアはヴォーヌ・ロマネ村から続く丘陵の土壌から、ヴォーヌ・ロマネのような優美さとフィネスを備えつつ、タンニンがしっかりとしたタイプが生まれます。「レ・ダモード」「オー・ブド」「オー・ミュルジュ」が代表的。

一方、南側の丘陵のプレモーに近い畑から生まれるワインはヴォーヌ・ロマネ側とは全く異なる、ニュイ・サン・ジョルジュに典型的な野性味溢れる骨格のがっしりとしたタイプです。この地域の土壌は全体的に粘土質が多いのですが、ジュラ紀バトニアン期のプレモー石灰岩やコンブランシアン石灰岩の小石や礫、そのほか砂利などクリマによって多少違いがあるため、1級畑はバラエティーに富んでいます。「レ・サン・ジョルジュ」「レ・カイユ」は村の2大スターと呼ばれるほどの凝縮感やパワーがあり、堅固なタンニンが豊かな長期熟成型赤ワインです。

また、その南側のプレモー・プリセ村まで来ると、県道974号線沿いのコート・ドールで最も幅が狭くて急勾配の斜面に、へばり付くようにブドウ樹が植えられています。「クロ」の名を冠したモノポールが目白押し。筋骨たくましいのは「クロ・デ・フォレ・サン・ジョルジュ」「クロ・デ・コルヴェ」です。もっと南側には「クロ・ド・ラルロ」や「クロ・ド・ラ・マレシャル」のような柔らかく洗練された味わいのワインがあります。エレガントなワインを造る生産者が手掛けているという理由だけではなく、コンブランシアン石灰岩の特徴が現れているからです。

ワインに含まれるタンニンの堅固さによって地味になりがちな区域ですが、いくつかの生産者が造るワインには上品さや深みがあるので、テロワールだけではなく生産者のスタイルを知ることが重要です。

また、ボーヌのオスピス・ド・ボーヌと同様のチャリティー・オークションが、オスピス・ド・ニュイ・サン・ジョルジュでも行われています。この慈善病院は貴族たちによって寄進された畑の樽入りワインを、毎年3月の第3日曜日にチャリティー・オークションで販売し、その売り上げによって病院を維持しています。しかし、オスピスが所有している畑はすべてニュイ・サン・ジョルジュの1級畑で、約10haほど。魅力的な特級畑や1級畑がないため話題性もなく、人気度はいま一つです。ちなみにオスピスのモノポールである「レ・ディディエ」は、ルイ14世の主治医ファゴンが寄進した畑です。

ニュイ・サン・ジョルジュの町

下部にブルゴーニュ公国の紋章。上部には金色の三つのバラ。この紋は8世紀からフランス革命まで、ラングル教区とオータン教区にまたがって統治をしたヴェルジ公爵家の紋章。ヴェルジ家といえばサン・ヴィヴァン修道院の創始者であり、「サヴィニ・レ・ボーヌ」の1級畑「オー・ヴェルジュレス」の所有者でもあった。

毎月3月に開催される「オスピス・ド・ニュイ・サン・ジョルジュ」のチャリティー・オークションと併催の「ニュイ・サン・ジョルジュ・ハーフ・マラソン」は地元の人気イベントの一つ

● *Rouge* ○ *Blanc*

特級畑 0 *Grand Cru*

1級畑 41 *Premier Cru*

お勧めの1級畑とその生産者

◆ヴォーヌ・ロマネ側　優美な果実味と力強さ

オー・ブド

Aux Boudos 6.3ha

ドメーヌ・ルロワ
ドメーヌ・メオ・カミュゼ
ドメーヌ・ジャン・グリヴォ

オー・ミュルジェ

Aux Murgers 4.89ha

ドメーヌ・アラン・ユドロ・ノエラ
ドメーヌ・メオ・カミュゼ

レ・ダモード

Les Damodes 8.55ha

ドメーヌ・レシュノー

ラ・リッシュモーヌ

La Richemone 1.92ha

ドメーヌ・デ・ランブレ
ドメーヌ・ペロ・ミノ

◆中央部　筋肉質で強靭

レ・プリュリエ

Les Pruliers 7.11ha

ドメーヌ・ロベール・シュヴィヨン
ドメーヌ・アンリ・グージュ

レ・カイユ

Les Cailles 7.11ha

ドメーヌ・ロベール・シュヴィヨン

レ・サン・ジョルジュ

Les Saints-Georges 7.52ha

ドメーヌ・ロベール・シュヴィヨン
ドメーヌ・フェヴレ

レ・ヴォクラン

Les Vaucrains 6.2ha

ドメーヌ・ロベール・シュヴィヨン
ドメーヌ・アンリ・グージュ

◆プレモー・プリセ側　南に行くにしたがって野性的な味わいから優美な果実味に

クロ・デ・フォレ・サン・ジョルジュ

Clos des Forêts Saint-Georges　7.11ha

ドメーヌ・ド・ラルロのモノポール

クロ・デ・コルヴェ

Clos des Corvées　5.13ha

ドメーヌ・プリュレ・ロックのモノポール

クロ・デザルジリエール

Clos des Argillières　4.22ha

ドメーヌ・ミシェル・エ・パトリス・リオン
ドメーヌ・アンブロワーズなど

クロ・ド・ラルロ

Clos de l'Arlot　5.45ha

ドメーヌ・ド・ラルロのモノポール

クロ・ド・ラ・マレシャル

Clos de la Maréchale　9.55ha

ドメーヌ・ジャック・フレデリック・ミュニエのモノポール

代表的な生産者　*Domaine*

ドメーヌ・ド・ラルロ
Domaine de l'Arlot

「ラルロ」は、プレモー・プリセ村と「クロ・ド・ラルロ」の畑の地下を流れる小川の名前に由来。1987年、「アクサ・ミレジム」の創設者と、「ドメーヌ・デュジャック」で働いていたジャン・ピエール・ド・スメ氏が共同で設立。後に「ロマネ・サン・ヴィヴァン」と、ヴォーヌ・ロマネ1級「レ・スショ」を購入。2007年にド・スメ氏が引退し、11年にジャック・デュヴォージュ氏（現在は「クロ・デ・ランブレ」に在籍）が醸造責任者となるが、14年以降は「アレックス・ガンバル」にいたジェラルデーヌ・ゴドさんが醸造を行う。当初から全房発酵を行っている。約15ha所有。

ドメーヌ・ロベール・シュヴィヨン
Domaine Robert Chevillon

現在はロベール・シュヴィヨン氏の息子のベルトラン氏とドゥニ氏が運営している。100年超の古木を大切に育て、凝縮度の高い骨太なワインを造っている。特級畑に最も近いといわれている「レ・サン・ジョルジュ」が代表的。13ha所有。

ニュイ・サン・ジョルジュのブドウ畑

コート・ドールのヴィンテージ

傑出している年 ★★★★★　偉大な年 ★★★★　非常に良い年 ★★★　良い年 ★★

〈1945〜1987〉
白 ☆☆☆☆☆ 1971　☆☆☆☆ 1945,1947,1949,1950,1952,1955,1961,1962,1966,1969,1985,1986
赤 ★★★★★ 1945 1949,1959,1969　★★★★ 1947,1953,1961,1966,1971,1976,1978,1985

1988　赤 ★★★★
タンニンと酸が力強い割に果実味は弱め。

1989　赤 ★★★★　白 ☆☆☆☆
果実味が豊かで芳醇、酸が穏やか。

1990　赤 ★★★★★　白 ☆☆☆☆
果実味・酸・タンニンのバランスが高レベル。

1991　赤 ★★★★
小粒で果皮が厚いため渋味が強い。収穫量が多く生産者によるばらつきあり。

1992　白 ☆☆☆☆
白は力強く酸が穏やか。赤は早飲みタイプといわれたが、今飲んでもなかなか良い。

1993　赤 ★★★
タンニンと酸が強いので長寿。白は早飲みタイプ。

1994　赤 ★★　白 ☆☆☆☆
未熟で茎っぽく早飲みタイプ。白は非常に良い。

1995　赤 ★★★★　白 ☆☆☆☆
夏は暑く、秋が曇り、雨がち。選果をした生産者のものは傑出。

1996　赤 ★★★★　白 ☆☆☆☆
凝縮して質量ともに良い。酸が強いが、今やっと楽しめるレベルに。

1997　赤 ★★★　白 ☆☆☆
暑い年で糖度が高く酸が弱いので早飲みタイプ。補酸している。

1998　赤 ★★★　白 ☆☆☆
猛暑と寒さの差が激しく、赤は凝縮して渋味が強い。

1999　赤 ★★★★　白 ☆☆☆☆
質量ともに最高で、選果をした生産者のものは傑出。

2000　赤 ★★★　白 ☆☆☆
収穫が早い年。収量が多いので、選果をしていれば生産者により偉大な年。

2001　赤 ★★★★
2000よりも骨格がある。特にジュヴレ・シャンベルタンからヴォーヌ・ロマネまで。

2002　赤 ★★★★★　白 ☆☆☆☆☆
ブドウが健康ですべてのバランスが良く、21世紀前半の最良年か。

2003　赤 ★★　白 ☆☆
火の年。乾燥と熱波により収量は半分〜1/3減。*全房の造りが話題となる。

2004　赤 ★★　白 ☆☆☆
8月の雹と雨で病害が多発。赤は独特の風味あり。

2005　赤 ★★★★★　白☆☆☆☆
果皮が厚く、果肉との割合は理想的。凝縮し、種も熟した完璧な年。

2006　赤 ★★★★　白☆☆☆☆
すべてのバランスが良い。白はやや芳醇なタイプ。

2007　赤 ★★★　白 ☆☆☆
収穫が早く、8月に行われた。赤はチャーミング、白は酸が強い。

2008　赤 ★★★　白 ☆☆☆
収穫が遅く、10月に行われた。赤は渋味と酸味が強い。

2009　赤 ★★★★★　白 ☆☆☆☆
猛暑により凝縮してパワフル、酸が穏やか。

2010　赤 ★★★★★　白 ☆☆☆☆☆
ミルランダージュ（結実不良）で収穫量30%減。すべてのバランスが理想的。

2011　赤 ★★　白 ☆☆
涼しい年で2004年のように未熟果が多く、赤は独特の風味。

2012　赤 ★★★　白 ☆☆☆
雨や雹害もあったが、生命力溢れるブドウで造られたワインは高品質。

2013　赤 ★★　白 ☆☆☆
雹のためサヴィニ・レ・ボーヌでは収穫量70〜90%減。村によってばらつきあり。

2014　赤 ★★★　白 ☆☆☆☆☆
質量とも高品質。特に白はミネラル感が豊富。

2015　赤 ★★★★★　白 ☆☆☆☆
猛暑と乾燥でブドウが凝縮してパワフル。

2016　赤 ★★★　白 ☆☆☆
50年に1度の遅霜で収穫量は30〜80%減。赤は古典的なブルゴーニュ・スタイル。

2017　赤 ★★★　白 ☆☆☆☆☆
遅霜害を回避して質量ともに良い。白は傑出、赤はブルゴーニュらしさが出た。

2018　赤 ★★★★　白 ☆☆☆☆
暑く乾燥した日が6〜8月まで続いたが、冬の大雨で石灰岩に水が蓄えられていたので豊作。濃厚な果実味、酸は穏やか。

2019　赤 ★★★★★　白 ☆☆☆☆
4月の霜害、夏の干ばつにより収穫量は30%減。凝縮度が高く、8月の雨により酸もしっかりしている。

2020　赤 ★★★★★　白 ☆☆☆☆
8月まで暑い日が続き、干ばつにより凝縮した味わいに。健康的に完熟したが、赤はアルコールが高すぎる。

2021　赤 ★★　白 ☆☆
春の遅霜、うどんこ病、べと病により収穫量は激減。ヴォーヌ・ロマネ50%減、コルトン80%減。

2022　赤 ★★★★　白 ☆☆☆☆
質量ともに恵まれた年。6月は降雨が多かったが、7〜8月の干ばつと熱波に耐えられたものは果実が凝縮し、酸とのバランスも良い。

＊全房で醸造すると青っぽい味が出ることもあったが、近年の猛暑によって梗が熟すので花やスパイスの風味が現れる。かつては全房醸造はネガティブなイメージがあったが、この猛暑の年あたりから注目を浴び始めた

3村にまたがるコルトンの丘
コート・ド・ボーヌへの第1歩

ラドワ・セリニ
LADOIX-SERRIGNY

ラドワ・セリニは、コルトンの丘の斜面にあるラドワ村と、平地にあるセリニ村を合わせた村名です。村名ワインのAOC表記は「ラドワ」なのでご注意を。

南東向きの帯状の畑が連なるコート・ド・ニュイ地区を南へ進むと、緑色の森がベレー帽をかぶったように見え、堂々とそびえるコルトンの丘の北側が目の前に現れます。コート・ド・ボーヌ地区の始まりです。森のすぐ下、標高230〜340mにブドウ畑が広がり、石灰質の多い白っぽい土壌にはシャルドネ、鉄分混じりの赤土の土壌にはピノ・ノワールが植えられています。丘の母岩となっているのは、斜面上部はジュラ紀後期のローラシア石灰岩、下部はペルナン泥灰岩です。

コルトンの丘の1/3を占めるラドワ・セリニ村は2エリアに分けられ、丘の手前（南東）に位置しているニュイ・サン・ジョルジュ村側の斜面の畑からは、ニュイに似た野性的な土っぽいスパイシーな赤ワインが生まれます。一方、ラドワ・セリニ村の北側に位置する畑は東向きにあり冷涼、果実味に酸とミネラルが際立つ赤ワインができます。赤3：白1の比率。

コルトンの丘は、ラドワ・セリニ村の南西隣のアロース・コルトン村に入ると、斜面の向きは東から南へと徐々に変わり、その隣のペルナン・ヴェルジュレス村では西から北向きとなって、この3村で丘の周りをグルリと1周します。

3村にまたがっている特級畑のAOCは三つ。白の特級畑「コルトン・シャルルマーニュ」「シャルルマーニュ」と、赤・白の特級畑「コルトン」ですが、現在シャルルマーニュのAOCワインはリリースされていません。特級畑の面積を合計すると、コート・ドール地域では最大の160haにもおよびます。

ラドワ・セリニ村では特級畑22.43haが認定されていて、そのうちの6.05haが白のコルトン・シャルルマーニュの畑（全3区画）ですが、ここで赤ワインを造るとシンプルに「コルトン」とラベルに表記されます。コルトンの畑（全8区画）は、コルトンに区画名をハイフンで結び「Corton-Les Moutottes」のようにラベルに表記。また、その区画内で白ワインを造った場合は「コルトン・ブラン」と表記されます。凝縮した果実味が骨太な酸とミネラルに支えられた、スケールの大きい白ワインです。赤のコルトンは、立体的な果実味に豊富な酸とタンニンが含まれた迫力のあるタイプです。

ラドワ・セリニ村の1級畑は11面ありますが、アロース・コルトン村との境目にある1級畑は、ラドワにあっても「アロース・コルトン・プルミエ・クリュ」とラベルに表記されます。1級畑は赤2：白1の比率です。

村名ワインは、酸とミネラル感がしっかりした味わいの赤と白で、赤の生産量が多め。赤は「ラドワ・コート・ド・ボーヌ」と表記されることもあります。

「オスピス・ド・ボーヌ」の創設者であるニコラ・ロランの親戚で、フランス革命までオスピス・ド・ボーヌを取り仕切ったクレモン・トネール家の家紋が鍵をシンボルとしていたことによる。また、村の守護聖人であるサン・マルセルのシンボルも聖ペトロの鍵であった。

赤の特級畑は3村にまたがり、26クリマが認定されている。二つ以上のクリマのワインをブレンドすると、ラベルに「コルトン」とだけ表記される。

● *Rouge* ○ *Blanc*

特級畑 2 *Grand Cru*

コルトン 赤・白
Corton

＊ラドワ・セリニ村に22.44ha、アロース・コルトン村に120.51ha。ペルナン・ヴェルジュレス村にはない。
基本的には赤ワインだが、白の生産が認められている畑が数カ所あり、その場合「コルトン・ブラン」または「コルトン・シャルルマーニュ」となる。シャルドネは斜面上部に、ピノ・ノワールは斜面の中腹~下部に広く植えられている。
＊26区画あり、単独使用した場合は「コルトン+区画名」を名乗れる。
＊区画「コルトン・オート・ムロット」は赤ワインのAOC。シャルドネで白ワインを造るとAOCコルトン・シャルルマーニュとなる。

<ラドワ・セリニ村にある代表的な区画>

コルトン・クロ・デ・コルトン・フェヴレ
Corton Clos des Corton Faiveley
「フェヴレ」のモノポール。「ロニェ・エ・コルトン」の中にある約2haの区画。1872年に購入、書類にクロ・デ・コルトンという表示があったことから名付けられた。1935年にAOC法ができた後には、フェヴレの名を付け加えて正式名称として認められた。

コルトン・シャルルマーニュ 白
Corton-Charlemagne

＊ラドワ・セリニ村に6.1ha、アロース・コルトン村に48.6ha、ペルナン・ヴェルジュレス村に17.3ha。所有者は多数。メタイヤージュ、フェルマージュ(賃貸契約)が広く行われている。
日射量が豊かな南向き斜面ではスケールの大きいワインとなる。
「トロ・ボー」はパワフルかつ上品。一方、ペルナン・ヴェルジュレス村に区画がある「シモン・ビーズ」はミネラル感とフィネスが卓越している。

1級畑 11 *Premier Cru*

お勧め1級畑

ラ・ミコード
La Micaude

1.64ha。「キャピタン・ガニュロ」のモノポール。コート・ド・ニュイ地区側にある、斜面の粘土質の多い土壌。スパイスや野性的なフレーバーが特徴のどっしりとした赤ワインになる。ニュイ・サン・ジョルジュ中央部の畑から生まれる赤ワインの特徴と似ている。

レ・グレション
Les Gréchons

5.86ha。白ワインだけの1級畑。コルトンの丘にある森と、マニ・レ・ミレールの森の間に位置する斜面。北側には大理石の採石場があり、ミネラルと清涼感のあるエレガントな白ワインが生まれる。

代表的な生産者 *Domaine*

ドメーヌ・キャピタン・ガニュロ
Domaine Capitain-Gagnerot

17世紀から続く家系で、当主は7代目。15世紀に建造されたオータンの修道院を1802年に購入し、ワイン造りを行っている。『コルトン・シャルルマーニュ』は、ラドワ・セリニ村の区画「レ・ムロット」とペルナン・ヴェルジュレス村の区画のブドウを合わせて造っている。フレッシュさとこってり感のバランスが素晴らしい。

ドメーヌ・フェヴレ
Domaine Faiveley

ニュイ・サン・ジョルジュ村に1825年に設立された大ネゴシアン・エルヴール(ブドウやブドウ果汁を仕入れて醸造、販売する)であり、商品の70%は自社畑のブドウから造られている。2005年にエルワン・フェヴレ氏が7代目当主となり、栽培・醸造を徹底的に改革。07年に新キュヴリーが完成してからは、以前のタンニンの力強い堅固なスタイルではなく、洗練されフィネス豊かなスタイルになった。120ha所有。

アロース・コルトン
ALOXE-CORTON

「DRC」が2009年から造る『コルトン』、19年から造る『コルトン・シャルルマーニュ』の人気によってますます注目されるようになったコルトンの丘。DRCはアロース・コルトン村の「ドメーヌ・プランス・フローラン・ド・メルロード」から、3大コルトン「コルトン・ル・クロ・デュ・ロワ」「コルトン・レ・ブレッサンド」「コルトン・レ・ルナルド」の区画を2.5ha賃借し、その古木から6000本ほどを生産しています。また「コルトン・シャルルマーニュ」は、ペルナン・ヴェルジュレス村の「ドメーヌ・ボノー・デュ・マルトレ」から2.9ha賃借し、19年は9110本生産。その希少性から瞬く間に1本300万円超という驚異的な価格に。この影響だけではありませんが、ほかの生産者のコルトン・シャルルマーニュも高騰し、なおも人気上昇が続いています。

ラドワ・セリニ村から地続きのアロース・コルトン村のブドウ畑は、南東から南向きの斜面に壮大に広がっています。県道974号線から標高約340mのコルトンの丘を見上げると、平地から森の下まで真正面にそびえ立つ丘のブドウ樹は太陽光に反射して輝き、立派な景観です。斜面の上部はシャルドネ、中部と下部にはピノ・ノワールというように、白と赤の特級畑が上下に分かれている様子がよくわかるのがアロース・コルトン。両隣の村よりも恵まれた日射量によって、完熟したブドウから豊潤な果実味、引き締まった酸と鉱物的なミネラルを感じさせる筋肉質で強靭なボディを持つ白ワインと、桁外れに長命な赤ワインが産出されます。

現在、シャルドネは標高の高い畑に植えられていますが、1800年代は白ブドウのアリゴテ、ピノ・グリ（「ピノ・ブーロ」とも称される。ブーロはバターという意味で、口当たりがバターのように滑らかなので名付けられた）、黒ブドウのピノ・ノワールが植えられていたのを、「ルイ・ラトゥール」の祖先が引き抜いてシャルドネに植え替えました。その後、ほかの生産者も高級品種のシャルドネに改植していき、最終的にアリゴテの栽培が禁止になったのは1948年です。

「コルトン・シャルルマーニュ」は、豪華絢爛なスタイルを持つ「モンラッシェ」ほどの熱烈なファンは少ないようですが、畑名にもなっている「シャルルマーニュ大帝」の話に興味を抱く人は多いです。シャルルマーニュ大帝は8世紀末、フランスのほかイタリア、ドイツ（この国ではカール大帝と呼ばれる）をキリスト教でまとめたフランク王国の王で、ブリ・ド・モー（上品な白かびチーズ）とジゴ・ダニョー（仔羊の腿肉）のローストを好んで食べていたという、勇敢で最強の王であったとか。当時、シャルルマーニュ大帝が所有していたブドウ畑は、775年にソーリューのサンタンドレ修道院に寄進されました。その3haの区画は、ペルナン・ヴェルジュレス村の「アン・シャルルマーニュ」の一部となっています。

森の真下に広がる「ル・コルトン」の区画からは、赤と少量の白ワイン「コルトン・

シャルルマーニュ」が造られています。また「ル・コルトン」は一つの区画名ですが、「コルトン」とラベルに表記された場合は、いくつかの区画をブレンドしたものです。

１級畑は14面あり、特級畑の真下の斜面の裾野に広がっています。特級畑に比べるとタンニンと酸で構成される骨格がソフトなので、早い時期から楽しむことができますが、ラドワの1級畑ワインよりはボリュームや力強さがあります。また、アロース・コルトン村全体の白ワイン生産量は約1%です。

権力の象徴である鷹と祝いの杯。黄色（黄金）と青色はフランス王国とブルゴーニュ公国共通の色。

Côte de Beaune

シャルルマーニュ大帝は、立派な白い髭が赤ワインで赤く染まるのを御妃が嫌ったので、白ワインを好んだ。また、ドイツ・ラインガウ地方のライン川沿いにある自宅から対岸の南向き斜面を見て、ブドウを植えるように命じた話は有名。

● *Rouge*　○ *Blanc*

特級畑 3　*Grand Cru*

コルトン 赤・白
Corton

P73参照

<アロース・コルトン村にある偉大な3区画（3大コルトン）>

コルトン・ル・クロ・デュ・ロワ
Corton Le Clos du Roi

10.73ha。標高300～320m。南東向きの理想的な斜面にある区画で3大コルトンの一つであり、コルトンの中では最も長寿。「ヴジュレ」「ド・モンティーユ」がお勧め。

コルトン・レ・ブレッサンド
Corton Les Bressandes

17.42ha。「クロ・デュ・ロワ」と「ルナルド」の下にある南東向きの広々とした区画。どっしりとした果実味のボリュームが非常に強く、コルトンにしては非常に肉付きが良い。「トロ・ボー」がお勧め。

コルトン・レ・ルナルド
Corton Les Renardes

14.35ha。「コルトン・ル・クロ・デュ・ロワ」の北東隣の区画。ルナルドは「狐」という意味であり、アニマルや野性的なフレーバーがあるともいわれている。「ダルデュイ」がお勧め。

コルトン・シャルルマーニュ 白
Corton-Charlemagne

P73参照

シャルルマーニュ 白
Charlemagne

＊「コルトン・シャルルマーニュ」内にある5区画。アロース・コルトン村とペルナン・ヴェルジュレス村だけにある。しかし現在は「シャルルマーニュ」をラベルに記している生産者はいない。

アロース・コルトンの村落とコルトンの丘

1級畑 14

Premier Cru

お勧め1級畑

レ・フルニエール
Les Fournières

5.57ha。特級畑「コルトン・レ・ペリエール」の下(南)に広がる区画で、炭焼きの竈(かまど)という意味があるほど日差しが強い。「レ・ペリエール」よりも鉱物的な強いミネラル感は少なく、果実味やスパイスなどとのバランスが良い。「トロ・ボー」が秀逸。

レ・ヴェルコ
Les Vercots

4.19ha。コルトンの丘の裾野、ペルナン・ヴェルジュレス村との境目にある区画。果実味が柔らかくふくよかなので早い時期から楽しめる。「トロ・ボー」「アントナン・ギヨン」がお勧め。

代表的な生産者

Domaine

ルイ・ラトゥール
Louis Latour

1766年にアロース・コルトン村に本拠を構え、1867年、ボーヌに設立されたネゴシアン・エルヴール。7代目ルイ・ファブリス氏は2022年に逝去。自社畑のブドウで造るワインは「ドメーヌ・ルイ・ラトゥール」、買いブドウなどで造るワインは「メゾン・ルイ・ラトゥール」の社名で販売。自社畑の「コルトン・シャルルマーニュ」(9.64ha)は、ほかの生産者と比べるとボリューミーで滑らかな味わい。
「コルトン」を16.94ha所有しており、数種の畑のブドウをブレンドして造る『コルトン・グランセ』は非常にクラシックな赤ワイン。「ル・クロ・デュ・ロワ」「レ・ブレッサンド」「レ・ショーム」「レ・ペリエール」「レ・グレーヴ」の区画から古木だけを選んで造られる。48ha所有。

ドメーヌ・トロ・ボー
Domaine Tollot-Beaut

ショレ・レ・ボーヌ村が本拠地だが、コルトンの丘に多くの畑を所有する。1921年には、いち早くドメーヌ元詰めを始めた。当主は快活なナタリー・トロさん。特級畑「コルトン・レ・ブレッサンド」と「コルトン・シャルルマーニュ」は見事な味わい。また、1級畑の「レ・フルニエール」や「レ・ヴェルコ」は骨格があり、しかもチャーミングな赤ワイン。約25ha所有。

アロース・コルトンの畑から村の教会を眺める

正面から見るコルトンの丘

あれから30年！ 千砂ちゃんとの出会い

千砂ちゃんとの最初の出会いは、1994年の10月。ワインスクール「アカデミー・デュ・ヴァン」の「Step-I」という初級講座の教室です。千砂ちゃんの第一印象は、宝塚の男役をさわやかにしたようなダイナミックさが魅力的でした。フランスから帰国したばかりな上に、日本人離れした風貌がさらにエキゾチックで、近寄りがたい美人でしたが、実は明るく面倒見が良い性格だということを知るのに時間はかかりませんでした。1回目の授業の時に「われこそはクラスの級長として、皆をまとめて仕切りたい方はいらっしゃいませんか？」と私が問いかけると、通常は誰も反応しないのですが、千砂ちゃんは「はい！」と大きな声で返事をしながら右手を挙げました。後で聞くと、私が困った顔をするのを見たくなかったとか。実に思いやりと包容力がある人です。

千砂ちゃんの人生における転機のスピードは速く、大好きなワインの勉強を始めてから1年以内で日本ソムリエ協会のワインアドバイザーの資格を取得。その後、フランス商業銀行からワインに関係のあるフランス農業銀行に転職しました。ワインに対する情熱がピークに達したところで「ドメーヌ・シモン・ビーズ」の5代目パトリック氏と出会いました。パトリック氏は15歳年下の千砂ちゃんに夢中になり、千砂ちゃんにブルゴーニュ大学のワイン文化コースに籍を置きながらシモン・ビーズでワイン研修をするように勧めました。千砂ちゃんは即刻決断。人生は絶妙なタイミングで決まるのですね。

そして98年にパトリック氏と結婚し、ユーゴ君とナスカちゃんが生まれ、ドメーヌのマダムとして幸せの絶頂にいたのですが、2013年にパトリック氏が不慮の事故で急逝。それからはドメーヌのチームをまとめ、経理・広報に加えブドウ栽培・ワイン醸造の技術を磨き、ドメーヌ当主として大活躍の日々。数々の困難を乗り越えていく千砂ちゃんは、私が思っていた以上に孤高の精神を持する人でした。

現在、ユーゴ君はドメーヌの要となるべく奮闘中、ナスカちゃんはパリで建築を勉強中。また3年前から、サヴィニ・レ・ボーヌ村にある自宅近所でオーベルジュ「ル・ソレイユ」をオープン。これにより村の雰囲気も明るくなりました。

千砂ちゃんの生命力には人並み外れたパワーを感じますが、27年前に私の息子がニューヨーク留学から帰国した際に、家庭教師として英語・数学・国語まで教えてくれたことがあり、その知識量にも感服しました。たぶん、エネルギーが凡人の10倍以上あるのではないでしょうか。千砂ちゃんのようにおおらかで、何に対しても一生懸命ベストを尽くす女性は本当に素敵だと思います。

私はブルゴーニュや東京で千砂ちゃんと会うたびに、ドメーヌ・シモン・ビーズのワインを飲みながら話をして、さまざまなパワーをもらっています。千砂ちゃんのおかげで私の人生の楽しみや喜びが倍増したことに、心から感謝しています。

アン・シャルルマーニュは
シャルルマーニュ大帝ゆかりの地

ペルナン・ヴェルジュレス

PERNAND-VERGELESSES

ペルナン・ヴェルジュレス村の特級畑で現在ワインが造られているのは「コルトン・シャルルマーニュ」。リュー・ディ名は「アン・シャルルマーニュ」です。アン・シャルルマーニュは、アロース・コルトン村の南〜西向き斜面にあるリュー・ディ「ル・シャルルマーニュ」から地続きに広がっていますが、方角は西向きです。アロース・コルトン村では太陽をたっぷり浴びたフルボディのスタイルとなりますが、ペルナン・ヴェルジュレス村では朝の日差しは弱めでも夕方まで日が長く当たるので、ブドウがゆっくりと熟し、美しい酸とミネラルを湛えた複雑な風味の白ワインが生まれます。シャルルマーニュ大帝が所有していた区画を含むアン・シャルルマーニュは約17.25ha、コルトンの丘の区画では最大の大きさ。老舗の「ドメーヌ・ボノー・デュ・マルトレ」はシャルルマーニュ大帝の区画を含む最上の場所を所有しています。また「ドメーヌ・シモン・ビーズ」と「ドメーヌ・ジョルジュ・ルーミエ」「ドメーヌ・コシュ・デュリ」「ドメーヌ・トロ・ボー」もアン・シャルルマーニュの区画から傑出した白ワインを造っています。

ブドウ栽培地は三つのエリアに分かれます。一つ目はコルトン・シャルルマーニュの区域。二つ目はサヴィニ・レ・ボーヌ村との境目にある区域で、1級畑が8面広がります。三つ目は丘の北側斜面に広がる村名畑と、2000年以降に1級畑に昇格した白ワインだけの畑です。ペルナン・ヴェルジュレス村は、ラドワ村と同様に白ワインに定評があるので、近年は白ワインだけを造る1級畑が増えています。1級畑は白に限らず赤もすべてコルトンの丘から離れた場所にあり、最上の畑はサヴィニ・レ・ボーヌ村に接している「イル・デ・ヴェルジュレス」。赤ワインが特に素晴らしい味わいなので、ヴェルジュレスは村名にもハイフンを付けて使用されました。

権力の象徴である獅子と鷹。また黄色(黄金)と青色はフランス王国とブルゴーニュ公国共通の色。

Côte de Beaune

この村は、本当はペルナン・ヴェルジュレスではなくペルナン・シャルルマーニュにしたかったのだが、アロース村の猛反対を受けて断念した。

● *Rouge* ○ *Blanc*

特級畑 2 *Grand Cru*

コルトン・シャルルマーニュ 白
Corton-Charlemagne

P73参照
＊ペルナン・ヴェルジュレス村は小区画「アン・シャルルマーニュ」のみ。

シャルルマーニュ 白
Charlemagne

P75参照

1級畑 8 *Premier Cru*

お勧め1級畑

イル・デ・ヴェルジュレス
Ile des Vergelesses

9.41ha。最高峰の1級畑。南東向きの広々とした褐色石灰岩土壌の斜面にある恵まれた畑。果実味の輪郭と骨格がしっかりとした上品な赤ワインが多い。「ラペ」「シャンドン・ド・ブリアイユ」がお勧め。

スー・フレティユ
Sous Frétille

6.06ha。コルトンの丘の北西に位置する丘陵の北西向き斜面にあり、ペルナン・ベルジュレス村の集落を見下ろすことができる。2000年から白だけが1級畑に昇格した。「ラペ」がお勧め。

代表的な生産者 *Domaine*

ドメーヌ・ボノー・デュ・マルトレ
Domaine Bonneau du Martray

「コルトン・シャルルマーニュ」を約9.5ha、「コルトン」を約1ha所有。特級畑だけを生産するブルゴーニュのトップドメーヌ。1994年から、相続により経営者がジャン・シャルル・ル・ボー・ド・ラ・モリニエール氏に交代した後、畑の改良などを積極的に行い品質が向上。2014年にビオディナミを導入。17年、カリフォルニアの最高峰カルトワイン「スクリーミング・イーグル」のオーナーに買収された。19年、「DRC」に貸し出した区画から『コルトン・シャルルマーニュ』がリリースされた。シャルドネを発酵している新樽の比率は1/3。

ドメーヌ・ラペ・ペール・エ・フィス
Domaine Rapet Père et Fils

「コルトン・シャルルマーニュ」を約3ha所有している、ペルナン・ヴェルジュレスの老舗。2003年に新しい醸造所が完成してからは、洗練されたエレガントなスタイルになった。「アン・シャルルマーニュ」から赤ワインも造っている。20ha所有。

ブルゴーニュ公国が支配していた、
フランドル地方の美しいレンガの屋根

西向きの急斜面に位置する
「コルトン・シャルルマーニュ」の畑

コート・ドール随一の美しい村
緊張感と繊細さが漂う端正なワイン

サヴィニ・レ・ボーヌ
SAVIGNY-LÈS-BEAUNE

ブルゴーニュの住人たちは、県道974号線から奥まった、閑静で美しい景色が広がるサヴィニ・レ・ボーヌ村がうらやましいと語ります。コルトンの丘からボーヌに向かう途中、北東の方向へ進んだ所。ペルナン・ヴェルジュレス側とボーヌ側の丘陵の斜面の間にはロワン川が流れ、その上流に佇む美しい村です。サヴィニ・レ・ボーヌはピュアな果実味とミネラル感溢れる端正な赤・白を同じ畑で同時に造り、どちらも一流であることが第1の魅力。1級畑はそれぞれのテロワールの個性を表現しています。特級畑はありません。「コルトン」や「コルトン・シャルルマーニュ」のようにスケール感で圧倒するような性格ではなく、1級畑の赤ワインはミネラルと酸の効いた緊張感と、複雑で緻密な果実味によって、飲み手を情熱的にさせます。また、全生産量の13%を占める白ワインははつらつとした酸とミネラルを引き立てる、力強い果実味とのバランスが見事。村名ワインはフルーティーで可憐なタイプです。

ブドウ畑はペルナン・ヴェルジュレス側とボーヌ側の二つの斜面と、そこから広がる扇状地の3エリアにあり、栽培面積は約375haでコート・ド・ボーヌ地区の中ではボーヌとムルソーに次ぐ大きさ。22面の1級畑は、南向きと東向きの斜面にのびのびと鎮座しています。

村の北側の斜面は、ペルナン・ヴェルジュレス村と地続きの丘陵であり、1級畑は、一部南東向きがある「オー・ヴェルジュレス」以外はすべて南向きの斜面。基本的に表土は砂利、鉄分を含み、母岩は白色ウーライト石灰岩です。最上の1級畑オー・ヴェルジュレスの土壌は、石灰岩の上に鉄分を含む粘土質の薄い表土であり、そこからは濃厚で骨格のしっかりとした複雑なワインが生まれます。同じ斜面でも「レ・ラヴィエール」「オー・セルパンティエール」は石灰質の泥灰土なので、少し軽やかでエレガントなスタイルです。

一方、南側のボーヌと地続きになっている斜面の畑は、北東向きでペルナン側に比べると砂利は少なく砂が多めの土壌。1級畑「レ・マルコネ」「レ・ナルバントン」は、柔らかい果実味を持つ隣のボーヌのスタイルに緊張感と繊細さがプラスされたような味わいです。

村名ワインを生む平らな扇状地の畑の土壌は、ロワン川が運んできた粘土石灰岩の崩積土ですが、鉱物的な要素が少ないためプラムやベリー類のフルーティーさやスミレの香りが中心の可憐なワインができ上がります。ただし、粘土質がとりわけ強い土壌の「オー・グラン・リアール」は果実味のボリュームがある力強い味わいです。

もともとサヴィニ城の当主であったドゥ・ミジュー伯爵家の家紋であった。伯爵家の者がルイ14世の孫であるブルゴーニュ公爵にサヴィニのワインを1073年9月21日に進呈し、そのワインの素晴らしさに公爵をして「ドゥ・ミジューではなくドゥミ・デュー（半神）だ」と言わしめたというエピソードが残っている。

7月中旬にイベント「サヴィニ・アン・トゥ・サン」が開催される。サヴィニの畑の中を5kmほど散歩しながら、数カ所の仮設テントで供されるサヴィニのワインと伝統的なおつまみを楽しむ。（ランチ付き）

● *Rouge* ○ *Blanc*

特級畑 0　*Grand Cru*

1級畑 22　*Premier Cru*

お勧め1級畑

オー・ヴェルジュレス
Aux Vergelesses

17.19ha。最高峰の1級畑であり、面積も大きい。ペルナン・ヴェルジュレス1級畑「イル・デ・ヴェルジュレス」の真上（北西）に位置し、果実味、酸、ミネラル感が緻密で洗練されている。少量造られる白も非常にエレガント。「ヴェルジュレス」とは、「私（ジュ）がグラス（ヴェール）をテーブルに置く時は空っぽ（レス）」＝ワインが美味しくてグラスの中はすぐに空っぽになるという意味。赤・白ともに「シモン・ビーズ」が最上品。

オー・フルノー
Aux Fourneaux

7.9ha。「オー・ヴェルジュレス」の下（南東）の方に広がる、南向きの斜面の畑。フルノーは「オーブンの中」という意味もあり、オーブンのように強く日が当たるので、熟した果実味の肉付きが良いワインとなる。ボリューム感に加えサヴィニ的な芯の強さと、アロース・コルトン的な野性味がある。「シモン・ビーズ」が手に入らない場合は「シャンドン・ド・ブリアイユ」を。

オー・セルパンティエール
Aux Serpentières

12.34ha。ペルナン・ヴェルジュレス側の斜面にある南向きの畑。湿気のある土壌で蛇（セルパン）が出そうだ、と名付けられた。「シモン・ビース」は2008年から、この畑でビオディナミをベースにした「ビーズディナミ」の実験をしていたが、現在は休耕中で、マメ科、アブラナ科、イネ科の植物を植えている。

レ・マルコネ
Les Marconnets

8.33ha。ボーヌ側の丘陵に並ぶ畑の中ではベスト。砂と粘土混じりの土壌で、ふくよかな果実味の中に激しさや力強さがあり、そのバランスが魅力的。お勧めは「シモン・ビーズ」「ヴジュレ」。

レ・ナルバントン
Les Narbantons

9.49ha。ボーヌ側の丘陵に位置しており、斜面の下部にあるのでワインはサヴィニ・レ・ボーヌ1級畑の中でも柔らかくてまろやか。「ルロワ」が造ると全体的に洗練度が高く上品になる。

代表的な生産者　*Domaine*

ドメーヌ・シモン・ビーズ
Domaine Simon Bize

4代目主パトリック・ビーズ氏が2013年に逝去した後は、妻の千砂さんと長男のユーゴ氏が運営。1995年に「ラトリシエール・シャンベルタン」、97年に「コルトン・シャルルマーニュ」をリリース。伝統的な全房発酵で造られたワインは、見事にテロワールを表現している。千砂さんはドメーヌの伝統を踏襲する一方で、究極のピュアな果実感を味わえる『Akacha』『Shirokuro』『Aka』『Shiro』といったナチュラルワインを2018年から造り、好評を博している。22ha所有。

サヴィニ・レ・ボーヌの並木道

「ドメーヌ・シモン・ビーズ」の1級畑「オー・ゲット」。「オー・セルパンティエール」は現在休耕中

野に咲く可憐な花のような赤ワイン

ショレ・レ・ボーヌ

CHOREY-LÈS-BEAUNE

甘やかなベリーの風味がチャーミングなショレ・レ・ボーヌ。生産量のほとんどは赤ワインですが、ごく少量のフルーティーな白ワインも造られています。そんなショレ・レ・ボーヌ村のブドウ畑は、コルトンの丘のふもとに位置しているとはいえ、県道974号線より西側の斜面ではなく、AOCブルゴーニュという地方名となる東側に多くあります。一部の畑は西側ですが、どちらも斜面ではなく平坦な場所にあります。

県道974号線の東側にありながら、例外的に村名AOCになった理由は、それほど水はけの悪い土壌ではないから。ロワン川の近くは小石が多く、ボーヌ側の丘の下は粘土が多い土質です。またアロース・コルトン村の近くは鉄分を含む粘土質土壌から複雑なワインが生まれます。

一般的に、平地にある畑は斜面にある畑と比べると日射量が少なく水はけも悪いので、カジュアルなワインを造ることが多いもの。ですから平地の多いショレ・レ・ボーヌ村には特級や1級畑はありません。村名ワインのほかには「コート・ド・ボーヌ・ヴィラージュ」表記の赤ワイン、「ショレ・コート・ド・ボーヌ」表記の赤ワインが販売されています。

区画名が表記してある村名ワインの中で「レ・シャン・ロン」と「ピエス・デュ・シャピトル」はコルトンの丘のふもと近くにある畑で、最上と評されています。サヴィニ・レ・ボーヌ村側とボーヌ村側にある畑の土壌よりも鉄分が多く含まれていることによって、豊かさや厚みが増すのです。

ショレの地を治めてきた代々の領主の紋を表す。三つの蒔き束（麦束）はフロロワ家、3ツ星はミジュ家のもの。

Côte de Beaune

コート・ドール地域で唯一、県道974号線の反対側（東側）に位置するショレ・レ・ボーヌ村。その肥沃な土壌は、ブドウのほか小麦、ヒマワリ、菜の花、ジャガイモが栽培されており、フィロキセラ禍以降戦後にかけてこれらの農作物が村の産業を支えた。

● *Rouge*　○ *Blanc*

特級畑 0 *Grand Cru*

1級畑 0 *Premier Cru*

代表的な生産者 *Domaine*

ドメーヌ・トロ・ボー
Domaine Tollot-Beaut

ナタリー・トロさんが5代目当主。ショレ・レ・ボーヌ村に居を構えるが、コルトンの丘に多くの畑を持つ老舗。フィロキセラ禍後の19世紀末に設立、ナタリーさんの曽祖父は、不景気でネゴシアンがワインを買ってくれなかった時代、1921年にいち早くドメーヌ元詰めを始めたことでも有名。「コルトン」や「コルトン・シャルルマーニュ」など、多くの特級畑から卓越したワインを造っている。新樽の使用比率は、村名は1/4、1級畑は1/3、特級畑は1/2。ヴィンテージによる個性を見極めながら調整している。約25ha所有。

シャトー・ド・ショレ
Château de Chorey

1999年、ブノワ・ジェルマン氏が父親のフランソワ氏から引き継ぎ、管理するようになって品質が向上した。この村で最も印象的な13世紀の城シャトー・ド・ショレを所有している。2010年末にブノワ氏は自ら命を絶ち、今や幻のワインとなった。

ドメーヌ・シルヴァン・ロワシェ
Domaine Sylvain Loichet

2005年設立の新しいドメーヌ。当主シルヴァン・ロワシェ氏の祖父がコート・ドール地域に畑を所有していたが、別の生産者に貸し出していたところ、当時21歳のシルヴァン氏が畑を取り戻しブドウ栽培・醸造をスタートさせた。有機栽培を実践し、バランスの良い上質なワインを造っている。8ha所有。

どこまでも平坦なショレ・レ・ボーヌの畑

ショレ・レ・ボーヌの村役場

「ワインの首都ボーヌ」とグラマラスなワイン群

ボーヌ
BEAUNE

中世の城壁に囲まれた1キロ四方の小さなボーヌの旧市街は、2015年に「ブルゴーニュのブドウ畑のクリマ」として登録された世界遺産です。ボーヌの町は、歴史的なネゴシアンやグルメ垂涎のレストラン、ホテル、ワインショップ、土産店などが軒を連ね、世界中からワイン愛好家たちが集まるブルゴーニュの人気ナンバーワンの観光地です。

行政上のブルゴーニュの中心都市がディジョンであるのに対し、ボーヌは古くからワインの集積地として発展してきた町なので「ワインの首都」と呼ばれています。ほとんどの住民はワインに関係した仕事で生計を立て、町の地下には中世に掘られたワイン保管用洞窟が、今やネゴシアンの巨大なワイン熟成庫となって網の目のように広がっています。また、狭い石畳の通りは風情に溢れ、町の中心となるカルノ広場で毎週土曜に開かれる朝市は大人気。フランス各地の高級レストランで使用されるブルゴーニュ産の食材が入手できます。例えばフランス国旗の色を思わせるブレス鶏（トサカが赤、ボディは白、足は青）、白色の肌をしたシャロレ牛、トリュフ、エポワスのチーズなど……。

行くべき観光名所は、カルノ広場の横にある「オテル・デュー」（神の館という意味。別名「オスピス・ド・ボーヌ」）。ブルゴーニュで最も有名な歴史的建造物です。この慈善病院は、1443年にブルゴーニュ公国のフィリップ善良公の大法官ニコラ・ロランによって、貧者と病人を救済するためにつくられました。貴族などから寄進されたブドウ畑からワインを造り、その売り上げによって現在も維持されています。オスピスのワインは11月の第3土曜〜月曜に行われる「栄光の3日間」（Trois Glorieuses）というブルゴーニュ最大のお祭りの際、日曜に行われるチャリティー・オークションで、約800樽（年により変わる）が新酒として売り出されます（約60haもの畑を所有）。この時期は世界中から大勢のワインのバイヤーや愛好家などが集まり、ボーヌの町は大混雑します。

もう一つ訪ねてみたい名所に、14世紀にディジョンへ移転するまではブルゴーニュ公の邸宅であった「ブルゴーニュ博物館」があります。

観光客は「ロマネ・コンティ」の畑を見学したいという人が多いですが、ボーヌ村のブドウ畑を希望する人はあまりいません。ブドウ畑自体は26村の中で最大の広さを誇り、1級畑は42面もあり、全畑の75%を占めています。果実味の肉付きが良く、柔らかい口当たりのグラマラスな赤ワインと、少量のリッチな白ワインが生産されています。

ブドウ畑は北のサヴィニ・レ・ボーヌ村から南のポマール村まで4kmほどにわたり、ほぼなだらかな斜面が連なります。標高220〜300mの東から南向きの斜面の母岩は、ジュラ紀後期のオックスフォーディアンのラウラシアン石灰岩やペルナン泥灰岩。表土は酸化鉄混じりの赤土など。栽培面積は約540ha、そのうち約80%が赤ワインです。

「ボーヌ」という村名AOCのほか、「コート・ド・ボーヌ」という村名AOCがありますが、これは標高300〜370mの高台に位置する30haほどの畑から生産される、軽めの赤・白ワインです。

ボーヌ市の中心に堂々と鎮座するノートルダム教会は、中世以来ボーヌの人々の心のよりどころ。イエスを抱くマリア像は16世紀以来変わることなくボーヌのシンボルである。

農業専門学校（CFPPA）ボーヌ校はワインの専門家を育成する学校。外国人も受け入れており、通年の醸造・栽培コース、ソムリエおよびアドバイザーコース、そして団体向けに試飲技能スキルアップ短期集中コースもある。

● *Rouge* ○ *Blanc*

特級畑 0 *Grand Cru*

1級畑 42 *Premier Cru*

お勧め1級畑

レ・フェーヴ

Les Fèves

4.42ha。サヴィニ・レ・ボーヌ村側の丘陵の斜面上部にあり、ペルナン泥灰岩やウーライト石灰岩の地層。「クロ・デ・フェーヴ」（「シャンソン・ペール・エ・フィス」のモノポール）からは、ミネラル感豊かなエレガントなワインが生まれる。

レ・グレーヴ

Les Grèves

31.33ha。1級畑の最高峰といわれている、急斜面からなだらかな斜面まである広々とした畑。豊潤な果実味と堂々とした骨格を持つ長熟タイプ。中央部の最良区画1haを陣取るのは「ブシャール・ペール・エ・フィス」が誇るモノポール「ヴィーニュ・ド・ランファン・ジェジュ」（ビロードのズボンをはいた幼子イエスの畑、という意味）。「ルイ・ジャド」「ジョセフ・ドルーアン」も秀逸なワインを造っている。

ル・クロ・デ・ムーシュ

Le Clos des Mouches

25.18ha。ポマール村との境目、斜面中腹の泥灰質の白っぽい土壌にはシャルドネが植えられている。「ジョセフ・ドルーアン」が約半分を所有しており、複雑で深みのある白・赤ワインを造っている。「シャンソン」の白もエレガント。ムーシュは蠅（ハエ）ではなく「ミツバチ」という意味で、ワインラベルには可愛いミツバチの絵が描かれている。

クロ・デズルシュル

Clos des Ursules

1.26ha。ポマール村に近く、「ル・クロ・デ・ムーシュ」の東に位置している「レ・ヴィーニュ・フランシュ」の中の小さな区画。1826年にルイ・アンリ・ドゥニ・ジャドが購入して以来、「ルイ・ジャド」のモノポールとして長熟タイプの上質な赤ワインが造られている。表土が薄く小石の多い土壌から、骨格のしっかりとしたたくましいワインが生まれる。

代表的な生産者 *Domaine*

ブシャール・ペール・エ・フィス
Bouchard Père et Fils

1731年に設立された老舗のネゴシアンであり、またコート・ドール地域を中心に130haもの畑を所有する大ドメーヌでもある。1995年からシャンパーニュの「アンリオ」が経営するようになり、ワインの質が劇的に向上した。2022年に、フランソワ・ピノー氏率いる「アルテミス・ドメーヌ」がアンリオを買収した結果、その傘下であった「ブシャール・ペール・エ・フィス」はアルテミスの翼下となった。

シャンソン・ペール・エ・フィス
Chanson Père et Fils

1750年に設立された老舗のネゴシアンで、自社畑を45ha所有。16世紀の建造物であるバスティオン（要塞）の一部をフランス革命後に購入し、ワインセラーとして利用している。壁の厚さが約8mと圧巻であり、必見。1999年にシャンパーニュ「ボランジェ」の傘下に。「クロ・デ・フェーヴ」「クロ・デ・ムーシュ」が素晴らしい。

オスピス・ド・ボーヌ
Hospices de Beaune

1443年にニコラ・ロランによって設立されたこの慈善病院が所有する畑は約60haで、31種の赤ワイン、17種の白ワインを造っている。コート・ド・ボーヌ地区に所有する多くの畑は、特級畑と1級畑。コート・ド・ニュイ地区には特級畑「マジ・シャンベルタン」「クロ・ド・ラ・ロッシュ」がある。
新樽に詰められたワインは、11月第3日曜の競売で樽ごと売られ、その後は現地のネゴシアンがエルヴァージュ（樽熟成から瓶詰めまで）を行う。若木からできるワインはすべて樽でネゴシアンに売られる。ワインのレベルは高いが、チャリティーなので価格も高め。近年の極端な高価格での落札は、今後も続くだろう。2021年から「サザビーズ」が運営。

ルシアン・ル・モアンヌ
Lucien le Moine

レバノン出身のムニール・サウマ氏とロテム夫人が1999年にボーヌに設立した、ミクロ・ネゴシアン。ムニール氏は、シトー修道会の僧侶をしていた時にワインに興味を抱き、専門校で栽培・醸造を学び、フランス各地やカリフォルニアで研鑽を積んだ。コート・ドール地区の特級畑、1級畑の最上の果汁またはワインを購入し、ヴィンテージやキュヴェに合わせた樽を特注するなど、きめ細かく醸造している。
2009年にシャトーヌフ・デュ・パプ、コート・デュ・ローヌにも畑を入手し、栽培・醸造を手掛けている。高級オリーヴオイルとハチミツも作っている。

ジョセフ・ドルーアン
Joseph Drouhin

1880年に設立されたネゴシアン・エルヴール。ドメーヌ物もネゴシアン物も全体的にテロワールを忠実に表現したワインを造っている。2007年には全自社畑でビオディナミ農法を実践。代表銘柄は『クロ・デ・ムーシュ』『モンラッシェ・マルキ・ド・ラギッシュ』。約93ha所有。

ルイ・ジャド
Louis Jadot

1859年に設立された大手ネゴシアン・エルヴール。200ha以上の自社畑、5カ所の醸造所を持ち、トップレベルの特級畑ワインからボジョレーまで素晴らしいワイン造りを行っている。31年間メゾンを指揮してきたピエール・アンリ・ガジェ氏が引退し、2003年、ゼネラルマネジャーだったトマ・セテー氏（元「ブシャール・ペール・エ・フィス」）が社長に。ピエール氏の長男チボー氏がマネジングディレクターに就任。

オリヴィエ・バーンスタイン
Olivier Bernstein

ロワール地方出身のオリヴィエ・バーンスタイン氏が、2007年ボーヌに設立したミクロ・ネゴシアン。ワインの魅力に魅せられて音楽系出版業から転身した。コート・ドール地区の特級畑と1級畑の最高の区画・高樹齢のブドウを購入し、自らも畑の栽培管理を行い醸造する。21年までベルナール・デュガ氏の甥リシャール・セガン氏が醸造責任者を務め、すべて卓越した品質だが、非常に高価。12年には特級畑「マジ・シャンベルタン」、1級畑「レ・シャンポー」の区画を入手。

「ルシアン・ル・モアンヌ」のテイスティングルーム

畑名 その意味から読み取るコート・ドールの風土

◆フィサン
[クレ Crais] 粘土、粘土が多い土地
[ペリエール Perrières] 石切り場、昔の採石場

◆ジュヴレ・シャンベルタン
[フォントニ Fonteny] 古語で小さな泉
[コンブ・オー・モワンヌ Combe aux Moines] 修道僧の谷
[リュショット Ruchottes] 小さい岩、岩の多い土地。ロッシュと同じ
[ラトリシエール Latricières] ラテン語で痩せた土地

◆モレ・サン・ドニ
[サン・ドニ St.Denis] ディオニソスに由来する
[ロッシュ Roche] 岩、岩の多い土地
[コート・ロティ Côte Rôtie] 焙られた丘、日がよく当たる斜面
[ジュナヴリエール Genavrières] ねずの木。Genevrièresと同じ
[リオット Riotte] 小道。Ruotteがなまった

◆シャンボール・ミュジニ
[デリエール・ラ・グランジュ Derrière la Grange] 納屋の後ろ
[フスロット Feusselottes] 小さな溝
[シェゾー Cheseaux] 古語で建物。Échézeaux、Échezotsと同じ
[クラ Cras] 古語で岩だらけの丘
[ラヴロット Lavrottes] ラーヴは溶岩。昔この地域は溶岩の採掘場だった
[ドワ Doix] ケルト語で湧き水
[グロゼイユ Groseilles] スグリ

◆ヴォーヌ・ロマネ
[スショ Suchots] 古語で丘
[ブリュレ Brulées] 焼かれた、日がよく当たる土地
[リッシュブール Richebourg] 豪村
[ターシュ Tâche] 仕事、労役
[グランド・リュ Grande Rue] 偉大な道

◆ニュイ・サン・ジョルジュ
[シャン・ド・ペルドリ Champs de Perdrix] 山ウズラの畑
[ミュルジェ Murgers] 積み上げられた石
[ロンシエール Roncières] いばらの土地
[アルジラ Argillas] 粘土
[カイユ Cailles] 小石
[ポレ Porrets] 梨の畑
[プリュリエール Prulières] プラムの木

◆サヴィニ・レ・ボーヌ
[ラヴィエール Lavières] 溶岩の採掘場
[セルパンティエール Serpentières] 蛇
[ドミノード Dominode] かつて領主が所有していた畑
[フルノー Fourneaux] オーブンで焼かれるように日が当たる
[ゲット Guettes] 見晴らし台

◆ボーヌ
[グレーヴ Grèves] 砂利
[シャン・ピモン Champs Pimont] 丘のふもとの畑
[クロ・デズルシュル Clos des Ursules] 雌小熊の畑
[フェーヴ Fèves] ソラマメ

◆ポマール
[エプノ Epenots] イバラ
[シャニエール Chanières] 古語でオークの木
[ジャロリエール Jarollières] 古語で略奪精神
[ルフェーヌ Refène] 干し草

◆ヴォルネ
[シャンパン Champans] 斜面の畑
[タイユ・ピエ Taille Pieds] 足切り（ブドウの手入れをするのに自分の足を切ってしまうほどの急斜面）

◆モンテリ
[シュール・ラ・ヴェル Sur la Valle] village（村）の上
[メ Meix] 領主の土地

◆ムルソー
[ティレ Tillets] tilleul（菩提樹）
[ス・ル・ド・ダーヌ Sous le Dos d'Ane] ロバの背中の下、急坂の頂上
[グット・ドール Gouttes d'Or] 金色のしずく

◆ピュリニ・モンラッシェ
[カイユレ Cailleret] 小石
[ピュセル Pucelles] 処女
[ガレンヌ Garenne] 領主や修道僧が狩猟をするための森林地帯
[ピュイ Puits] 井戸
[トリュフィエール Truffière] トリュフが育つ土地

◆シャサーニュ・モンラッシェ
[ヴェルジェ Vergers] 果樹園
[シュヌボット Chenevottes] 麻

◆サントーバン
[ダン・ド・シアン Dents de Chien] 犬の歯、白い石が散らばっている土地

◆サントネ
[マラディエール Maladière] 病院
[グラヴィエール Gravières] 砂利

端正と武骨
二つのシルエットが重なる

ポマール
POMMARD

コート・ド・ボーヌ地区で特級畑「コルトン」に次ぐ偉大な畑があるのが、ポマール村とヴォルネ村です。ポマールは力強いワインを、ヴォルネは繊細なワインを生みます。どちらの村も赤ワインだけがAOC認定されています。ポマールが力強く男性的といわれる理由は、粘土石灰質の土壌からタンニンがしっかりしたジュヴレ・シャンベルタン村的なフルボディのワインができるからですが、実は、もう一つ別の顔があります。果実味が美しく整い、タンニンが繊細なタイプです。

ポマール村はほぼ正方形で、中央を流れるデューヌ川によってできた渓谷により、二つの丘陵に分かれています。ブドウ畑の標高は250〜300m。平地は沖積土、斜面の中腹は小石の多い粘土石灰質、上部はジュラ紀後期の泥灰質。それぞれの丘陵の中腹から下部には1級畑が帯のように連なり、その上と下に村名畑が広がります。1級畑は29面あり、北側と南側では土壌の違いから異なるキャラクターを持つワインが生まれています。

北のボーヌ村側の斜面はなだらかな南向きで、斜面の最下部に位置する「レ・グランゼプノ」「レ・プティゼプノ」が最も格調高い味わいとされます。その理由は、丘陵の石灰岩が崩落して川の流れで運ばれた土壌により、複雑性やフィネスが与えられるから。特に、ボーヌとの境目にあるレ・プティゼプノは最もエレガントで優雅です。ボーヌ側にあるクリマは、全体的に果実味の肉付きが良く、その点はボーヌの特徴と似ています。

一方、南のヴォルネ村側の最上畑は、急勾配の南東向きの斜面の下部に位置し、丘陵からの岩石混じりの鉄分豊富な粘土質土壌。「レ・リュジアン・バ」はタンニンがゴツゴツしており、しかも野性的な風味があるので、瓶熟成を10年以上させないとまろやかになりません。また、斜面の最上部と平地の畑は村名ワインになります。土っぽいタンニンが少なく、果実味の輪郭にメリハリのあるチャーミングなタイプなので、早くから楽しめます。

上部三つのホタテ貝は中世、この土地を治めていた高貴な一族の紋。下部の十字は、ポマールが古代から今の時代まで交通の要であり、村の出入口にその昔存在した十字架のを表している。

「デリス・ド・ポマール」はボーヌ市内に店を構えるチーズ店「アラン・エス」が考案したクリーミーなチーズ。マスタード粒をまぶしたものは特に大人気。カシスの芽、アニスの粒をまぶした風味の商品もある。

● *Rouge*

特級畑 0 *Grand Cru*

1級畑 29 *Premier Cru*

お勧め1級畑

レ・プティゼプノ
Les Petits Épenots

19.76ha。北東側のボーヌ村との境にあり、最もフィネスのあるワインができる。この畑の中にある「グラン・クロ・デゼプノ」（約4.8ha）という「ド・クルセル」のモノポールは、とても優雅でエレガント。隣の区画「レ・グランゼプノ」は沖積土を含む土壌で、ややシンプルなタイプが多い。名前が似ていて紛らわしいので、間違えないように。

クロ・デゼプノ
Clos des Epeneaux

5.23ha。「コント・アルマン」所有のクロに囲まれた、非常に大きなモノポール。「レ・プティゼプノ」と「レ・グランゼプノ」にまたがる、1826年からの歴史がある名区画。フルボディでフィネスが豊か。

レ・リュジアン
Les Rugiens

12.7ha。ポマール村で最も濃密で屈強なボディがある。ヴォルネ村側の急勾配の斜面のふもとに位置する「レ・リュジアン」の中で、「レ・ジュリアン・オー」（6.83ha）は斜面上部、「レ・ジュリアン・バ」（5.83ha）は斜面下部に位置している。斜面上部（オー）よりも下部（バ）の表土に石灰岩の崩落物が多く積もっており、その影響を大きく受けてレ・リュジアン・バは複雑でストラクチャーのあるワインとなる。

代表的な生産者 *Domaine*

ドメーヌ・ミシェル・ゴヌー
Domaine Michel Gaunoux

ポマール村を代表する老舗ドメーヌであり、現在アレクサンドル・ゴヌー氏が先祖から踏襲したワイン造りを行っている。少なくとも10年以上は瓶熟成させてから飲むタイプであり、特に「レ・リュジアン・バ」は、これぞ男性的なポマールといえる逸品だ。

ドメーヌ・コント・アルマン
Domaine Comte Armand

5.23haの偉大な「クロ・デゼプノ」を独占所有している。1999年にバンジャマン・ルルー氏が醸造責任者となり品質が向上したが、現在は退任し、ルルー氏の下で働いていたポール・ジネッティ氏が引き継いでいる。

ドメーヌ・ジャン・マルク・ボワイヨ
Domaine Jean-Marc Boillot

赤はポマールとヴォルネを所有、白のピュリニ・モンラッシェは「エティエンヌ・ソゼ」より相続しており、赤・白とも秀逸なワインを造る。約2.2ha所有。

ドメーヌ・パラン
Domaine Parent

当主のフランソワ・パラン氏は、ヴォーヌ・ロマネ村の「ドメーヌ・A.F.グロ」の当主アンヌ・グロさんと結婚してからは、双方のドメーヌでワイン造りをしている。パラン氏のポマールは、豊満な果実味と活力がある。約25ha所有。

ポマールのブドウ畑

王侯貴族を虜にした優美なフレーバー

ヴォルネ
VOLNAY

マルタ騎士団（カトリック教会の騎士修道会）がヴォルネ村のブドウ畑を1207年に所有したことによって、1300年代にはブルゴーニュ随一のワインとして名声を博していました。1328年にヴァロワ家のフィリップ6世がフランス王の戴冠式の際に飲んだのは『カイユ・ド・ロワ』というヴォルネのワイン。現在の「レ・カイユレ」という名の区画から生まれたものです。また、1447年にシャルル豪胆公が没した後ブルゴーニュ公国をフランス王国に編入したルイ11世は、フランス代表と思しきヴォルネのワインを独り占めにするほど夢中になったとか。1800年以前のワインは「山ウズラの目」（淡いピンク色）のような薄い色をしていたといわれています。当時は白ブドウのピノ・グリが多く植えられていたので混醸していたという説もあり、現代のヴォルネとはかけ離れた味わいですが、魅力的なワインであったことは確かです。

北隣のポマールが力強いフルボディであるのに対して、ヴォルネ村のワインは繊細でしなやかなテクスチャーがあるので、女性的と表現されています。この個性の違いは、コート・ドールの複雑な地層にあります。標高230〜280mの斜面に広がるヴォルネのブドウ畑の土壌は、粘土石灰岩が多いポマールとは異なり、斜面上部から下部までの母岩にジュラ紀後期〜中期の白っぽい石灰岩などが広がっています。表土は石ころが多く、ふもとは鉄分を含む赤土の表土に砂利が散らばっており、それゆえ、デリケートな果実味とミネラル感と繊細なタンニンが特徴のワインが生まれます。

1級畑は29面。丘陵の中腹に連なり、4エリアにまたがります。住宅が集まるエリアの周辺にある南向き急斜面の区画「クロ・デ・デュク」は、その名の通りブルゴーニュ公の所有畑でした。現在は「ドメーヌ・マルキ・ダンジェルヴィル」の単独所有で、土壌はウーライト石灰岩や貝片が散らばり、村で最も繊細で香り高いタイプ。西のモンテリ村側の「クロ・デ・シェーヌ」は、表土が薄く礫や小石が多い斜面の畑。こちらは緻密な果実味と骨格がしっかりとしたタイプです。

南のムルソー村側にある「レ・カイユレ」と、その北東隣の「シャンパン」は典型的な優美なヴォルネであると誰もが絶賛。とりわけ、レ・カイユレの中にある「クロ・デ・スワサント・ウヴレ」（「ドメーヌ・ド・ラ・プス・ドール」のモノポール）は、上品の極致のような味わいです。一方、レ・カイユレと地続きのムルソー村の境界線に接する畑「ヴォルネ・サントノ」は、濃厚な果実味と骨格を持つ力強いワインです。

北のポマール村側の斜面の上部にある「フレミエ」、そしてその下部の「レ・ブルイヤール」と「レ・ミタン」は表土が厚くて粘土が多いので、ヴォルネではなくポマールに似た果実味のボリュームや、ゴツゴツしたタンニンがあります。

村名畑は1級畑の上下に広がっていますが1級畑よりも全体的にコンパクトに仕上がり、味わいは軽やかです。ヴォルネは繊細で女性的という理由から、シャンボール・ミュジニとよく比較されますが、シャンボール・ミュジニのようなフローラルで透明感のある赤いフルーツの香りではなく、野性的なフルーツや土、スパイスが感じられ、熟成するとトリュフの香りに発展します。

上部に描かれた三つの塔はその昔、ブルゴーニュ公の城がヴォルネにあった名残で、下部のイエスを抱く聖母像は丘の上にある聖母像を表す。

ポマール村とムルソー村を結ぶ道沿い、1級畑の中にある礼拝堂は12世紀のもの。ヴォルネ村にブルゴーニュ公が城を構えていた当時、ここが祈りの場所であった。現在、歴史的文化財に指定されており、年に数回礼拝がある。

● *Rouge*

特級畑 0　*Grand Cru*

1級畑 29　*Premier Cru*

お勧め1級畑

レ・カイユレ
Les Caillerets

約13ha。ムルソー村との境目に位置し、南東向きの緩やかな斜面に広がる。石灰岩や泥灰岩の上の表土には小石（カイユ）が多く転がっている。ヴォルネ村の最上のクリマであり、上品な果実味とフィネスに溢れ、のど越しがシルキー。

クロ・ド・ラ・ブス・ドール
Clos de la Bousse-d'Or

2.14ha。この畑の所有者は、ブルゴーニュ公→フランス国王→ボーヌ公と代わり、フランス革命の際には国に接収された。19世紀の所有者は「ロマネ・コンティ」を所有していた「ジャック・マリ・デュヴォー・ブロシェ」。畑は「ラ・ブス・ドール」と呼ばれていたが、1964年「ドメーヌ・ド・ラ・ブス・ドール」の所有となり「クロ・ド・ラ・ブス・ドール」と改名。しかし、67年にフランス政府から「クロ・ド・ラ・ブス・ドール」に戻すように命じられた。

レ・サントノ・デュ・ミリュ
Les Santenots du Milieu

8.01ha。1級畑「サントノ」の最上区画。サントノはムルソー村に位置しているが、赤ワインを造るとAOCヴォルネ・サントノとなる（白ワインはAOCムルソー・サントノ）。繊細というよりも果実味のボリュームがあり力強さを感じる。「レ・サントノ・デュ・ミリュ」は特にパワフルであり、「ドメーヌ・デ・コント・ラフォン」は強烈な果実味の濃度のあるフルボディを造っている。

村名畑から1級畑「クロ・デ・シェーヌ」を眺める

ドメーヌ・マルキ・ダンジェルヴィル
Domaine Marquis d'Angerville

20世紀の初期、ネゴシアンによって名前を偽ったワインが出回っていたのを危惧して、品質を守る組織を「アルマン・ルソー」「アンリ・グージュ」ともに結成。1920年代後半～30年代前半に活動した。ブルゴーニュで最も早くドメーヌ元詰めを実現した。「クロ・デ・デュク」を単独所有する。クラシックで品格があるといわれているが、開くまで長時間がかかり、地味な印象。約16.5ha所有。

ドメーヌ・ド・モンティーユ
Domaine de Montille

37haを所有する、ヴォルネのもう一つの大御所。1995年にユベール・ド・モンティーユ氏の長男エティエンヌ氏が引き継ぎ、積極的にドメーヌを拡張。「シャトー・ド・ピュリニ・モンラッシェ」を取得し、2017年からは「ド・モンティーユ」の名前で販売。カリフォルニアのサンタ・リタ・ヒルズの「ラシーヌ」や日本の函館にもワイナリーを設立した。
01年からビオディナミ農法を実践し、テロワールを純粋に表現している。

ドメーヌ・ミシェル・ラファルジュ
Domaine Michel Lafarge

ヴォルネの老舗。銘醸畑「クロ・デ・シェーヌ」の中の最良の区画から緻密な果実味とストラクチャーを持つ長寿な赤ワインを造る。「レ・カイユレ」も絶品。「クロ・デュ・シャトー・デ・デュク」を単独所有。12ha所有。

ドメーヌ・ド・ラ・プス・ドール
Domaine de la Pousse d'Or

1964年、複数の投資家の共同出資で立て直され、ジェラール・ポテル氏が醸造長となった。ポテル氏の死後、97年にパトリック・ランダンジェ氏が継いでからは、カーヴを広げ醸造所を改革し、さらに多くの畑を獲得した。2018年、パトリック氏の息子ブノワ氏が当主となる。23年にパトリック氏逝去。「レ・カイユレ」の中にあるモノポール「クロ・デ・スワサント・ウヴレ」（ウヴレは男性1人が1日に耕せる広さという意味なので、ここは60日<=スワサント>かかる広さ）は、「クロ・ド・ラ・ブス・ドール」と並ぶ看板ワイン。プス・ドールは「金の新芽」という意味。17ha所有。

小さい村にも大きい村にも、必ず教会がある

丘の上部に建つ「ドメーヌ・ド・ラ・プス・ドール」

ブドウ栽培について 1

地球温暖化に伴う異常気象はブドウ栽培にとっても例外ではなく、大きな影響を受けています。かつて50年に1度といわれた春の遅霜（おそじも）は、近年では2016年と21年にブルゴーニュ全域に大被害をもたらし、霜対策のための*キャンドルライトはもはや毎年恒例行事のようになっています。雹（ひょう）もしかり。13年にサヴィニ・レ・ボーヌ村に甚大な被害をもたらした雹ですが、翌年から雹雲めがけて砲弾を撃ち込み、ヨウ化銀を大気に拡散させ、化学的に雲を散らす対策が取られることもありますが、だからといって安心はできません。また、ブルゴーニュは寒冷地というのが一般的なイメージですが、今は季節の移り変わりが色あせ、寒い冬の後にいきなり夏のように暑い日がくることも珍しくありません。夏場の雨不足も問題です。いくらブドウが乾燥に強い植物ではあっても、極端に水が不足すると成長がストップしてしまい、成熟に大きく影響をおよぼします。

＊1ha当たり4000～6000本のロウソクを畝間で焚く。外気を温め空気の対流を促し、霜を降りにくくさせる手段

この地球規模の大転換点において、ブドウの栽培農法を見直すことは必至です。若い世代のヴィニュロンたちの最大の関心事は「いかに持続可能な農法に転換していけるか」というところにあります。戦後の農法は、効率化を目指すばかりに生態系を無視し、土を疲弊させる方向に突き進んでしまいました。重いトラクターで踏まれた土は硬くなり、下草をじゃま者扱いして除草剤を使い、化学農薬や化学肥料を使用することでブドウの木の耐性は弱くなり、ますます病気にかかりやすくなっていきました。まだ遅くはありません。いろいろな知恵を出し合って、今こそ人間都合でなく自然界を尊重した方向に転換していく必要があります。

農法には大きく分けて「慣行農法」と「有機農法」の2種類があります。有機農法の中でも天体の動きを尊重し、生命力学を応用したものが「ビオディナミ農法」です。この3種類の農法について、「ブドウ栽培について2」（103ページ）で具体的に説明します。またブドウ栽培の歴史と今後を「ブドウ栽培について3」（113ページ）でお伝えします。

雹の被害に合ったブドウ

遅霜対策のため畑にロウソクを灯している

飾り気のない素朴なミネラル風味

モンテリ
MONTHÉLIE

モンテリ村では生産量の約90%が赤ワイン。東隣に位置する優雅なヴォルネに比べると地味です。また、白ワインはムルソーほどの厚みやコクがないと評される素朴なタイプ。赤白ともに、鉱物的なミネラル感がストレートに感じられます。

ブドウ畑は標高230〜370mに位置し、三つのエリアに分かれています。東側はヴォルネ村から続く丘陵、西側はオーセイ・デュレス村の丘陵、そして中間にある谷間の扇状地から、それぞれ性格が少々異なるワインが生産されています。

モンテリ村の栽培面積は140haほどで、1級畑は16面ありますが（2006年に4面追加）、合計で約41haと総面積は少ないです。村名ワインに関しては、近隣の村の生産者たちによるものも多く、さまざまな個性が楽しめます。

ヴォルネ村側の東南向きの斜面には、特に1級畑が多くあります。バトニアン石灰岩と泥灰岩の母岩の上に酸化鉄を多く含む赤土土壌でそこから生まれる赤ワインは軽やかで繊細、ヴォルネを少しやさしくしたようなタイプ。ヴォルネの1級畑「クロ・デ・シェーヌ」に隣接した「シュール・ラ・ヴェル」「レ・シャン・フュイオ」はモンテリ最高のクリマといわれるほど、とても複雑でエレガントです。

一方、オーセイ・デュレス村側は、赤は骨太でたくましく、白はムルソーを地味にしたようなタイプ。1級畑の「レ・デュレス」は、アルゴヴィアン石灰岩の母岩を持ち、モンテリで一番の骨格のしっかりとした力強い赤ワインになります。

扇状地から生まれるワインはすべて村名で、果実味が軽いわりに武骨な印象の赤ワインが多いですが、「ドメーヌ・コシュ・デュリ」や「ドメーヌ・ジャン・フィリップ・フィシェ」のワインは洗練されています。

モンテリはケルト語でMont-Oloye（街道の高い所）という意味があるように、ムルソーを見下ろすようなオート・コートに近い小村です。村名AOCのほかに「モンテリ・コート・ド・ボーヌ」が表記される赤ワインがあります。

左にはクリュニー修道院のシンボルである十字の鍵と剣。右にはヴィニュロンの守護神でもあるサン・ヴァンサンが手にする小鎌が描かれている。

Côte de Beaune

祭りの多いブルゴーニュの中でも先陣をきって毎年4月に蔵開放が行われるのが「プランタン・ド・モンテリ」。なかでも「シャトー・ド・モンテリ」では、ワインのみならずフランス各地の「お取り寄せ品」が展示される。

● *Rouge* ○ *Blanc*

特級畑 0 *Grand Cru*

1級畑 16 *Premier Cru*

お勧め1級畑

レ・シャン・フュイオ
Les Champs Fulliots

8.11ha。ヴォルネ村側の緩やかな丘陵で、南東から南向きの斜面に位置し、「シュール・ラ・ヴェル」の真下（南）に広がる畑。ヴォルネに似た繊細な果実味とフィネスがある赤ワイン。「ポール・ガローデ」は白ワインも少量造っている。

レ・デュレス
Les Duresses

6.72ha。オーセイ・デュレス村側の丘陵の東向きの斜面。母岩がアルゴヴィアン石灰岩。斜面上部はテール・ブランシュと呼ばれる急勾配、斜面下部に行くと表土が厚くなり、褐色をした区画からはモンテリ村で最も頑丈で力強い赤ワインが生まれる。「コント・ラフォン」「ド・モンティーユ」「ポール・ガローデ」がお勧め。

代表的な生産者 *Domaine*

ドメーヌ・ポール・ガローデ
Domaine Paul Garaudet

10.5ha所有のうち半分以上が赤ワイン。当主のポール・ガローデ氏はムルソーの「ドメーヌ・デ・コント・ラフォン」の醸造責任者をしていたこともある。ミネラル豊かなモンテリらしい赤と白を造っている。息子のフローラン氏と「ドメーヌ・ガローデ・エ・フィス」の名でネゴシアンものも生産。

シャトー・ド・モンテリ・エリック・ド・シュルマン
Château de Monthélie Eric de Suremain

エリック・ド・シュルマン氏の母はルフレーヴ家の出身で、1996年からビオディナミ農法を実践している。1772年に建てられた「シャトー・ド・モンテリ」を、1903年にエリック氏の曽祖父が相続した。「シュール・ラ・ヴェル」が特に素晴らしい。

ドメーヌ・ダルヴィオ・ペラン
Domaine Darviot-Perrin

ディディエ・ダルヴィオ氏とジュヌヴィエーヴさん夫妻はどちらも優秀なヴィニュロン。ディディエ氏は妻の父親であるピエール・ペラン氏からワイン造りを学び、評判の良い赤・白ワインを造っている。モンテリのほかには、ムルソーやシャサーニュ・モンラッシェがお勧め。11ha所有。

モンテリの村落

のどかなブドウ畑

ムルソーのサイドウェイ
クルー渓谷で出合える凜々しいワイン

オーセイ・デュレス
AUXEY-DURESSES

オーセイ・デュレスの村落はリュイソー・デ・クルー渓谷の急斜面のすぐ後方に位置し、ブドウ畑は渓谷の北側と南側の斜面、二つのエリアに広がっています。クルー渓谷の泥灰岩や石灰岩、崩壊土に覆われたポマール泥灰岩土壌で、北側は細長く続き、南側はムルソーと地続きの丘陵の北向き斜面の狭い栽培地です。赤白の比率は7：3、全栽培面積は約170haです。

オーセイ・デュレス村の栽培地はモンテリ村やサン・ロマン村と同様に、県道974号には面していない、ムルソー村の裏手（北側）にあります。コート・ドール地域ではスポットライトが当たらないマイナー産地でしたが、近年はブドウがよく熟し、酸とミネラルもしっかりしているので注目されています。赤ワインと白ワインともに、繊細な果実味にバックボーンとなる引き締まった酸とミネラルがあり、凜としています。

東西に横長に広がるオーセイ・デュレス村は、東側のモンターニュ・デュ・ブルドンとそれに続く丘陵、そして西側のモン・メリアンの丘陵に位置しています。高品質ワインとなる1級畑は、モンターニュ・デュ・ブルドンの南東向きの斜面に9面あり、そのうち約70％はピノ・ノワール、約30％はシャルドネです。

最上の1級畑は、モンテリ村との境界線に位置する「レ・デュレス」。オーセイ村の中で最も格調高いと評価されていたので、この名にあやかりオーセイとハイフンでつないでオーセイ・デュレスが村名になりました。

ムルソー村側の斜面の畑は北東の向きにあり、とりわけ冷涼なので1級畑はなし。シャルドネだけが栽培されています。少し離れたサン・ロマン側にある斜面の畑は南東向きで、赤・白とも村名ワインが生産されています。軽めの味わいに造られた赤は「コート・ド・ボーヌ・ヴィラージュ」、白は「ブルゴーニュ・ブラン」としても市場に出ることが多く、また、赤だけに「オーセイ・デュレス・コート・ド・ボーヌ」の表記も認められています。

金色は渓谷の西側斜面にある白ワインの畑を表し、右の赤色は渓谷の東側斜面にある赤ワインの畑を表す。緑色のV字模様は緑豊かな渓谷を意味し、中央の小鎌はヴィニュロンの象徴。

春から秋にかけて、毎週末どこかで何かのイベントを行っている。蔵開放、蚤の市、ワインハイキング、音楽会など。蔵開放は毎年10月に開催される。

● *Rouge* ○ *Blanc*

特級畑 0 *Grand Cru*

1級畑 9 *Premier Cru*

お勧め1級畑

レ・デュレス
Les Duresses

7.92ha。モンテリ村と地続きの南東向きの急斜面にあり、白色の泥灰岩質に小石の多い土壌。オーセイ・デュレス村のベスト・クリマとされ、緊張感のある酸とミネラルが特徴。赤系の果実味と骨格のしっかりとしたタンニンがある。

クロ・デュ・ヴァル
Clos du Val

0.93ha。「クリマ・デュ・ヴァル」の中にある小区画。南向きの村一番の絶好スポット。オーセイ・デュレスに居を構える「ミシェル・プルニエ」のモノポールだったが、現在はほかのドメーヌが一部所有している。

代表的な生産者 *Domaine*

メゾン・ルロワ
Maison Leroy

1868年、フランソワ・ルロワ氏がオーセイ・デュレス村でネゴシアンを設立。1942年、アンリ・ルロワ氏が「DRC」の所有権の半分を購入し、ブルゴーニュでの確固たる地位を築いた。当主のラルー・ビーズ・ルロワさんは「メゾン・ルロワ」「ドメーヌ・ルロワ」のほかに、個人所有の「ドメーヌ・ドーヴネ」を運営している。

ドメーヌ・ドーヴネ
Domaine d'Auvenay

ラルー・ビーズ・ルロワさんの自宅でありプライベートなドメーヌ。「マジ・シャンベルタン」「ボンヌ・マール」「シュヴァリエ・モンラッシェ」「クリオ・バタール・モンラッシェ」「ムルソー」「オーセイ・デュレス」などでビオディナミ農法を実践し、少量造っている。すべて、一切妥協をしないワイン造りから生まれる、芸術的な作品。3.9ha所有。

急斜面畑の上部はモンターニュ・デュ・ブルドンの森

オーセイ・デュレスの村落

標高が高く急勾配のブドウ畑と石灰岩の崖の村

サン・ロマン

SAINT-ROMAIN

コート・ド・ボーヌ地区は、全体的にジュラ紀後期の泥灰岩が下層土壌を形成していますが、ムルソー、ピュリニ・モンラッシェ、シャサーニュ・モンラッシェの3村ではコート・ド・ニュイ地区と同じコート・デ・ブランと呼ばれるジュラ紀中期の石灰岩が母岩に含まれています。さらにジュラ紀前期の地層が母岩に見られる村もあるなど、複雑な下層土壌が広がっているエリアです。モンテリ村からオーセイ・デュレス村を過ぎて、サン・ロマン村に辿り着くと、集落には巨大な崖がそびえ立ち、山の中の急勾配の古い地層が残る斜面にブドウ畑が広がります。

サン・ロマン村の地層は、中生代ジュラ紀よりも古いトリアス紀（三畳紀）やジュラ紀前期のライアス統の青い泥灰岩「マルヌ・ブル」が母岩となっているので、とりわけはつらつとした酸とミネラルが感じられます。

約250〜400m超と、コート・ドール地域で最も高い所に位置しています。通常、特級畑や1級畑は250〜350mにあり、400m以上になると気温が低く、冷夏の年には酸が突出しがちだといわれていました。しかしながら、近年の地球温暖化の影響で毎年ブドウが完熟する上に、ここは朝晩の寒暖差が大きいため、清冽な酸を備えた繊細でバランスの良い白ワインと赤ワインが生まれています。

コート・ドール地域の中で1級畑がない村は、ロゼで有名なマルサネ、平地のショレ・レ・ボーヌ、そして標高の高いサン・ロマンの3村。サン・ロマンは1947年に村名AOCに認定されましたが、栽培面積が極小なので、マルサネのように1級畑認定獲得に向けた動きはありません。

1級畑ではなくても、ラベルに畑名が表記されるものもいくつかあり、南向き斜面に位置する「ス・ラ・ヴェル」（村の下という意味）、「ス・ル・シャトー」（城の下という意味）のクリマが最も有名。西向きの斜面には「コンブ・バザン」と「ス・ロッシュ」があります。

近隣のドメーヌや優れたネゴシアンが造る村名ワインには上質なものが多く、特に「ドメーヌ・ポンソ」の『サン・ロマン・キュヴェ・ド・ラ・メサンジュ』の緻密な果実味、エレガントな酸とミネラル感は素晴らしいものです。

この村は「DRC」などが使用する最高級の樽の工場「フランソワ・フレール」（1910年設立）があることでも知られています。

青と黄色（黄金色）はブルゴーニュ公国を表す。主な農産物のブドウと、その昔畑で働く人が水やワインを入れていた水筒、そしてシュヴァリエ（騎士）を派手にデザイン化している。（このシュヴァリエのデザインは1960〜70年代にかけてよく見られるもの）

● *Rouge* ○ *Blanc*

サン・ロマン村を過ぎるとブドウ畑は姿を消し、牧草風景が県境の町ノレまで続く。ノレの隣町に、雄大な風景を望む「フェルム・オーベルジュ・ド・ラ・ショーム・デ・ビュイ」がある。自家製の豚肉と有機野菜が自慢のレストラン。

特級畑 0 *Grand Cru*

1級畑 0 *Premier Cru*

代表的な生産者 *Domaine*

ドメーヌ・アラン・グラ
Domaine Alain Gras

サン・ロマン村のトップドメーヌ。4代目のアラン・グラ氏が1979年に父親のルネ氏から引き継ぎ、モダンで洗練されたワイン造りを心掛けている。ドメーヌ元詰めも開始。サン・ロマンの白が2/3、赤が1/3で、「ス・ル・シャトー」を3ha所有。オーセイ・デュレスの赤・白のほかに、ムルソーの「レ・ティレ」を造る。約12ha所有。

ドメーヌ・ド・シャソルネ
Domaine de Chassorney

1996年にフレデリック・コサール氏が設立。自然派のリーダー的存在。現在は、ビオディナミを超えた*ホメオパシーによる自然農法を実践している。白は、サン・ロマン村の「コンブ・バザン」「ス・ロッシュ」、赤ワインはオーセイ・デュレス村の「レ・クレ」など。ネゴシアンものは「フレデリック・コサール」(Frédéric Cossard)とラベルに記される。白・赤ともに温度コントロールなしで房ごと発酵している。

*補完・代替医療。体に本来備わっているとされる自己治癒力に働きかけ、病気の回復を促す

「フランソワ・フレール」の樽工場。
手前には天日干しをしている木材の山が見える

素朴なサン・ロマン村の風景

そそり立つ崖と住居

白ワインの聖地
肉付きが良く芳醇なワインが生まれる

ムルソー
MEURSAULT

コート・ド・ボーヌ地区で赤ワインだけがAOC認定されている村、ポマール、ヴォルネを南に進むと、ヴォルネ側の丘陵の先に世界最高峰の白ワインを生むコート・デ・ブランと呼ばれる丘陵があります。特に、ムルソー村の南側、ピュリニ・モンラッシェ村との境目から北へ帯のように連なる6面の1級畑（「ペリエール」「シャルム」「ジュヌヴリエール」「ポリュゾ」「レ・ブシェール」「レ・グット・ドール」）からピュリニ・モンラッシェ村、シャサーニュ・モンラッシェ村の特級畑までの一帯は、人々の心を魅了してやまない感動的な白ワインの聖地です。

ムルソー村のブドウ畑は標高230～360mに位置し、1級畑は南東向きの緩やかな斜面の260～280mに広がっています。母岩はジュラ紀中期の石灰岩、泥灰岩、粘土石灰岩がシャサーニュ・モンラッシェ村の南まで続いています。また、1級畑ペリエールの上部にある古代のナントゥー石灰岩の石切り場で削られた石灰岩の欠片が表土に混じり、1級畑の土壌を複雑にしています。

ムルソーはコート・ド・ボーヌ地区の中ではボーヌの次に人口が多い大きな村。また、ブドウ栽培面積も約450haと、ボーヌに次いで2番目の大きさです。昔は石灰岩の石材加工の中心地、近代はディジョン・マスタードの生産地として栄えてきました。現在、住民のほとんどはワイン関係者であり、また家族経営の優良ドメーヌの数が多いのも特徴です。特級畑はありませんが、1級畑と村名ワインは全体的に高品質で洗練されています。村名ムルソー畑の多くは、粘土石灰岩の崩積層が広がる扇状地に位置し、ミネラルに富んだ土壌です。

コート・デ・ブランを擁する3村（ムルソー、ピュリニ・モンラッシェ、シャサーニュ・モンラッシェ）の中で、ムルソーが最も果実味の肉付きが良く、芳潤な味わいがあります。その理由は、母岩を覆う表土の粘土の比率が高いためです。その上、酸味はピュリニ・モンラッシェほど繊細ではなく、その分熟成が進むのが早いため、熟成香であるナッツのフレーバーやトロリとしたグラ（オイリーで滑らか）なテクスチャーが早い時期から現れます。ピュリニ・モンラッシェは石灰質の比率が高いためミネラル感が際立ち、そのミネラルは酸と合体して引き締まり、緊張感のあるピンとした硬質なテクスチャーです。また、シャサーニュ・モンラッシェはこれら2村の中間的な土壌構成です。

3大ムルソーと呼ばれている「ペリエール」「ジュヌヴリエール」「シャルム」は、同じ斜面に連なっている「ポリュゾ」などと比べると、別格の複雑性や華やかな風味があります。最も繊細できめ細かく張りがあるのはペリエールですが、これは表土が薄く石灰質の強い土壌由来です。

3大ムルソーのエリアとは別に、ヴォルネ村との境目に上質な赤の1級畑「ヴォルネ・サントノ」があります。このエリアはジュラ紀中期の泥灰土土壌からなり、白ワインにも向きます。白を造ると「ムルソー1級」となります。またムルソーのブラニエリアにある「ムルソー・ブラニ」の1級畑は、白を造ると「ムルソー・ブラニ1級」、赤を造ると「ブラニ1級」とAOCが変わります。

カペー朝ブルゴーニュ公国の紋をそのまま使用。ムルソーの領主が忠実なるブルゴーニュ公国の家臣であったことを象徴する。

Côte de Beaune

1級畑「ペリエール」の採石場跡の北側にある砂利道を中腹まで上がり、ツゲの茂みを右手に進むと、人工的に造られた洞窟の入り口に辿り着く。第2次世界大戦中、レジスタンス勢力が隠れ家とするために掘ったもので、十数km先のノレの町までつながっている。

● *Rouge* ○ *Blanc*

特級畑 0 *Grand Cru*

1級畑 20 *Premier Cru*

お勧め1級畑

ペリエール

Perrières

13.72ha。ピュリニ・モンラッシェ村との境目に位置。石灰質が最も豊かな土壌であり、気品と華やかさ、ストラクチャーがしっかりとしたスケールの大きい長寿なワインとなる。3大ムルソーの中で最も標高が高い。採石場（ペリエール）跡の周囲に広がり、3区画ある。上部に「ペリエール・ドゥスュ」、下部に「ペリエール・ドゥスー」（最上の区画）と「クロ・デ・ペリエール」がある。クロ・デ・ペリエールは「アルベール・グリヴォ」が単独所有する約1haの区画。

ジュヌヴリエール

Genevrières

16.48ha。典型的なムルソーのイメージ。凝縮度が高く堂々とした果実味、ナッティーでグラという言葉がぴったりな力強いワイン。ミネラルに富む土壌なので、ピリッとした鉱物的な風味と緊張感がある。上部と下部の2区画があるが、上部の「ジュヌヴリエール・ドゥスュ」は「ペリエール・ドゥスー」と隣接している最上の場所。ジュヌヴリエールは「ネズ」（杜松）の意味。

シャルム

Charmes

31.12ha。名前の通りチャーミングで、しかもコクがある。村内で最大の面積を持つ畑で、二つの小区画に分かれる。上部の「シャルム・ドゥスュ」は、力強い果実味の中に気品と繊細さ、フローラルなニュアンスがある。下部は表土が厚く石が少ない土壌なので、やや複雑味に欠けるが、フルーティーなワインとなる。

ポリュゾ

Porusot

11.43ha。三つの小区画があり、急斜面の上部が最上。石が多い土壌であり、鉱物的な風味が強くフリンティー（火打石のスモーキーさ）。粘性が豊かで芳醇な味わい。

レ・グット・ドール

Les Gouttes d'Or

5.33ha。「黄金の雫」という意味。トーマス・ジェファーソン（アメリカ第3代大統領）がファンであったことは有名。果実味やフィネスは控え目で、粘性が強く「ポリュゾ」に似た印象。

ロマネスク様式のサン・ニコラ教会

ドメーヌ・デ・コント・ラフォン
Domaine des Comtes Lafon

最も洗練されたムルソーを造る最高峰のドメーヌ。1級畑「ペリエール」「ジュヌヴリエール」「シャルム」「レ・グット・ドール」はすべて最良の区画。また豪華絢爛な「モンラッシェ」の区画も所有している。
3代目のレネ・ラフォン氏は、先代が農家に任せていた栽培・醸造を自ら行い、1961年にドメーヌ元詰めを開始。80年代には世界的な評価を得る。85年、4代目を継いだドミニク氏はビオディナミ農法を行うなど栽培や醸造の改革を行い、常に最高品質を目指す。2019年より長女、20年より甥がドメーヌに加わった。
1999年、マコネ地区に畑を購入。2008年にネゴシアン「ドミニク・ラフォン」を立ち上げ、ドミニク氏が栽培・醸造を行う。
ムルソーには13.8ha所有。

ドメーヌ・コシュ・デュリ
Domaine Coche-Dury

貴族的な「コント・ラフォン」よりも入手困難な芸術的なドメーヌ。1974年に3代目を継いだジャン・フランソワ・コシュ氏の熱心な畑仕事とワイン造りへの情熱により、世界的な名声を得た。「シャルドネの神様」と崇められている。
1級畑は「ペリエール」のみ(0.52ha)、AOCムルソーの区画を15カ所所有し、畑ごとに極上のワインを造っている。「コルトン・シャルルマーニュ」はワイン愛好家の垂涎の的。2010年より息子のラファエル氏が4代目当主に。約10.5ha所有。

ドメーヌ・アルベール・グリヴォー
Domaine Albert Grivault

1879年創業の老舗。現在は、3代目のミシェル・バルデ氏が運営している。ムルソーの1級畑で最上とされる「クロ・デ・ペリエール」(約1ha)を単独所有。クロ内の表土は厚く粘土が多く含まれるのでボリュームがある上、ミネラル感も強く非常にリッチな味わい。1級畑「ペリエール」も造っているが、こちらは石灰岩の上の表土が20cmと非常に薄いので、ミネラルと酸がタイトなタイプ。ワインは滑らかで、早い段階から美味しく飲めるように造られている。6ha所有。

ドメーヌ・フランソワ・ミクルスキ
Domaine François Mikulski

1992年が初ヴィンテージの新しいドメーヌ。当主フランソワ・ミクルスキ氏は、ムルソーの生産者ピエール・ボワイヨ氏の甥。84年から「ボワイヨ」で働き、その後カリフォルニアの「カレラ」でジョシュ・ジェンセン氏の下で修業。91年にピエール氏が引退した後、畑を継いで「フランソワ・ミクルスキ」を設立した。
独特のスタイリッシュなムルソーが人気。特に古木の多い区画「ジュヌヴリエール」「シャルム」は複雑で芳醇な味わい。約8.5ha所有。

ドメーヌ・ジャン・フィリップ・フィシェ
Domaine Jean-Philippe Fichet

ジャン・フランソワ・コシュ氏の甥であるジャン・フィリップ・フィシェ氏は、父の代までワインをネゴシアンに売っていたが、1981年に蔵を引き継ぎ栽培・醸造に力を注ぐ。自らの名を冠したドメーヌを設立し、2000年に新醸造所ができてから頭角を現す。ムルソー1級畑は所有していないが、「ル・テソン」「レ・シュヴァリエール」などの4区画(村名)はどれも秀逸。健康的に熟した果実味とミネラル感、何層にも広がる旨味が素晴らしい。約4.32ha所有。

その他のお勧め生産者

ドメーヌ・ピエール・モレ、モレ・ブラン
Domaine Pierre Morey, Morey-Blanc

ドメーヌ・ルーロ
Domaine Roulot

ドメーヌ・ロベール・アンポー・エ・フィス
Domaine Robert Ampeau et Fils

ドメーヌ・アルノー・アント
Domaine Arnaud Ente

ドメーヌ・ルイ・ジャド
Domaine Louis Jadot

ブシャール・ペール・エ・フィス
Bouchard Père et Fils

ムルソー村は広く、大きな家が多い

ブドウ栽培について 2

Lutte Raisonnée（リュット・レゾネ／減農薬農法）という、化学農薬や化学肥料の使用を必要最低限にするという農法が一般的だったのは過去の話。現在では、大きく分けると「有機農法」と「慣行農法」の2種類があります。つまり、量や頻度がどうであれ、化学農薬や化学肥料を使用するのかしないのか、が両者の違いです。また除草剤の使用は、現在は慣行農法でも禁じられています。

◆慣行農法

植物の成長に必要な基本ミネラル成分である窒素・リン・カリウムを化学的に配合した化学肥料を使用することで収量を上げ、また植物の組織に浸透する農薬や、植物の表面に堅固に付着する農薬を利用することで効率よく、確実に質量ともに安定を目指す農法です。ただでさえ忙しい農繁期、天候不順の時に余計なストレスを抱える必要がないことが最大の利点です。自然への配慮が不十分になりがちですが、慣行農法でも畑環境のダイバーシティを配慮した生産者には「HVE」（Haute Valeur Environnemental）の認証が2018年から与えられるようになり、新たな動きが見え始めています。

◆有機農法

化学肥料ではなく、有機肥料や堆肥を施します。農薬はオーガニック指定されている銅と硫黄をベースとしたもののみ使用可能で、使用量も制限されています。畑内に遺伝子組み換えの物を持ち込むことはできないので、緑肥で種を蒔く場合は注意が必要です。オーガニックワインと名乗る場合は、農法のみならず醸造にも規定があります。20年の時点で、有機農法の割合はブルゴーニュのブドウ畑全体の15%です。

◆ビオディナミ農法

有機農法を基本に、それに加えて天体の動きを考慮し、天と地のエネルギー、そして人間の叡智を調和させた生命力学農法です。独特の調剤を活用することで宇宙的なエネルギーを引き出します。代表的な調剤は「500番」と呼ばれる、雄牛の糞を雌牛の角に詰めて半年間地中で熟成させたものと、「501番」と呼ばれる珪石（けいせき）の粉で、畑に撒くと光に反応し、ブドウの成熟を助長します。両者を使うことで効果を発揮します。ほかにも乾燥させたスギナ、タンポポ、カモミール、西洋ヨモギを煎じ、その茶を葉面散布したり、充実した堆肥にするために混ぜて使ったりもします。現在、ブルゴーニュのブドウ畑の1.3%がビオディナミの認証を受けています。

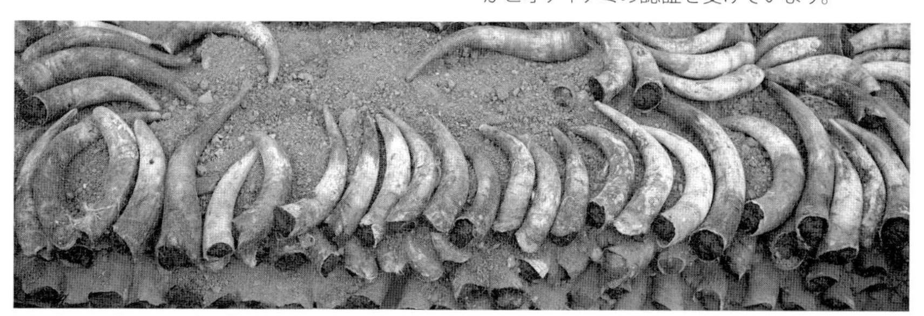

ビオディナミで使用する調合剤「500番」。雌牛の角の中に若い雄牛の糞を入れ、土の中に埋め、6カ月後に取り出したもので作る

ムルソーでもないピュリニでもない独特の持ち味

ブラニ
BLAGNY

AOCブラニはムルソー村とピュリニ・モンラッシェ村の境目、斜面の上方にあるエリアで、行政区はムルソーです。AOCブラニはすべて赤ワインなので、ここで白ワインを造ると畑の位置次第でムルソーになったりピュリニ・モンラッシェになったりと、一筋縄ではいかない複雑な栽培地区です。

ブドウ畑は標高約300〜400mに広がり、高低差のある斜面上部の石灰岩の崩積物からなる礫に覆われた表土の下は、ジュラ紀後期オックスフォーディアンの泥灰岩です。ピュリニ・モンラッシェ側の赤色をした厚い表土は、赤ワインに向きます。ムルソー村側に位置する1級畑は、ムルソー「レ・ペリエール・ドゥスュ」の斜面上部、採石場跡の西側に4面あります。赤ワインを造ると「ブラニ1級」、白ワインを造ると「ムルソー・ブラニ1級」とAOC名が変わります。石灰岩の欠片が多い土壌なので「ドメーヌ・デ・コント・ラフォン」をはじめ多くの生産者がピノ・ノワールを抜いてシャルドネに植え替え、白ワインを造っています。

ブラニの特徴は、若い時は地味でいかついけれど、熟成が進みタンニンが溶け込むと丸みが出て温かみのあるやさしい赤ワインになります。またムルソー・ブラニは酸味が強く輪郭がはっきりとしていますが、ズングリとした厚みも感じる白ワインです。

ブラニ1級畑は7面。ムルソー側に4面、ピュリニ・モンラッシェ側に3面です。AOCムルソー・ブラニで赤ワインを造ると、ブラニ・プルミエ・クリュになります。またピュリニ・モンラッシェ側のAOCブラニ・プルミエ・クリュで白ワインを造ると、ピュリニ・モンラッシェ・プルミエ・クリュの呼称となります。

ブラニはムルソーとピュリニ・モンラッシェの間にある小さな集落であり、行政区はムルソーに属するので、村を象徴する「ブラゾン」(紋章)はない。代わりに、ブラニの村名ワインのエチケット写真をご紹介する。

標高400mのブラニからは直線距離で200km先のアルプス山脈まで広がるソーヌ平原が見渡せる。アルプスの隆起運動の際にできた溝に土砂が堆積した部分と川の働きで生まれた豊かな大地は、フランスを代表する穀物地帯だ。

● *Rouge*

特級畑 0 *Grand Cru*

1級畑 7 *Premier Cru*

お勧め1級畑

ラ・ピエス・スル・ボワ
La Pièce sous le Bois

11.15ha。ブラニ村で最も骨格があり長寿な赤ワインを生む。「森の下の区画」という意味があり、まさに森の真下に広がる斜面に位置し、その下は「スル・ド・ダーヌ」の畑。たくましいミネラルと酸味に支えられた力強さがあり、熟成すると滋味深い味わいになる。「マトロ」は、この畑で赤のほかに白も造っている。

スル・ド・ダーヌ
Sous le Dos d'Ane

5.03ha。オックスフォーディアンの白い泥灰岩からなる、小さな谷間にある畑。「ロバの背中の下」という意味。非常にミネラルが豊かでフローラルなニュアンスがあり、ピュリニ・モンラッシェに似た味わい。「ルフレーヴ」はピノ・ノワールを引き抜いてシャルドネを植樹し、2000年から白ワインを造っている。

代表的な生産者 *Domaine*

ドメーヌ・ティエリ・エ・パスカル・マトロ
Domaine Thierry et Pascale Matrot

3代目ティエリ・マトロ氏の努力により、ブラニを代表する生産者となる。2016年以降は、2人の娘がブラニの伝統的なワイン造りを受け継いでいる。

ドメーヌ・コンテス・ド・シェリゼ
Domaine Comtesse de Chérisey

1996年、ロワール地方のトゥーレーヌからブラニへ移り住み、ドメーヌを立ち上げたローラン・マルトレ氏と妻のエレーヌ・ド・シェリゼさん。「ラ・ジェネロット」は96年にブドウ樹を植樹したモノポール。環境保全に配慮したブドウ栽培を行う。生産者の少ないブラニにおける期待のドメーヌだ。

ブラニの畑のすぐ上には森が広がっている

民家はごくわずか

きらびやかなミネラルと真っすぐ伸びる酸が光輝く

ピュリニ・モンラッシェ

PULIGNY-MONTRACHET

ピュリニ・モンラッシェ村は、白ワインの最高峰「モンラッシェ」を筆頭に「シュヴァリエ・モンラッシェ」「バタール・モンラッシェ」などの特級畑が有名ですが、17面ある1級畑や村名畑の品質レベルも高く、世界一高貴なシャルドネの白ワインが生まれる村です。透明感があり、光り輝く風や水を連想させ、またフローラルで華やかな香りや上品な果実味は、ワイン愛好家の心を捉えて離しません。

コート（斜面）の標高230〜325mほどに広がるブドウ畑の地層は、隣のムルソー村やシャサーニュ・モンラッシェ村に比べると石灰質の比率が高く、基本的にはジュラ紀後期のオックスフォーディアン（約1億6000万〜1億5500万年前）に積もった白っぽい泥灰岩ですが、特級畑の畑はジュラ紀中期のバトニアン期の貝の化石を含む泥灰岩とウーライト石灰岩が母岩になっています。またモンラッシェからバタール・モンラッシェの表土には、石灰岩が崩れ落ちた土砂が厚く積もっていることが、絢爛豪華な白ワインが生まれる理由です。その土砂はバタールの下側に位置する村名畑にはほとんどありません。

村名の「ピュリニ」は「プリニアグス」（水上の家）から付けられた名前。地下水位が高いために地下のセラーを掘れないので、ピュリニ・モンラッシェ村のドメーヌの醸造所と樽熟成庫は1階にあります。スペースが広くないため樽熟成を1年間ほどで終え、その後はステンレスタンクに移して数カ月間貯蔵するという生産者も多いです。

ピュリニ・モンラッシェ村は高級白ワイン産地ですが、赤ワインもわずかに生産されています。19世紀ごろは軽やかな赤ワインを造るために、1級畑の「レ・ピュセル」「レ・カイユレ」「クラヴォワヨン」などにピノ・ノワールが植えられていました。現在では、斜面の上部ムルソー村との境目にブラニという非常に小さな村名AOCがあり、ここで造られる赤ワインは「ブラニ」、白ワインの場合はピュリニ・モンラッシェの名前がラベルに表記されます。

19世紀まで存在したミポン城のエンブレムにブドウと王冠を付け加えたもの。

Côte de Beaune

トラクターが登場する前の時代、畑作業の道具を保管し、雨や雹が突然降り出した時に雨宿りをする、畑の中にある石造りの小屋をカボットという。最も有名なカボットは「シュヴァリエ・モンラッシェ」畑にある「ブシャール・ペール・エ・フィス」のもの。

● *Rouge* ○ *Blanc*

モンラッシェ
Montrachet

7.998ha、16軒の所有者。標高260～280m。複雑な果実味とミネラル、酸の凝縮度が非常に高いため、10年ほど瓶熟成しないと本来の香りや味わいが開かない。『三銃士』の著者アレキサンドル・デュマ（1802~70年）が「帽子を手にし、ひざまずいて飲むべし」と表現。1252年、ピエール・ド・ピュリニと妻のアルノレがメジエール修道院に寄進した畑、と文献に記述が残るほど長い歴史がある。
斜面の上の表土は薄く石灰質が強いため、木が育たず森がないことから「Mont Rachet（禿げ山）」と名付けられた。約8haの畑のリュー・ディは二つ。「モンラッシェ」はピュリニ・モンラッシェ側の4.0107haで東南向きの斜面。「ル・モンラッシェ」はシャサーニュ・モンラッシェ側の3.9873haで南向きの斜面。シャサーニュ側に区画を所有する「DRC」「コント・ラフォン」「ルフレーヴ」はより熟した果実味の力強さやグラな要素が強くなる。ピュリニ側の「マルキ・ド・ラギッシュ」は約2haと最大の所有者で、栽培・醸造は昔から「ジョセフ・ドルーアン」が行っている。ほかと比較するとマルキ・ド・ラギッシュは最もピュアでエレガントなタイプ。

ピュリニ・モンラッシェ村側にある
「ブシャール・ペール・エ・フィス」の「モンラッシェ」の区画

シュヴァリエ・モンラッシェ
Chevalier-Montrachet

7.59ha、17軒の所有者。標高280～325m、傾度15度と急勾配のゴツゴツした畑。シュヴァリエは「騎士」という意味。モンラッシェよりも上部（西）にあり標高が高い畑なので、石灰岩が露出するほど表土は薄い。気温が低いため、シャープな酸味と硬質なミネラル感と果実味がギュッと詰まっており力強いが、非常にフィネスが豊かだ。「レ・ドモワゼル」のリュー・ディ名が併記される区画は「ルイ・ジャド」と「ルイ・ラトゥール」が所有。ルイ・ジャドは卓越している。

バタール・モンラッシェ
Bâtard-Montrachet

11.8663ha、40軒超の所有者。バタールは「私生児」という意味。「モンラッシェ」の真下（東）に位置し、ピュリニ・モンラッシェ村とシャサーニュ・モンラッシェ村にまたがっている畑。表土が厚く石灰岩質の粘土が多いため、モンラッシェよりもボリュームとパワーがあり、モンラッシェ・ファミリーの中で最も重厚。ピュリニ側は6.01ha、シャサーニュ側は5.81ha。「ルフレーヴ」「エティエンヌ・ソゼ」は気品と迫力がある。

ビアンヴニュ・バタール・モンラッシェ
Bienvenues-Bâtard-Montrachet

3.686ha、11軒の所有者。「ようこそバタール・モンラッシェへ」という意味。また、19世紀にメタイヤージュで働いていた人たちは、外部から来たことから「レ・ビアンヴニュ」と呼ばれていた。バタール・モンラッシェの畑の北東部分の角に位置する畑で、その北側には「レ・ピュセル」がある。レ・ピュセルほどではないが、バタールに比べると繊細な味わい。「ルフレーヴ」「ラモネ」「フェヴレ」が素晴らしい。

モンラッシェの雑学

白ワインの最高峰とされるモンラッシェ・ファミリーには、昔から伝わる逸話がある。「モンラッシェ」と呼ばれるこの地域の領主には1人息子の「シュヴァリエ」がいたが、十字軍の遠征に出かけたきり消息を絶っていた。ある日モンラッシェは、「レ・カイユレ」畑と「レ・ピュセル」畑の間の小道を歩いていると、絶世の美女と出会い恋に落ち、男の赤ちゃんが生まれた。私生児（バタール）という理由でいじめられて泣いて（クリオ）ばかりいたため「クリオ」と呼ばれるように。しかしクリオは優秀な大人に成長し、シュヴァリエが戻らぬ人となった後、モンラッシェは彼を跡取り息子として迎え入れた。周りの人たちも「ようこそ」（ビアンヴニュ）と言って喜んでクリオを歓迎した。

モンラッシェ
ベスト5

Montrachet Best 5

1. ドメーネ・ド・ラ・ロマネ・コンティ（ヴォーヌ・ロマネ）
   絢爛豪華な果実味と、きらびやかな酸とミネラルのパワーが圧巻。
2. ドメーヌ・デ・コント・ラフォン（ムルソー）
   華麗な果実味に上品な酸とミネラルが溶け込みゴージャス。
3. ドメーヌ・ラモネ（シャサーニュ・モンラッシェ）
   緻密な果実味と強靭な酸とミネラルの骨格、加えてフィネスも豊か。
4. ドメーヌ・ルフレーヴ（ピュリニ・モンラッシェ）
   華やかさとフィネスに溢れ、ピュアな果実味にリニア（直線的）な酸とミネラル。
5. エティエンヌ・ソゼ（ピュリニ・モンラッシェ）
   豪奢な果実味とミネラル・酸とフィネスのバランスが見事なフルボディ。

1級畑 17　*Premier Cru*

お勧め1級畑

レ・ピュセル
Les Pucelles

6.76ha。「バタール・モンラッシェ」と「ビアンヴニュ・バタール・モンラッシェ」の北側に位置する。ピュセルは「乙女」という意味。ピュアでフローラル、酸は透明感がありミネラルがキラキラとしている印象で、繊細さが魅力。「ルフレーヴ」がベスト。

ル・カイユレ／レ・ドモワゼル
Le Cailleret, Les Demoiselles

3.93ha。「モンラッシェ」の北側に位置し土壌も似ているが、表土に小石（カイユ）が多く転がっているのでカイユレと名付けられた。最上の1級畑といわれている。またモンラッシェ側の15畝は「レ・ドモワゼル（お嬢さま）」という名前の区画。ドモワゼルの名前は、1820年に畑の所有者であったヴァロワ将軍に2人の娘がいたことから付けられた。「ギィ・アミヨ」がパワフルなドモワゼルを造っている。

クラヴォワヨン
Clavoillon

5.59ha。「レ・ピュセル」の北側に隣接する畑だが、ピュセルとは違い表土が厚く、粘土が多く含まれている。果実味の肉付きが豊かで力強いタイプ。「ルフレーヴ」が畑の大部分を所有。ほかには「アラン・シャヴィ」の区画からやや軽めのワインが生産されている。

シャン・カネ
Champ Canet

5.59ha。ムルソー村との境目に位置し、北隣は「ムルソー・ペリエール」と立地は最高。また、シャン・カネの真下（東）の畑「レ・コンベット」は、別名プティ・モンラッシェと呼ばれるほど堂々とした風格があるタイプ。エレガンスと力強さのバランスが優れている。

ピュリニ・モンラッシェ村（右側）、シャサーニュ・モンラッシェ村（左側）にまたがるモンラッシェの畑

ドメーヌ・ルフレーヴ
Domaine Leflaive

ピュリニ・モンラッシェ村の特級畑、1級畑の最大の所有者。約25ha所有するうちの70%は特級畑と1級畑が占めている。華やかで上質、しかもテロワールを表現するワインを造る。1717年にクロード・ルフレーヴがピュリニで創業、1980年代は偉大なヴァンサン氏によって名声が確立された。その後を94年に継いだ娘のアンヌ・クロードさんはビオディナミ農法を実践し、洗練したワイン造りに成功。2015年にアンヌさんが亡くなった後は、甥のブリス・ド・ラ・モランディエール氏が運営している。醸造責任者はピエール・モレ氏が長年務めたが、08年からエリック・レミ氏、17年からピエール・ヴァンサン氏（元「ドメーヌ・ド・ラ・ヴジュレ」）が務めている。
1990年ごろから一部の畑でビオディナミの実験を始め、現在はすべての畑で実践。特級畑は「モンラッシェ」（0.08ha。1樽と少し＝360本ほどの生産量）、「シュヴァリエ・モンラッシェ」（1.72ha）、「バタール・モンラッシェ」（1.8ha）、「ビアンヴニュ・バタール・モンラッシェ」（1.16ha）。1級畑は「レ・ピュセル」（2.75ha）、「クラヴォワヨン」（4.8ha）、「レ・コンベット」（0.7ha）、「レ・フォラティエール」（1.26ha）など。
「ブラニ・ス・ル・ド・ダーヌ」のピノ・ノワールを引き抜きシャルドネを植樹し、新たに白ワインの『ムルソー・ス・ル・ド・ダーヌ』を2000年にリリースした。
また、マコネ地区のプイィ・フュイッセ村に近いヴェルゼ村に約9.3haの畑を買い、「マコン・ヴェルゼ」を04年から生産。
18年より「エスプリ・ルフレーヴ」のブランドで、シャブリからプイィ・フュイッセまでの農家と提携し、ネゴシアンとしてワイン造りを始めた。さらにオート・コート・ド・ボーヌ地区の区画も取得し、ルフレーヴ帝国を盤石にしている。

オリヴィエ・ルフレーヴ
Olivier Leflaive

1982～94年、オリヴィエ・ルフレーヴ氏はいとこの故アンヌ・クロードさんと「ドメーヌ・ルフレーヴ」を運営しながら、84年にネゴシアン「オリヴィエ・ルフレーヴ」を設立。2010年に、シュヴァリエとバタールの畑をドメーヌ・ルフレーヴから相続し、今や約17haの自社畑を所有。ネゴシアンといっても栽培から収穫までチームで行っている。「ドメーヌ・ルーロ」出身のフランク・グリュ氏が栽培・醸造長。ワインはドメーヌ・ルフレーヴほどの華やかさやフィネスはないが上質。

エティエンヌ・ソゼ
Etienne Sauzet

「ドメーヌ・ルフレーヴ」とピュリニ・モンラッシェ村の双璧を成す生産者であり、力強い果実味とストラクチャーのしっかりとした豪華なワインを造る。所有畑は約15ha。
エティエンヌ・ソゼ氏は1900年代初頭にドメーヌを始め、74年から孫娘ジャニーヌさんの夫ジェラール・ブド氏がドメーヌに参画し、頭角を現した。現在、ジェラール氏の娘エミリさんとその夫ブノワ・リフォー氏が運営している。ジャニーヌさんの弟ジャン・マルク・ボワイヨ氏が85年に独立したことによって畑の1/3を失った。相続により減った畑の分は契約農家からブドウを買い帳尻を合わせている。91年ヴィンテージからは「ドメーヌ」を名乗らずに「エティエンヌ・ソゼ」とラベルに表示。
91年から新たに加わったグラン·クリュは「モンラッシェ」、その後「シュヴァリエ・モンラッシェ」「バタール・モンラッシェ」「ビアンヴニュ・バタール・モンラッシェ」も加わる。1級畑も一流ぞろいで、「ラ・トリュフィエール」（白っぽい石灰質土壌の畑。オークの樹があり、トリュフが見付かったという伝説がある）、「レ・コンベット」（コンブは渓谷の意味で、コンベットは小さな渓谷）、「シャン・カネ」「レ・ルフェール」「シャン・ガン」などがある。

ドメーヌ・ポール・ペルノ・エ・セ・フィス
Domaine Paul Pernot et Ses Fils

1850年に創業、ポール・ペルノ氏とその息子たちが運営。以前は「ジョセフ・ドルーアン」に80%近くのブドウを販売していたので知らない人が多いが、現在はほとんどのワインをドメーヌのラベルで販売している。ピュリニらしい華やかさとフィネスに加えて芳醇さが特徴。特級畑の「バタール・モンラッシェ」「ビアンヴニュ・バタール・モンラッシェ」は秀逸。約20ha所有。

のどかな田園風景
豊かな農村のドメーヌ

シャサーニュ・モンラッシェ

CHASSAGNE-MONTRACHET

ピュリニ・モンラッシェ村にまたがる特級畑「モンラッシェ」「バタール・モンラッシェ」、極小の「クリオ・バタール・モンラッシェ」の南側を、サントーバン村の谷間へと突き抜ける国道6号線が縦断しています。その6号線より南側に行くと、一気に広々としたのどかな田園風景が広がります。グラン・モンターニュという大きな丘陵の森のふもとには、南西隣のサントネ村まで太く長い帯のように1級畑が55面も連なり、その斜面下部に村名畑がどっかりと鎮座するという、大らかな風景です。

ブドウ畑はグラン・モンターニュから平地にかけて標高220〜325mに位置し、畑の母岩は下から順にジュラ紀中期バトニアン期とカロヴィアン期の石灰岩、ジュラ紀後期のオックスフォーディアンの泥灰岩が層を形成し、斜面上部の石切り場がある辺りの表土は薄く、石灰質土壌から硬質なテクスチャーのワインが生まれます。またサントネ村近くでは強い粘土質からたくましい赤ワインや重厚な白ワインが生まれ、表土の厚い斜面下部の村名ワインはフルーティーです。

1級畑は白の比率が高く80%を占めますが、村名白では全体量の70%です。シャサーニュ・モンラッシェは19世紀末までピノ・ノワールとガメを多く栽培していた赤ワインの村でしたが、フィロキセラの被害で植え替えをする際にシャルドネを増やしていきました。ミネラルが効いたシャサーニュの高級白ワインは人気があり、高価ですが、赤ワインに関してはリーズナブルな価格です。

シャサーニュの名前はラテン語の「カーサ」(casa、家)に由来。フランス革命前は三つの修道院モルジョ、サン・ジャン・レ・グラン、メジエールが畑を所有していた名残として、1級畑にこれらの修道院の名前が付けられています。

フレッシュな酸としっかりとしたミネラル感を備えた白ワインが生産されるのは、北側のサントーバン村の谷間に面しているグラン・モンターニュの南南東向きの斜面に位置する1級畑です。サントーバン村に近い「レ・ショーメ」「レ・シュヌヴォット」は繊細でエレガント。その南側にある大理石の石切り場の下にある標高の高い「クロ・サン・ジャン」は凝縮した硬質のミネラル感があり、中央部の「カイユレ」は上品です。また南側の、サントネ村に近い粘土質土壌の「ラ・ブードリオット」「モルジョ」で造られる白と赤は村で一番力強くリッチな味わいです。

農村的なシャサーニュ・モンラッシェ村では、村人同士の結婚がほかの村に比べると多く、嫁入りした妻の名字をハイフンで結んだドメーヌ名をよく目にします。例えば「Colin-Morey」「Blain-Gagnard」「Michel Morey-Coffinet」などです。

18世紀にシャサーニュの領主であったクレルモン-モントワゾン家の紋を権力の象徴である獅子が守る。中央のオレンジ色の三日月は15世紀末にブルゴーニュ公国を統治したオランジュの王子であるドゥ・シャロン家の紋。

シャサーニュ・モンラッシェ村の大理石はコルトンエリアと比較すると赤みが薄く、サーモンピンク色。パリのトロカデロ広場やルーブル美術館の床材として利用され、ワインと同様に世界中に輸出されている。

● *Rouge* ○ *Blanc*

特級畑 3 *Grand Cru*

モンラッシェ
Montrachet

P107参照

バタール・モンラッシェ
Bâtard-Montrachet

P107参照

クリオ・バタール・モンラッシェ
Criots-Bâtard-Montrachet

1.57ha、8軒の所有者。「バタール・モンラッシェ」の南に位置する。バタール・モンラッシェと違い粘土は少なめで小石が多いため、バタールほどの重厚さはない。コート・ド・ボーヌ地区で最も小さい特級畑。造り手それぞれの所有面積が少ないので、バタール・モンラッシェと一緒に醸造されることもあるという。「ドメーヌ・ドーヴネ」が最上。

1級畑 55 *Premier Cru*

お勧め1級畑

カイユレ
Cailleret

10.68ha。シャサーニュ・モンラッシェ村の中央の斜面中腹に位置する。小区画の「アン・カイユレ」「シャサーニュ」「レ・コンバール」「ヴィーニュ・デリエール」がある。小石が多く転がる土壌からは、ミネラル感溢れる上質な白ワインが生まれる。「ラモネ」「ギィ・アミオ」が素晴らしい。

モルジョ
Morgeot

58.16ha。19の小区画を擁する広大なクリマ。シャサーニュ・モンラッシェ村の南側、サントネ村との境界から近く、粘土や鉄分を含む重い土壌から造られる白ワインは重厚でパワフル。赤ワインも力強い長期熟成型。「フルーロ・ラローズ」は、小区画の「ラ・ロクモール」「アベイ・ド・モルジョ」から非常に洗練された味わいの赤と白を造っている。

代表的な生産者 *Domaine*

ドメーヌ・ラモネ
Domaine Ramonet

世界最高の白ワインを造るドメーヌの一つで、特級畑「モンラッシェ」「バタール・モンラッシェ」「ビアンヴニュ・バタール・モンラッシェ」は感動もの。1920年代にピエール・ラモネによって設立され、現在は3代目ノエル氏とジャン・クロード氏の兄弟が受け継いでいる。妥協のない畑仕事や、古木と低収量にこだわって造る一流品であり、赤の「クロ・ド・ラ・ブードリオット」もフィネス豊かな逸品。17ha所有。

ドメーヌ・トマ・モレ
Domaine Thomas Morey

ベルナール・モレ氏の次男トマ氏が、1994年にドメーヌに参画。その後カリフォルニアの「ソノマ・クトラー」でも修業を積む。父の畑を兄のヴァンサン氏と分割相続し、2007年「ドメーヌ・トマ・モレ」を設立。07~09年、ドメーヌと並行して「DRC」の栽培責任者（「モンラッシェ」担当）としても働き、自社畑でもビオディナミ農法を実践。ピュアでフレッシュなブドウから生命力溢れる白ワインを造っている。ヴァンサン氏は豊満なタイプのワインを造る。

ピエール・イヴ・コラン・モレ
Pierre-Yves Colin-Morey

マルク・コラン氏の長男ピエール・イヴ氏が、「ドメーヌ・マルク・コラン」で1994~2005年に働いている間の01年、カロリーヌ・モレさん（ピュリニ・モンラッシェ「ジャン・マルク・モレ」の娘）と「コラン・モレ」の名前でネゴシアンをスタート。父の畑を相続後、05年に夫妻でドメーヌを設立。当初は新樽風味が強く酸化熟成による芳醇なタイプであったが、最近はワインを還元状態で醸造するため、以前よりはミネラル感の強い引き締まった味わいに。

ドメーヌ・ギィ・アミオ・エ・フィス
Domaine Guy Amiot et Fils

4代目のティエリ・アミオ氏が運営。遅摘みによるリッチな味わいが特徴だが、近年はやや繊細なスタイルに。上品ながらもパワフルな「モンラッシェ」を造っている。ピュリニ・モンラッシェ村の1級畑「レ・ドモワゼル」、シャサーニュ・モンラッシェ村の白・赤ともに果実味の肉付きや骨格がしっかりとしている。約12ha所有。

ドメーヌ・ハイツ・ロシャルデ
Domaine Heitz-Lochardet

2012年にアルマン・ハイツ氏がシャサーニュ・モンラッシェ村に設立。所有畑は1857年にハイツ氏の曾祖父が購入した土地で、ハイツ氏の両親が1983年にブドウ栽培を始め、「ジョセフ・ドルーアン」に販売していた。ハイツ氏はビオディナミ農法を実践しながら、畑を少しずつ増やしている。ワインはシャサーニュ・モンラッシェらしいクリーミーな酸とミネラル感があり上質。「アルマン・ハイツ」のラベルでネゴシアンとしてもリリースしている。

パスカル・クレマン
Pascal Clément

2011年にサヴィニ・レ・ボーヌ村に設立された注目のネゴシアン。当主のパスカル・クレマン氏はポマール村の栽培農家出身。ムルソー村の「ドメーヌ・コシュ・デュリ」のジャン・フランソワ・コシュ氏の下で4年間ワイン造りを学び、その後「メゾン・シャンソン」「ベルヴィル」の栽培・醸造長を務めた後に独立した。最高品質のブドウだけを購入し、上質なムルソー、シャサーニュ・モンラッシェ、ピュリニ・モンラッシェの村名、1級畑、特級畑の白ワインを造る。

畑作業で使う道具などを保管する「カボット」

「モンラッシェ」から「バタール・モンラッシェ」を見下ろす

Des Vignerons Japonais en Côte d'Or | *Column*

コート・ドールで奮闘する日本のヴィニュロンたち

近年、ブルゴーニュ以外の土地から来て移住し、ワイン造りを行うヴィニュロンが増えています。日本人がワインを造るにはまだ狭き門のコート・ドールですが、現在、日本人が設立し活躍しているドメーヌ兼ミクロ・ネゴシアン4軒をご紹介します。

パイオニアは天地人ラベルでおなじみの「ルー・デュモン」の仲田晃司氏。1998年にブルゴーニュ大学で学び（ビーズ千砂さんと同級生）、99年にルー・デュモンを設立。買いブドウと果汁からワイン造りを行っています。2008年にジュヴレ・シャンベルタン村に畑を2ha購入し、醸造所を併設。ドメーヌものは「仲田晃司」ラベルで販売。仲田氏の親しみやすい人柄を思わせるワインです。

17年にショレ・レ・ボーヌ村に「ドメーヌ・プティ・ロワ」を設立した斎藤政一氏。長野県「小布施ワイナリー」で研修後、サヴィニ・レ・ボーヌ村の「ドメーヌ・シモン・ビーズ」で4年間研修し、「ドメーヌ・ルフレーヴ」「アルマン・ルソー」などで研鑽を積みました。自社畑ではビオディナミを実践し、買いブドウでもワインを醸造。畑仕事に熱心な、気骨のあるヴィニュロンです。

10年、栗山朋子さんとギョーム・ボット氏がミクロ・ネゴシアン「シャントレーヴ」を設立。12年にサヴィニ・レ・ボーヌ村に醸造所を移し、18年には0.17haの畑を入手。栗山さんはドイツの醸造学校で学び、ラインガウのワイナリーで醸造を経験。ボット氏は「エティエンヌ・ソゼ」と「ドメーヌ・シモン・ビーズ」で白ワインの醸造責任者を務めました。ミネラルと透明感のあるワインを造ります。

15年、日本酒の蔵元「萬乗醸造」がモレ・サン・ドニ村に「ドメーヌ・クヘイジ」を設立。2.5haの畑を購入し、ドメーヌものとネゴシアンものを手掛けています。日本酒を15年間造ってきた伊藤啓孝氏が栽培・醸造責任者で、「ワイン造りは楽しい」と真剣に取り組んでいます。

ブドウ栽培について 3

20世紀の近代農法は機械化を進め、化学肥料、農薬、除草剤を使用して効率化をどんどん進めていきました。その結果、土は踏み固められ、化学物質の多用で本来有機物を分解する役割を担っていた土壌微生物が減少、そのために植物が必要とするミネラルが欠乏し、病気に対する耐性が急速に低下するという悪循環を起こしていました。また畑の周りの環境もブドウ畑一色となり、鳥や虫たちのすみかをどんどん奪っていきました。

ただ、歴史を振り返るとそれも当然の流れでした。*フィロキセラ禍がヨーロッパ全土に広がった19世紀末、耐性のあるアメリカ産の台木で接ぎ木をする方法を確立するまで畑は荒廃し、全体的に植え替えをする必要がありました。時代は第1次世界大戦のさなか。男たちは戦争に駆り出されたため人手不足に。第2次世界大戦が終わるまで農業を支えたのは、女性やお年寄りでした。戦後に普及したのが化学薬剤です。草刈りの手間が省け、農家はどんなに喜んだことでしょう。また1970年代まで寒冷化傾向にあったため、ミネラル成分が化学的に配合された肥料を植物の成長期に用いることで収量が増えました。まるで魔法のごとしです。

21世紀に入り、このままではいけないと多くの生産者が考え始めました。異常気象、温暖化が現実問題として、生産者だけでなく消費者や行政機関をも悩ませています。慣れ親しんだ方法を変えることは容易なことではありませんが、それぞれが自分のできる範囲で栽培方法を見直し始めています。変えるのではなく、原点回帰。トラクターのような重い機材ではなく、馬で耕す。畑仕事を困難にさせる下草ですが、じゃま者扱いするのではなく、1年中適度に残すことで夏は強い日差しから守り、冬は寒さで焼けるのを防ぐ。病気にならないようにと農薬を散布して保護するのではなく、植物本来の免疫力をアップさせるような植物由来の煎じ茶を散布する。ブドウという植物の性質を無視した仕立てをするのではなく、寄り添っていく。個々がそれぞれのやり方で、小幅ですが着実に未来に向かって進んでいます。

まだまだやることはたくさんあります。

＊ ブドウ根アブラムシ。植物の根や葉から樹液を吸い、枯らす害虫。アメリカから流入した

ビオディナミ農法を実践している畑では、土を固めないように馬で耕作している

スタイリッシュなミネラル感が弾ける白ワイン

サントーバン

SAINT-AUBIN

シャサーニュ・モンラッシェ村を貫く国道6号線を北西方向に進むと、左右の斜面とその奥にブドウ畑が広がるサントーバン村に到着します。コート・ド・ボーヌ地区の奥地という趣ですが、標高300〜400mの冷涼な畑でブドウはゆっくりと成熟し、白色泥灰質土壌から、硬質なミネラルと生き生きとした酸が豊かに備わるシャルドネが収穫されています。白ブドウ栽培比率が全体の約80%、上質な白ワインの産地というイメージが強いサントーバンですが、1970年代末までは黒ブドウが半数以上を占めていました。この村に位置する「ガメ」という名前のエリアは「ガメ発祥の地」の証とされています。現在では赤ワインはピノ・ノワールから造られる軽快なタイプのみです。

ブドウ畑は国道6号線に沿うように3エリアに広がり、1級畑が30面と全体の70%近くも占めていることは少々驚きです。第1のエリアはピュリニ・モンラッシェ村およびシャサーニュ・モンラッシェ村と地続きの丘陵で、特級畑「モンラッシェ」のちょうど裏手に位置しています。南西向き斜面にある1級畑「アン・ルミリ」は最上のワインを生み、その北東に隣接する「レ・ミュルジェ・デ・ダン・ド・シアン」も銘醸畑といわれています。

第2のエリアは、国道6号線を挟んでアン・ルミリの反対側の東向き斜面で、1級畑「ル・シャルモワ」「ピタンジュレ」があります。

そして第3のエリアは、集落の上の南東向きの斜面で、1級畑が帯のように広がっています。そのエリアの中でも近年「ドメーヌ・ユベール・ラミー」が異次元の高密植栽培で造る『デリエール・シェ・エドゥアール』は入手困難になるほど大人気です。

村の名前であり、村の守護聖人であるサントーバンとサントーバン教会(重要文化財)がブラゾンに描かれる。サントーバンは5〜6世紀にアンジェで司教を務めた。

サントーバンからノレ方面へ数km車を走らせると、崖の上に中世の城「ロシュポ城」が見えてくる。ブルゴーニュ大公の財務大臣を務めたポ家の館があった所。4月から10月末まで見学可。

● *Rouge* ○ *Blanc*

特級畑 0 *Grand Cru*

1級畑 30 *Premier Cru*

お勧め1級畑

アン・ルミリ
En Remilly

29.72ha。南西向きの急斜面にあり、「モンラッシェ」からつながっている。石灰岩が所々露出するほど表土が薄い畑で、時間をかけて成熟するブドウは凛とした清らかなミネラルと酸味が豊か。ピュリニ・モンラッシェに近い味といわれている。近年は暑い年が多くなったので、芳醇さも加わっている。

デリエール・シェ・エドゥアール
Derrière Chez Edouard

3.96ha。「エドゥアール家の裏」という意味の畑。エドゥアールが誰であるのかは誰も知らない。南東向きの斜面にある畑。「ユベール・ラミー」のオリヴィエ・ラミー氏が実験的に行う高密植栽培では1ha当たり3万本を植樹。1本のブドウ樹から2房だけ収穫するという、けた外れの凝縮度を追求するワイン造り。しかも1房は通常150gのところ、ここでは30g。結果的に見事なワインに仕上がっている。通常の栽培方法のブドウで造るワインもある。

代表的な生産者 *Domaine*

ドメーヌ・マルク・コラン・エ・フィス
Domaine Marc Colin et Fils

1970年に設立。サントーバン1級畑を9区画、また「モンラッシェ」にも区画を所有する、村のトップドメーヌ。現在、マルク・コラン氏の3人の子どもが運営している。長男のピエール・イヴ氏は独立して「ピエール・イヴ・コラン・モレ」の当主に。約12ha所有。

ドメーヌ・ユベール・ラミー
Domaine Hubert Lamy

1640年からブドウ栽培を行っていたラミー家。1973年「ドメーヌ・ユベール・ラミー」を設立。先代ユベール・ラミー氏の息子で当主のオリヴィエ氏は「ブルゴーニュの未来10年を支える10人」(『ブルゴーニュ・オージューデュイ』誌)に選ばれ注目の的となる。「メオ・カミュゼ」で半年間修業した時にアンリ・ジャイエ氏からも学ぶ。95年に父のドメーヌに加わり、オート・デンシテ(高密植栽培)を行う。クリーミーなシャルドネではなく、石灰質土壌のテロワールを表した上品なワインを目指す。約18.5ha所有。

ひなびた風情のサントバーンの村落

急峻なブドウ畑

ウミユリ石灰岩も顔を出す豊かな農村

サントネ
SANTENAY

サントネ村の見どころの一つ、フィリップ・ル・アルディ（豪勇公）が14世紀に建てた城シャトー・ド・サントネは、現在は修復され博物館になっています。その庭に、アンリ5世が1599年に植えた、フランスで一番古い木といわれるプラタナスがあり、これも必見です。フィリップ豪勇公は、1395年に「ガメを引き抜き、高貴なピノ・ノワールを植えるように」と勅令を発したことでも有名な、初代ブルゴーニュ公です。

ワイン生産者としての「シャトー・ド・サントネ」は、今では「クレディ・アグリコール・グループ」の傘下となり、97haの所有畑からサントネを筆頭に「クロ・ド・ヴジョ」まで生産する大ドメーヌ。2021年7月に「フィリップ・ル・アルディ」というインパクトの強い生産者名に改名されました。

また、サントネ村は温泉付きスパ（ローマ時代は湯治場だった）があり、この辺りでは珍しくカジノが許可され、多くの人が集まるため村の財政はとても豊かです。

サントネ村は、コート・ド・ボーヌ地区の丘陵の最南端にある村です。ブドウ畑の標高は220～480mと高低差が大きく、全体的に東向き斜面にあって3エリアに分かれ、1級畑は12面あります。母岩にはジュラ紀後期オックスフォーディアンの地層だけでなく、コート・ド・ニュイ地区の力強い赤ワインを生むジュラ紀中期バジョシアンのウミユリ石灰岩や、ジュラ紀前期の泥灰岩が見られるのですが、断層が多いために複雑な土壌構成をしています。全生産量の80％は赤ワインです。

シャサーニュ・モンラッシェ村の斜面からサントネ村に入ると、畑が南東向きから西向きへと大きく変わります。シャサーニュ・モンラッシェ村寄りにある「レ・グラヴィエール」（「砂利」の意味）では、オックスフォーディアンの泥灰岩の崩落物が積もった表土から最上のピノ・ノワールが生まれます。「ラ・コム」は小石が多い表土からミネラル感と骨格がしっかりとしたワインができます。

中央の急斜面にある「ラ・マラディエール」（病人を隔離する場所があったことから「病院」という意味）と「ボールペール」では、泥灰土と石灰岩が多い表土から、繊細でエレガントな果実味の赤や白が生まれます。

西側のマランジュ村と接する「クロ・ルソー」は、ジュラ紀前期の褐色石灰岩質土壌。このエリアのワインは、タンニンが効いた力強いタイプですが、エレガンスも少しあります。村名の赤と白は、洗練さには欠けるけれど肉付きの良い、親しみやすい味わいです。

サントネ村の奥に佇む小山に祭られている三つの十字架と、村に広がる畑のブドウ、そして村に湧く温泉を意味する水が描かれている。

ワイン農家に生まれ、自然農法のコンサルタントとして活躍するミュリエル・ドレジェ氏が提案する「ワイン畑の散歩とテイスティング」は、人気のワインツーリズム。サントネからピュリニ・モンラッシェを拠点としたプログラムが満載。

● *Rouge* ○ *Blanc*

特級畑 0　*Grand Cru*

1級畑 12　*Premier Cru*

お勧め1級畑

レ・グラヴィエール
Les Gravières

23.85ha。シャサーニュ側にあるサントネ村で最も有名で広大な1級畑。母岩の大部分が白色泥灰岩で、表土は砂利（グラヴィエ）が多い区画や粘土質の区画もある。赤も白も複雑性があり、ストラクチャーのしっかりとした長寿なワインができる。

クロ・ルソー
Clos Rousseau

23.83ha。「グラン・クロ・ルソー」「プティ・クロ・ルソー」「レ・フルノー」の区画を合わせて23ha超と広い。どれも「クロ・ルソー」の名前で売ることができる。がっしりとしているが武骨ではない。

代表的な生産者　*Domaine*

ドメーヌ・フルーロ・ラローズ
Domaine Fleurot-Larose

1872年、サントネ村で創業。現在は4代目のニコラ・フルーロ氏と妻の久美子さんが運営。フルーロ家の住居も兼ねる壮大な「シャトー・ド・パスタン」は、「DRC」のオベール・ド・ヴィレーヌ氏の祖先デュヴォー・ブロシェ氏が建てたもので、地上3階・地下2階のワイン貯蔵庫を有し、各階1000樽収容できる。1912年にニコラ氏の祖父が購入した。
サントネ1級畑「クロ・デュ・パス・タン」（モノポール）のほかには、モンラッシェやシャサーニュ・モンラッシェに多くの畑を所有。ワインは全体的に柔らかいテクスチャーで品が良い。

フィリップ・コラン Philippe Colin
ブリュノ・コラン Bruno Colin

「ドメーヌ・ミシェル・コラン・ドレジェ」（シャサーニュ・モンラッシェ）のミシェル・コラン氏の長男のフィリップ氏が、2003年に引退した父から畑を相続して独立。自社畑以外にも買いブドウによりネゴシアンものを生産する。所有畑はサントネ1級畑「レ・グラヴィエール」やシャサーニュ・モンラッシェ村、サントーバン村にある。ワインはミネラル感と酸の輪郭がくっきりとして繊細なスタイル。
次男のブリュノ氏も父から畑を相続して、03年にドメーヌを設立。シャサーニュ1級畑を8区画所有し、サントネ「レ・グラヴィエール」も生産する。ワインは豊かな果実味に骨格がしっかりしているスタイル。

裕福な家が多いサントネ村

サントネの商店街

コート・ドールの終点は風光明媚な山村

マランジュ

MARANGES

サントネの南、コート・ドール県から外れたソーヌ・エ・ロワール県に位置しているAOCマランジュは、1989年に認定された比較的新しいAOCです。三つの村ドゥジズ・レ・マランジュ村、サンピニ・レ・マランジュ村、シュイイ・レ・マランジュ村にまたがり、ここから南の方向を眺めると、コート・シャロネーズ地区の険しい山々が目にとまり、コート・ドール地区とは一味違う趣が感じられます。

また、マランジュは「ミュルジェ」(murgers)が変化してできた村名です。ミュルジェとは畑を開墾する時に出た岩石を積み上げた土手を意味し、この村にはたくさんのミュルジェを見ることができます。

サントネと同じ丘陵にあるブドウ畑は南東から南向き斜面の標高240〜400mに広がり、サントネと同様に高低差が大きいです。南側のコート・シャロネーズ地区に近い畑の母岩は、ジュラ紀前期の泥灰岩やトリアス紀（三畳紀）のドロマイトや頁岩(けつがん)。この辺りの村名ワインとして売られている畑の土質は、ジュラ紀中期・後期よりも劣るといわれています。北側と中央部はジュラ紀後期の石灰岩です。

サントネ側の斜面上部に7面ある1級畑は、ジュラ紀中期のウミユリ石灰岩の崩落物の欠片に覆われている所が多くあり、コート・ド・ニュイ地区のような色の濃い骨格のしっかりとした長期熟成タイプの赤ワインを生みます。ジュラ紀の土壌を持つサントネ1級畑と地続きの区画では、サントネと似た性格のワインになることが多いようです。土の香りや野性的な果実味から感じられる粗野な印象は、熟成によって洗練されていきます。

全生産量の90%以上は赤で、少量の白は果実味とミネラル感がくっきりとした鮮やかな味わいです。

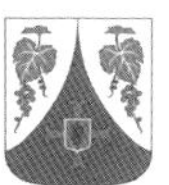

マランジュ3村のブラゾンは主要産物であるブドウをあしらう。赤色は赤ワインの色。黄色は白ワイン。シュイイの鍵は村の守護聖人聖ペトロのシンボル。サンピニの青色は同じく聖マルタンのシンボル。

Côte de Beaune

ブルゴーニュは、早朝あるいは夕方、東の方にモンブラン、アルプス山脈が見えた翌朝は雨になるといわれている。地元ではドゥジズ・レ・マランジュのトロワ・クロワ山からの眺めが最高とされている。

● *Rouge* ○ *Blanc*

特級畑 0 *Grand Cru*

1級畑 7 *Premier Cru*

お勧め1級畑

ラ・フュシエール
La Fussière

41.86ha。サントネの「クロ・ルソー」と接しており、南向き斜面に広がる非常に大きいクリマ。「クロ・ド・ラ・フュシエール」とともにマランジュでは最上と評価され、凝縮した力強い果実味と緻密なタンニンが豊か。お勧め生産者は「トマ・モレ」「ブリュノ・コラン」など。

レ・クロ・ルソ
Les Clos Roussots

28.19ha。サントネの「クロ・ルソー」（Clos Rousseau）とスペルが違うが、同じ斜面でつながっており、「ラ・フュシエール」の真下（南）に広がるクリマ。畑の上部はタンニンが堅固だが、下部は泥灰岩が多くエレガントなワインが生まれる。「ドメーヌ・シュヴロ」は濃密な果実味と硬質なタンニンとのバランスが良い「レ・クロ・ルソ」を造る。

古木が残るマランジュのブドウ畑から、コストパフォーマンスに優れたワインが多く造られる

代表的な生産者 *Domaine*

ドメーヌ・シュヴロ
Domaine Chevrot

シュイイ・レ・マランジュ村に1930年代に設立。70年にドメーヌ元詰めを始めた。当主のパブロ・シュヴロ氏は、ボルドー大学で醸造学を、ブルゴーニュ大学で生物学・植物環境学を学び、有機栽培や馬による畑の耕作を行う。ブルゴーニュ大学のワイン醸造士国家資格を取得した弟のヴァンサン氏とともにワイン造りに励んでいる。約20ha所有。

ドメーヌ・デ・ルージュ・クー
Domaine des Rouges-Queues

サンピニ・レ・マランジュ村に1998年に設立された「赤いしっぽ」という意味のドメーヌ。ラベルには赤い尾のウグイスの絵が描かれている。当主のジャン・イヴ・ヴァンテ氏はボーヌの醸造高校を卒業後、スイスでディスコのDJに転身。96年に帰郷してからマランジュで妻のイザベルさんと2人でワイン造りを行う。自然な造りでテロワールを表現する。4ha所有。

コート・ドールの風景とはひと味違うマランジュ村

コート・ドール26村の地図

百聞は一見にしかず。
コート・ドールを旅する時や
ワインを飲む時には
珠玉の畑の位置を
地図で確認しましょう。

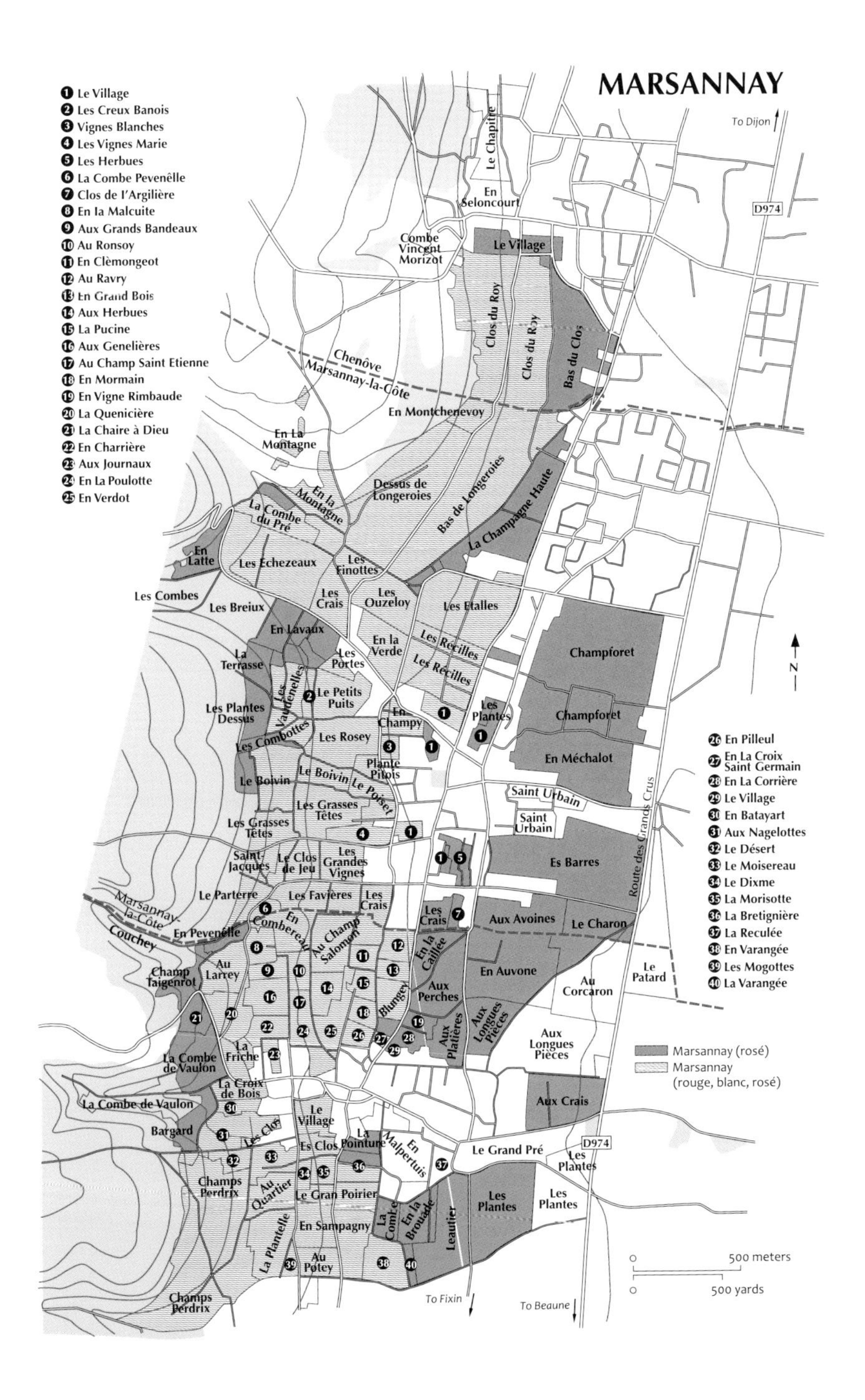
MARSANNAY
1 Le Village
2 Les Creux Banois
3 Vignes Blanches
4 Les Vignes Marie
5 Les Herbues
6 La Combe Pevenêlle
7 Clos de l'Argilière
8 En la Malcuite
9 Aux Grands Bandeaux
10 Au Ronsoy
11 En Clèmongeot
12 Au Ravry
13 En Grand Bois
14 Aux Herbues
15 La Pucine
16 Aux Genelières
17 Au Champ Saint Etienne
18 En Mormain
19 En Vigne Rimbaude
20 La Queniciére
21 La Chaire à Dieu
22 En Charrière
23 Aux Journaux
24 En La Poulotte
25 En Verdot
26 En Pilleul
27 En La Croix Saint Germain
28 En La Corrière
29 Le Village
30 En Batayart
31 Aux Nagelottes
32 Le Désert
33 Le Moisereau
34 Le Dixme
35 La Morisotte
36 La Bretignière
37 La Reculée
38 En Varangée
39 Les Mogottes
40 La Varangée
To Dijon
D974
Le Chapitre
En Seloncourt
Combe Vincent Morizot
Le Village
Clos du Roy
Clos du Roy
Bas du Clos
Chenôve
Marsannay-la-Côte
En Montchenevoy
En La Montagne
Dessus de Longeroies
Bas de Longeroies
La Champagne Haute
En la Montagne
La Combe du Pré
En Latte
Les Echezeaux
Les Finottes
Les Combes
Les Breiux
Les Crais
Les Ouzeloy
Les Etalles
En Lavaux
En la Verde
Les Récilles
Les Récilles
Champforet
La Terrasse
Les Portes
Les Vaudenelles
Le Petits Puits
Les Plantes Dessus
En Champy
Les Plantes
Champforet
Les Combottes
Les Rosey
En Méchalot
Le Boivin
Le Boivin
Le Poiset
Plante Pitois
Saint Urbain
Saint Urbain
Les Grasses Têtes
Les Grasses Têtes
Route des Grands Crus
Saint-Jacques
Le Clos de Jeu
Les Grandes Vignes
Es Barres
Le Parterre
Les Favières
Les Crais
Marsannay-la-Côte
Couchey
En Pevenêlle
En Combereau
Au Champ Salomon
Les Crais
Aux Avoines
Le Charon
En la Caillée
Champ Taigenrot
Au Larrey
Blungey
Aux Perches
En Auvone
Au Corcaron
Le Patard
Aux Platières
Aux Longues Pièces
Aux Longues Pièces
La Combe de Vaulon
La Friche
Marsannay (rosé)
Marsannay (rouge, blanc, rosé)
La Croix de Bois
La Combe de Vaulon
Aux Crais
Bargard
Le Village
Les Clos
Es Clos
La Pointure
En Malpertuis
Le Grand Pré
D974
Les Plantes
Champs Perdrix
Au Quartier
Le Gran Poirier
La Combe
En la Brouade
Leautier
Les Plantes
Les Plantes
En Sampagny
La Plantelle
Au Potey
Champs Perdrix
To Fixin
To Beaune
0 500 meters
0 500 yards
N

FIXIN
N
To Couchey
Champs Perdrix
Les Mogottes
Pommier Rougeot
En Chenailla
Les Clos
Les Clos
La Potey
Les Crais de Chêne
Couchey
Fixin
Champs des Ares
Champs Pennebaut
Les Germets
Les Foussottes
Le Rozier
1
Aux Petits Crais
Aux Brûlées
En l'Olivier
Meix Trouhant
Les Herbues
Les Raury
Fixey
Les Echalais
Les Treuilles
Route des Grands Crus
Fixey
Fixey
Les Arvelets
Fixey
La Cocarde
La Poirer Gaillard
Fixey
La Place
La Mouille
La Mouille
Les Hervelets
2
Le Village
La Mazière
3
Les Gibassier
Les Entre Deux-Velles
Les Chenevières
4
5
6
7
Le Village
Champs de Vosger
Le Village
Le Village
Fixey
8
Aux Cheusots
9
Aux Prés
Les Ormeaux
En Clomée
Le Parrière
Les Crais
10
11
12
Aux Herbues
Aux Vignois
Clos du Chapitre
En Suchot
Les Fondemens
Les Champs Tions
To Dijon
14
Les Portes-Feuilles
13
En Coton
En Créchelin
Les Champs des Charmes
Les Tellières
To Brochon
Fixin
Brochon
D974
1 En Tabeillion
2 En Combre Roy
3 Clémentfert
4 Aux Cheminots
5 La Réchaux
6 Les Meix-Bas
7 Les Boudières
8 Les Basses Chenevières
9 La Croix Blanche
10 Les Petits Crais
11 La Sorgentière
12 La Vionne
13 Aux Boutoillottes
14 Les Vignes Aux Grandes
0
500 meters
0
500 yards
To Beaune
Fixin Premier Cru
Fixin or Côte-de-Nuits-Villages

GEVREY-CHAMBERTIN

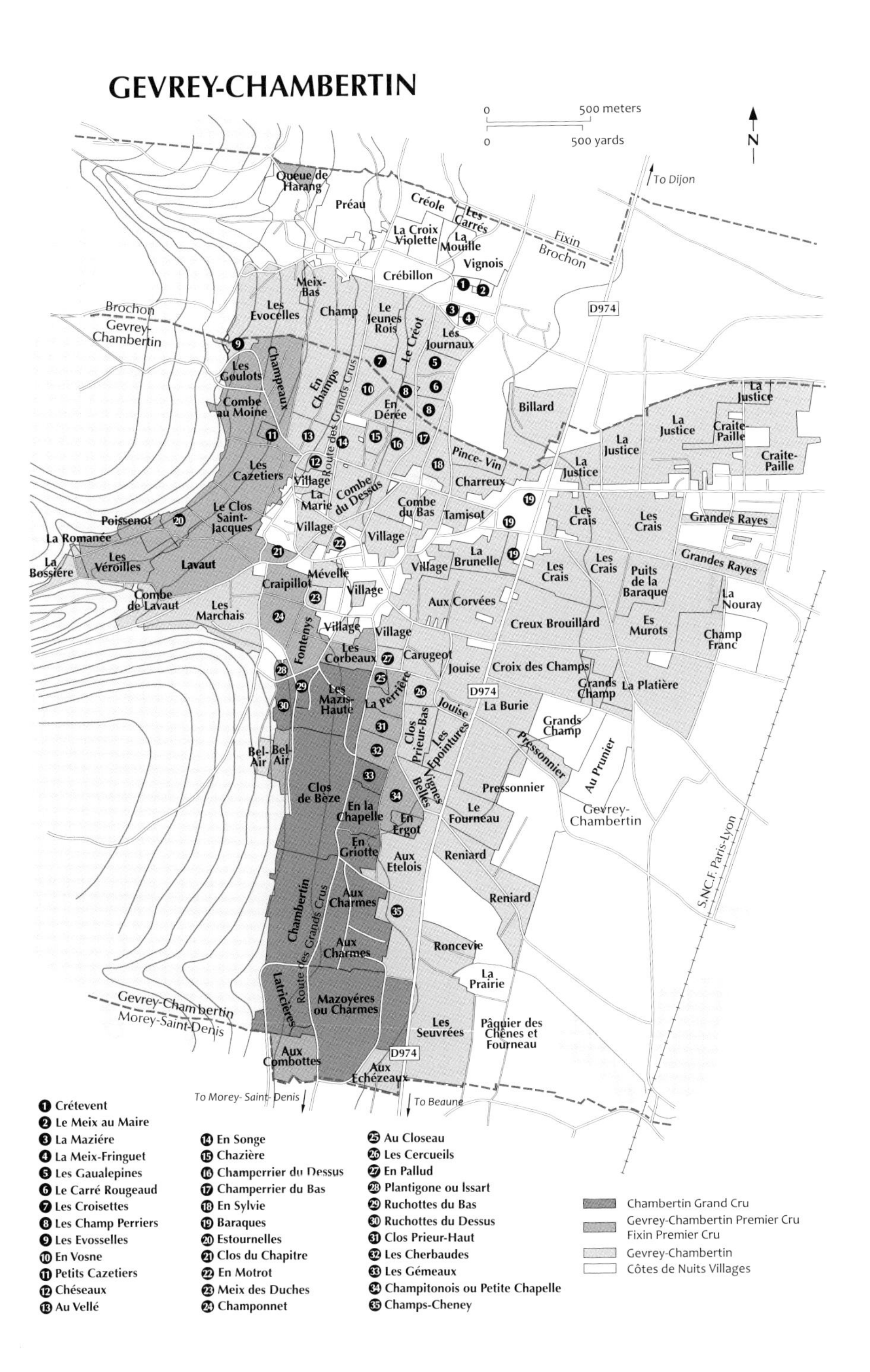

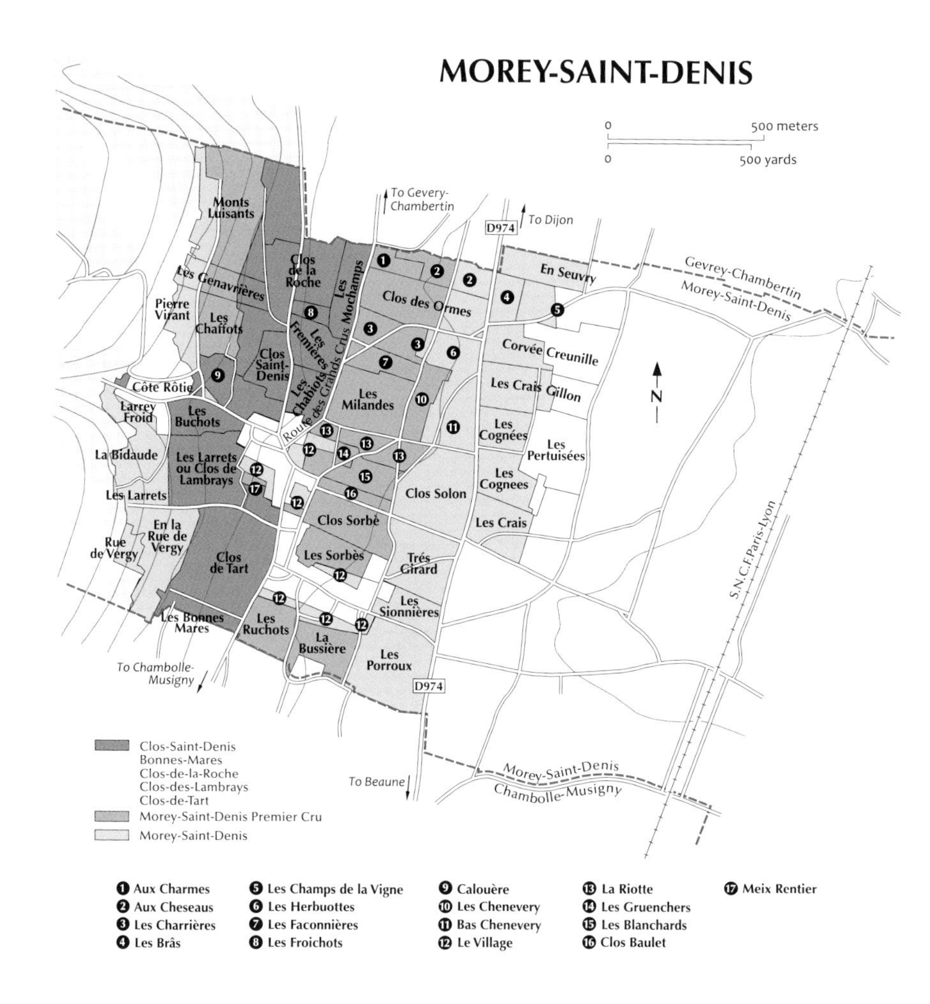
MOREY-SAINT-DENIS
0
500 meters
0
500 yards
To Gevery-Chambertin
D974
To Dijon
Gevrey-Chambertin
Morey-Saint-Denis
Monts Luisants
Les Genavrières
Pierre Virant
Les Chaffots
Clos de la Roche
Les Mochamps
Clos des Ormes
En Seuvry
Clos Saint-Denis
Les Fremières
Les Chabiots
Route des Grands Crus
Corvée Creunille
Les Crais Gillon
Côte Rôtie
Larrey Froid
Les Buchots
Les Milandes
Les Cognées
Les Pertuisées
La Bidaude
Les Larrets ou Clos de Lambrays
Les Cognees
Les Larrets
Clos Solon
Clos Sorbè
Les Crais
En la Rue de Vergy
Rue de Vergy
Clos de Tart
Les Sorbès
Trés Girard
Les Sionnières
Les Bonnes Mares
Les Ruchots
La Bussière
Les Porroux
To Chambolle-Musigny
S.N.C.F. Paris-Lyon
Morey-Saint-Denis
Chambolle-Musigny
To Beaune
Clos-Saint-Denis
Bonnes-Mares
Clos-de-la-Roche
Clos-des-Lambrays
Clos-de-Tart
Morey-Saint-Denis Premier Cru
Morey-Saint-Denis
1 Aux Charmes
2 Aux Cheseaux
3 Les Charrières
4 Les Brâs
5 Les Champs de la Vigne
6 Les Herbuottes
7 Les Faconnières
8 Les Froichots
9 Calouère
10 Les Chenevery
11 Bas Chenevery
12 Le Village
13 La Riotte
14 Les Gruenchers
15 Les Blanchards
16 Clos Baulet
17 Meix Rentier

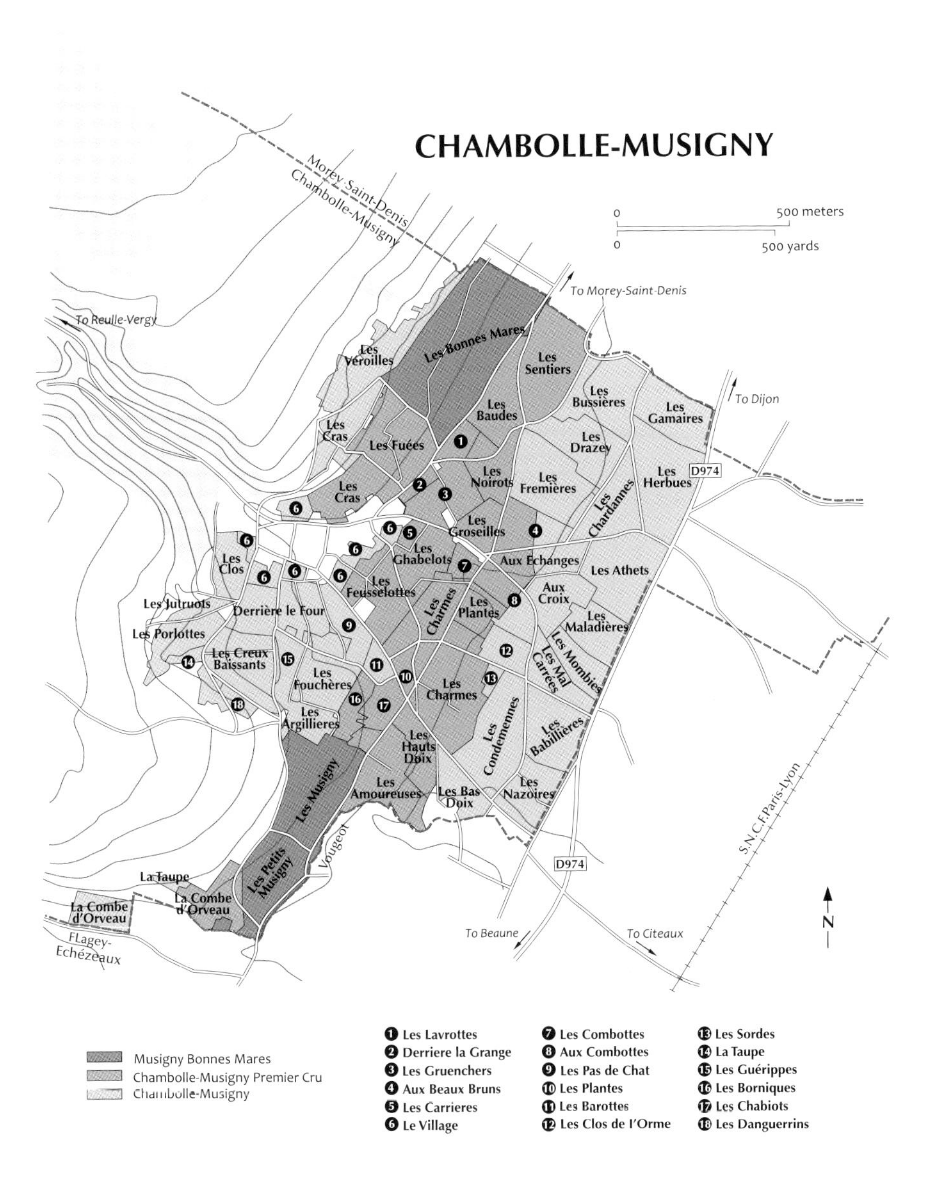

CHAMBOLLE-MUSIGNY
0 500 meters
0 500 yards
Morey-Saint-Denis
Chambolle-Musigny
To Morey-Saint-Denis
To Reulle-Vergy
To Dijon
Les Bonnes Mares
Les Véroilles
Les Sentiers
Les Bussières
Les Gamaires
Les Baudes
Les Cras
Les Fuées
Les Drazey
Les Noirots
Les Fremières
Les Herbues
D974
Les Chardannes
Les Groseilles
Les Ghabelots
Aux Echanges
Les Athets
Les Clos
Les Feusselottes
Les Charmes
Les Plantes
Aux Croix
Les Jutruots
Derrière le Four
Les Maladières
Les Porlottes
Les Creux Baissants
Les Mombies
Les Mal Carrées
Les Fouchères
Les Charmes
Les Argillieres
Les Condemennes
Les Babillieres
Les Hauts Doix
Les Musigny
Les Amoureuses
Les Bas Doix
Les Nazoires
S.N.C.F.Paris-Lyon
Les Petits Musigny
Vougeot
D974
La Taupe
La Combe d'Orveau
La Combe d'Orveau
FLagey-Echézeaux
To Beaune
To Citeaux
N
Musigny Bonnes Mares
Chambolle-Musigny Premier Cru
Chambolle-Musigny
1 Les Lavrottes
2 Derriere la Grange
3 Les Gruenchers
4 Aux Beaux Bruns
5 Les Carrieres
6 Le Village
7 Les Combottes
8 Aux Combottes
9 Les Pas de Chat
10 Les Plantes
11 Les Barottes
12 Les Clos de l'Orme
13 Les Sordes
14 La Taupe
15 Les Guérippes
16 Les Borniques
17 Les Chabiots
18 Les Danguerrins

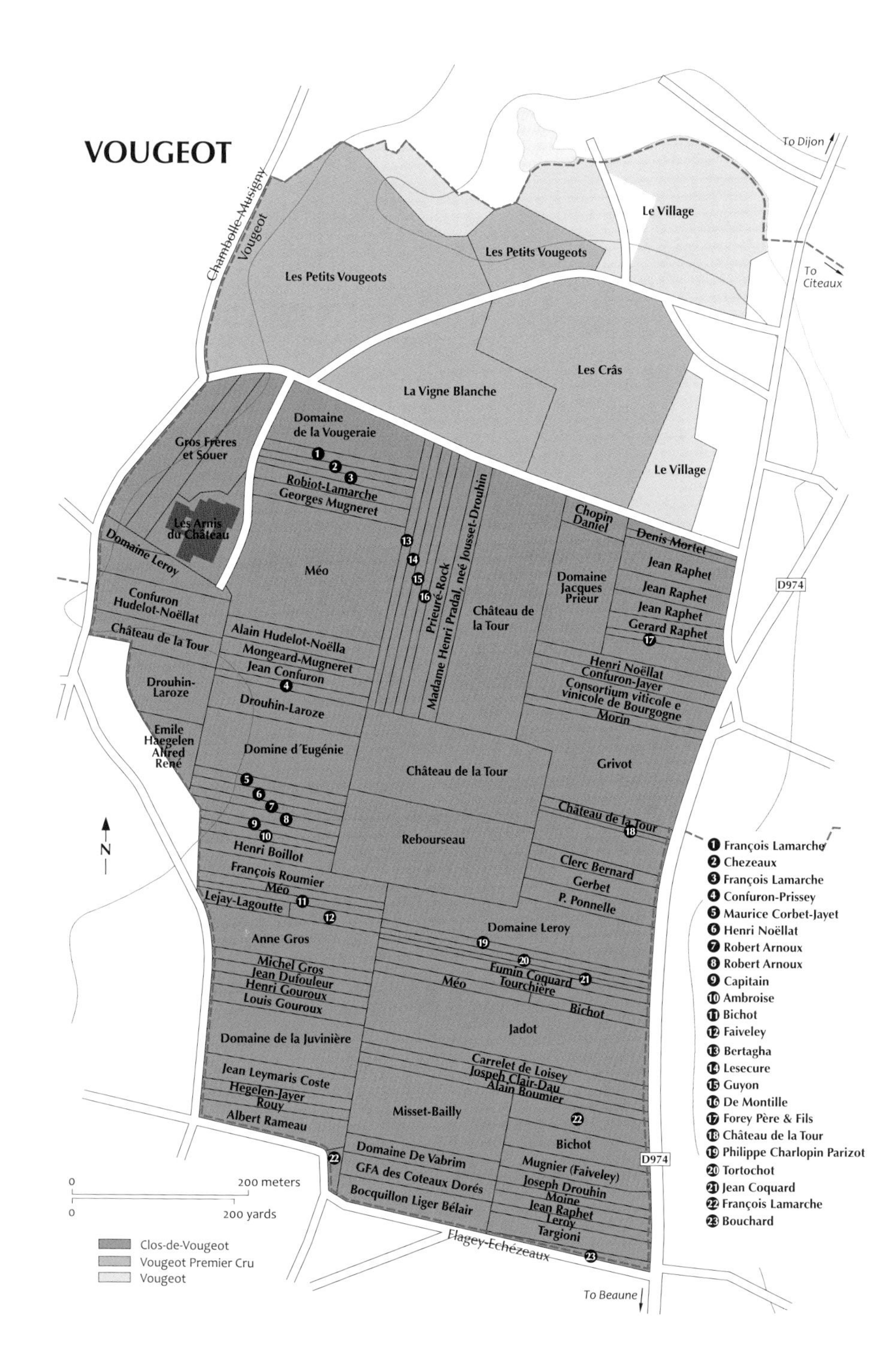

VOUGEOT
Chambolle-Musigny
Vougeot
Les Petits Vougeots
Les Petits Vougeots
Le Village
To Dijon
To Citeaux
Les Crâs
La Vigne Blanche
Le Village
Domaine de la Vougeraie
Gros Frères et Souer
Robiot-Lamarche
Georges Mugneret
Les Amis du Château
Domaine Leroy
Méo
Prieuré-Rock
Madame Henri Pradal, neé Jousset-Drouhin
Château de la Tour
Chopin Daniel
Denis Mortet
Jean Raphet
Jean Raphet
Jean Raphet
Gerard Raphet
Domaine Jacques Prieur
D974
Confuron Hudelot-Noëllat
Château de la Tour
Alain Hudelot-Noëlla
Mongeard-Mugneret
Jean Confuron
Henri Noëllat
Confuron-Jayer
Consortium viticole e vinicole de Bourgogne
Morin
Drouhin-Laroze
Drouhin-Laroze
Emile Haegelen Alfred René
Domine d´Eugénie
Château de la Tour
Grivot
Château de la Tour
Rebourseau
Henri Boillot
François Roumier
Méo
Lejay-Lagoutte
Clerc Bernard
Gerbet
P. Ponnelle
Anne Gros
Domaine Leroy
Michel Gros
Jean Dufouleur
Henri Gouroux
Louis Gouroux
Méo
Fumin Coquard
Tourchière
Bichot
Domaine de la Juvinière
Jadot
Carrelet de Loisey
Jospeh Clair-Dau
Alain Boumier
Jean Leymaris Coste
Hegelen-Jayer
Rouy
Albert Rameau
Misset-Bailly
Bichot
Domaine De Vabrim
GFA des Coteaux Dorés
Bocquillon Liger Bélair
Mugnier (Faiveley)
Joseph Drouhin
Moine
Jean Raphet
Leroy
Targioni
D974
Flagey-Echézeaux
To Beaune
N
0 200 meters
0 200 yards
Clos-de-Vougeot
Vougeot Premier Cru
Vougeot
1 François Lamarche
2 Chezeaux
3 François Lamarche
4 Confuron-Prissey
5 Maurice Corbet-Jayet
6 Henri Noëllat
7 Robert Arnoux
8 Robert Arnoux
9 Capitain
10 Ambroise
11 Bichot
12 Faiveley
13 Bertagha
14 Lesecure
15 Guyon
16 De Montille
17 Forey Père & Fils
18 Château de la Tour
19 Philippe Charlopin Parizot
20 Tortochot
21 Jean Coquard
22 François Lamarche
23 Bouchard

FLAGEY-ECHÉZEAUX AND VOSNE-ROMANÉE

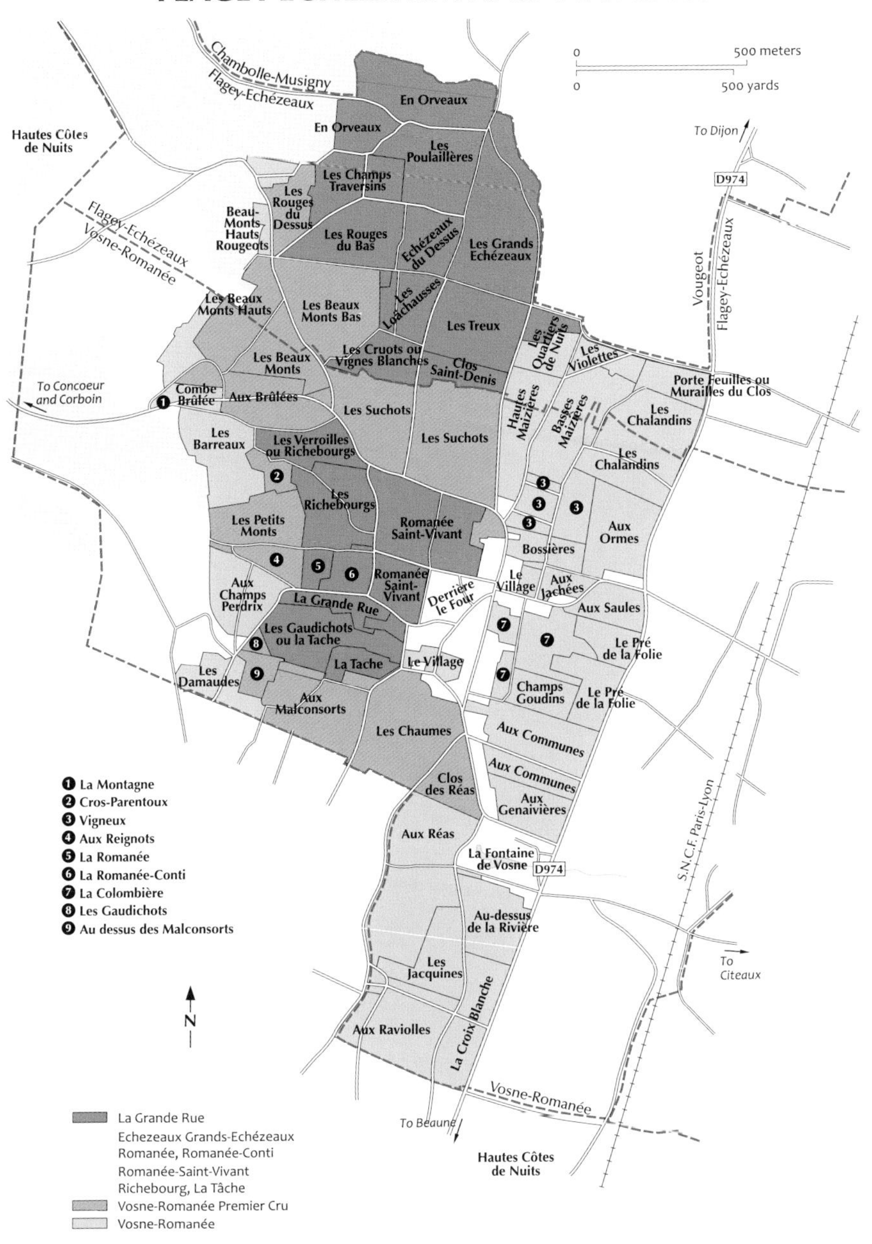

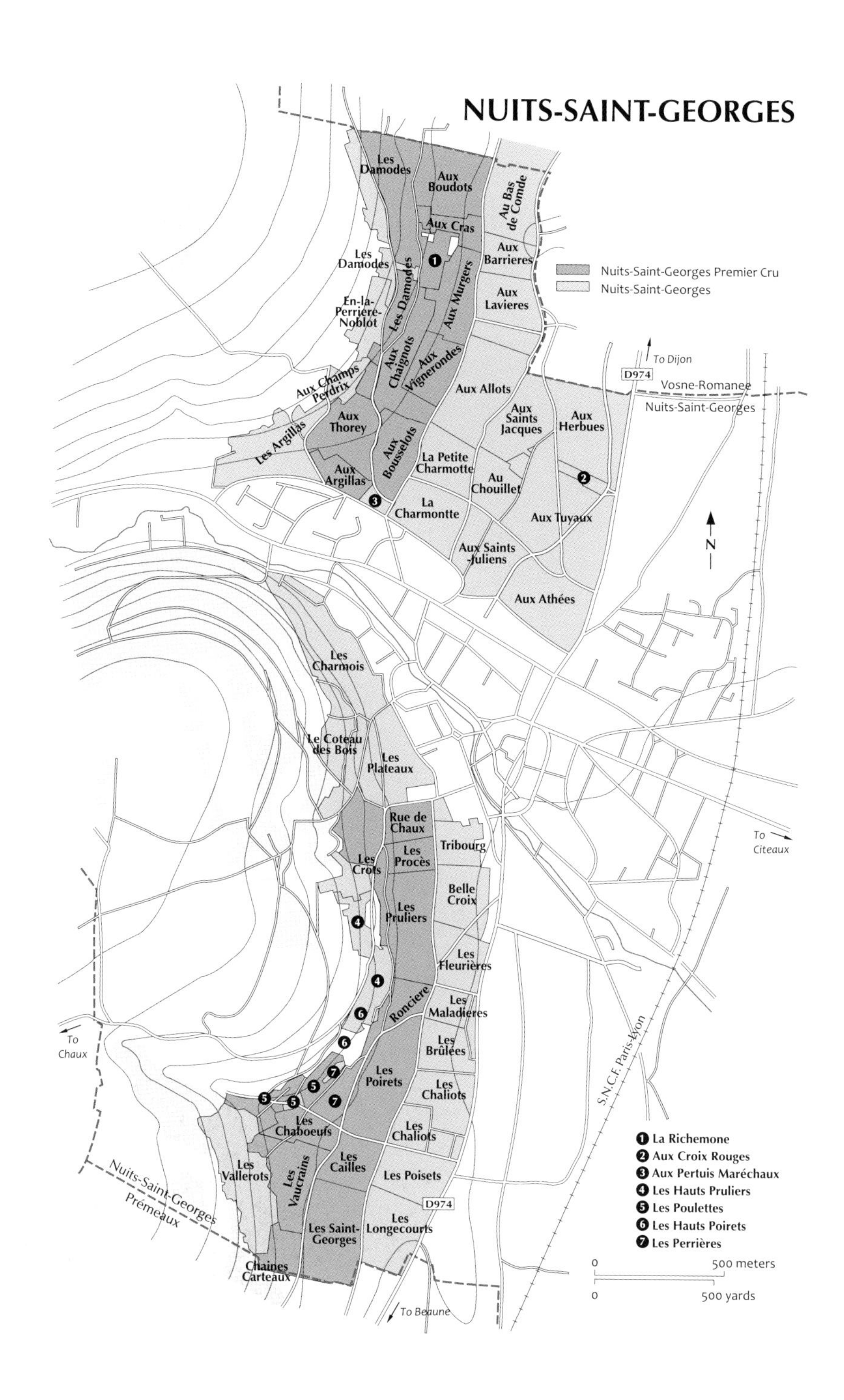
NUITS-SAINT-GEORGES
Nuits-Saint-Georges Premier Cru
Nuits-Saint-Georges
Les Damodes
Aux Boudots
Aux Cras
Au Bas de Combe
Aux Barrieres
Les Damodes
Les Damodes
Aux Murgers
Aux Lavieres
En-la-Perriere-Noblot
Aux Chaignots
Aux Vignerondes
Aux Champs Perdrix
Aux Allots
Aux Saints Jacques
Aux Herbues
Les Argillas
Aux Thorey
Aux Bousselots
La Petite Charmotte
Aux Argillas
Au Chouillet
La Charmontte
Aux Tuyaux
Aux Saints -Juliens
Aux Athées
To Dijon
D974
Vosne-Romanee
Nuits-Saint-Georges
N
Les Charmois
Le Coteau des Bois
Les Plateaux
Rue de Chaux
Les Procès
Tribourg
Les Crots
Belle Croix
Les Pruliers
Les Fleurières
Ronciere
Les Maladières
Les Brûlées
Les Poirets
Les Chaliots
Les Chaboeufs
Les Chaliots
Les Vallerots
Les Vaucrains
Les Cailles
Les Poisets
Les Saint-Georges
Les Longecourts
D974
Chaines Carteaux
To Citeaux
To Chaux
Nuits-Saint-Georges
Prémeaux
S.N.C.F. Paris-Lyon
To Beaune
1 La Richemone
2 Aux Croix Rouges
3 Aux Pertuis Maréchaux
4 Les Hauts Pruliers
5 Les Poulettes
6 Les Hauts Poirets
7 Les Perrières
0 500 meters
0 500 yards

PRÉMEAUX

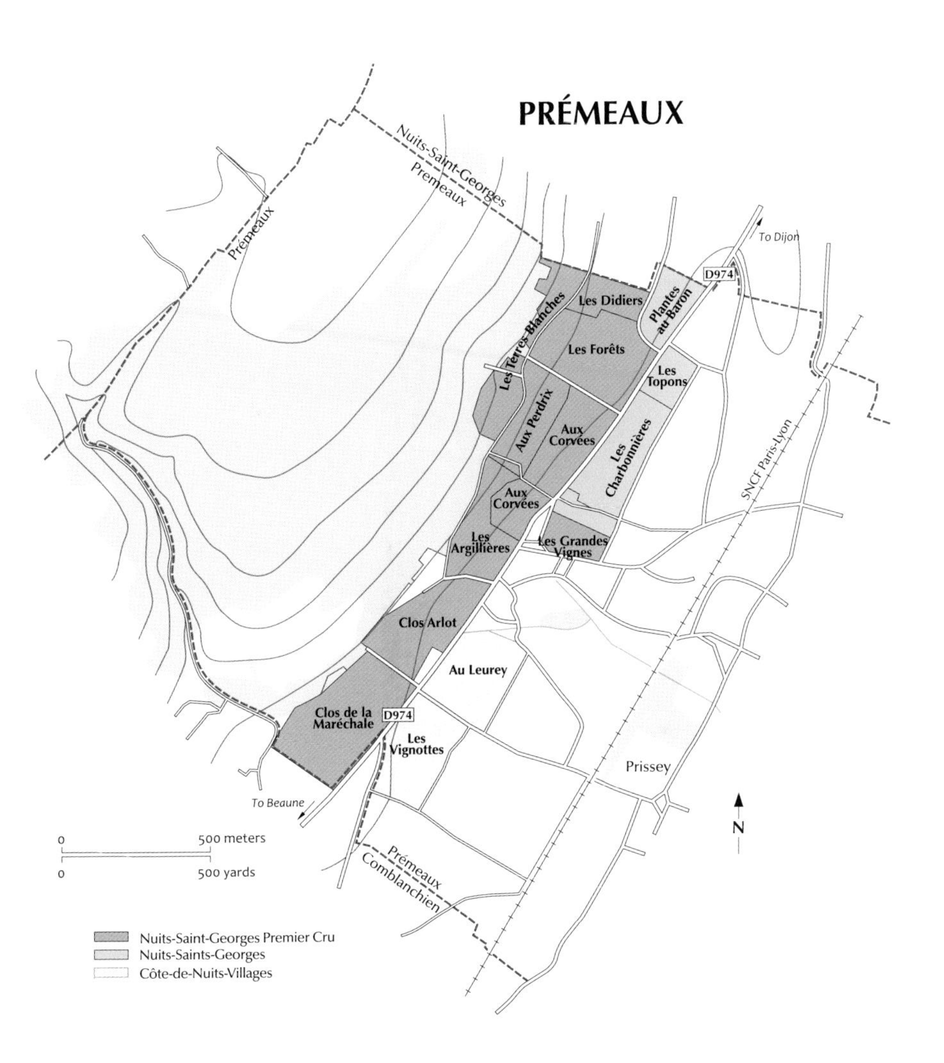

Nuits-Saint-Georges
Premeaux
Prémeaux
To Dijon
D974
Les Didiers
Plantes au Baron
Les Terres Blanches
Les Forêts
Les Topons
Aux Perdrix
Aux Corvées
Les Charbonnières
SNCF Paris-Lyon
Aux Corvées
Les Argillières
Les Grandes Vignes
Clos Arlot
Au Leurey
Clos de la Maréchale
D974
Les Vignottes
Prissey
To Beaune
N
0
500 meters
0
500 yards
Prémeaux
Comblanchien
Nuits-Saint-Georges Premier Cru
Nuits-Saints-Georges
Côte-de-Nuits-Villages

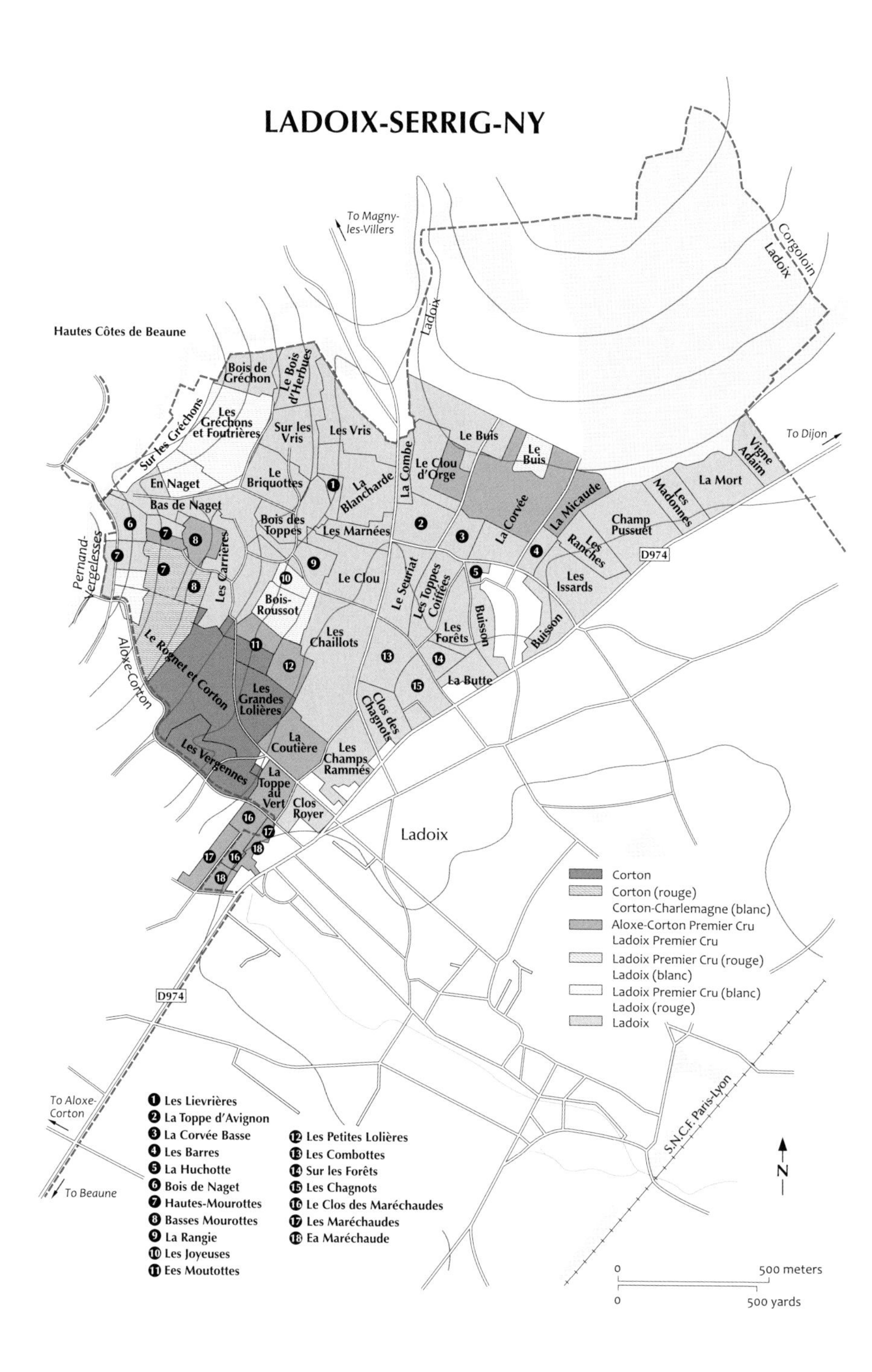
LADOIX-SERRIG-NY
To Magny-les-Villers
Corgoloin
Ladoix
Hautes Côtes de Beaune
Bois de Gréchon
Le Bois d'Herbues
Sur les Gréchons
Les Gréchons et Foutrières
Sur les Vris
Les Vris
Le Buis
Le Buis
To Dijon
Vigne Adaim
La Mort
Les Madonnes
Champ Pussuet
La Micaude
La Corvée
Le Clou d'Orge
La Combe
La Blancharde
Le Briquottes
En Naget
Bas de Naget
Bois des Toppes
Les Marnées
Les Carrières
Les Ranches
D974
Les Issards
Le Clou
Le Seuriat
Les Toppes Coiffées
Buisson
Buisson
Bois-Roussot
Pernand-Vergelesses
Aloxe-Corton
Le Rognet et Corton
Les Chaillots
Les Forêts
La Butte
Les Grandes Lolières
Clos des Chagnots
La Coutière
Les Champs Rammés
Les Vergennes
La Toppe au Vert
Clos Royer
Ladoix
Corton
Corton (rouge)
Corton-Charlemagne (blanc)
Aloxe-Corton Premier Cru
Ladoix Premier Cru
Ladoix Premier Cru (rouge)
Ladoix (blanc)
Ladoix Premier Cru (blanc)
Ladoix (rouge)
Ladoix
D974
To Aloxe-Corton
To Beaune
1 Les Lievrières
2 La Toppe d'Avignon
3 La Corvée Basse
4 Les Barres
5 La Huchotte
6 Bois de Naget
7 Hautes-Mourottes
8 Basses Mourottes
9 La Rangie
10 Les Joyeuses
11 Ees Moutottes
12 Les Petites Lolières
13 Les Combottes
14 Sur les Forêts
15 Les Chagnots
16 Le Clos des Maréchaudes
17 Les Maréchaudes
18 Ea Maréchaude
S.N.C.F. Paris-Lyon
N
0 500 meters
0 500 yards

ALOXE-CORTON

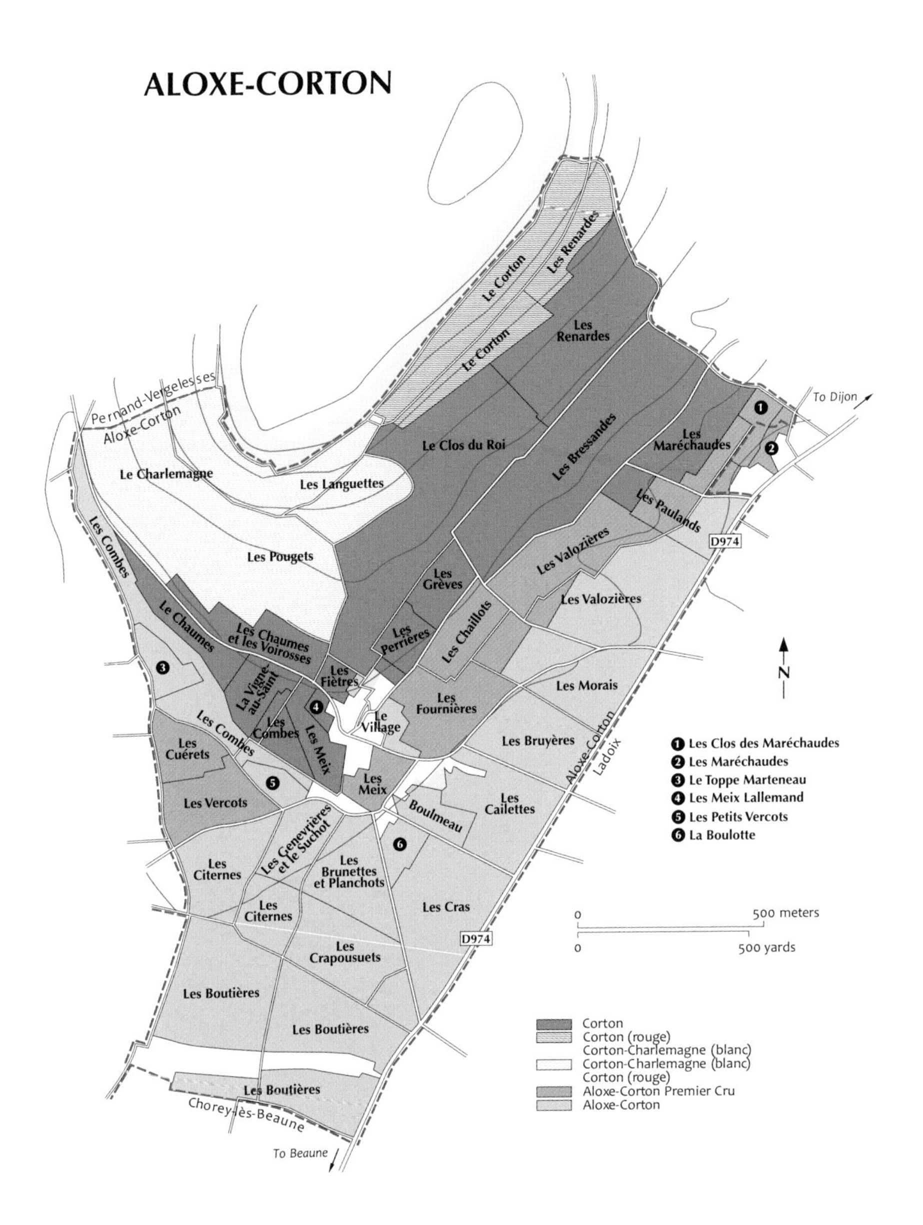

PERNAND-VERGELESSES

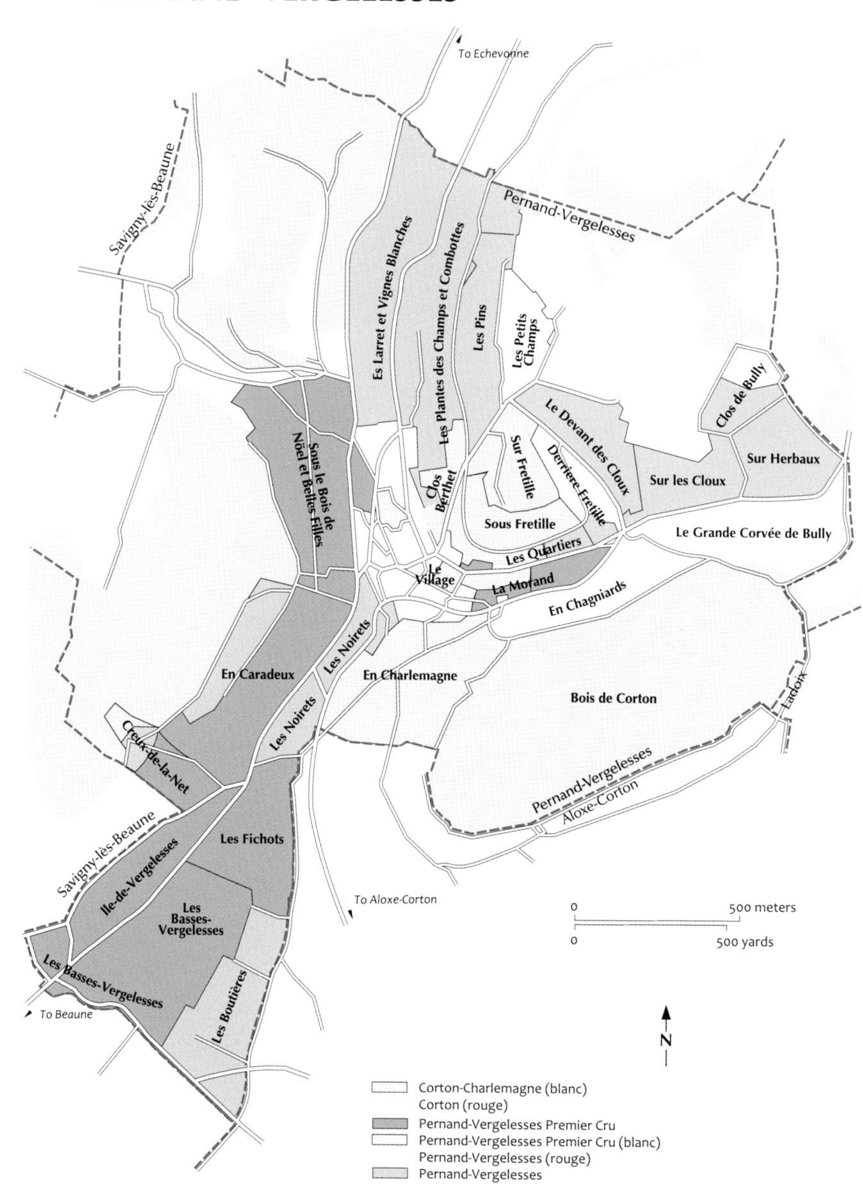

SAVIGNY-LÈS-BEAUNE

CHOREY-LÈS-BEAUNE

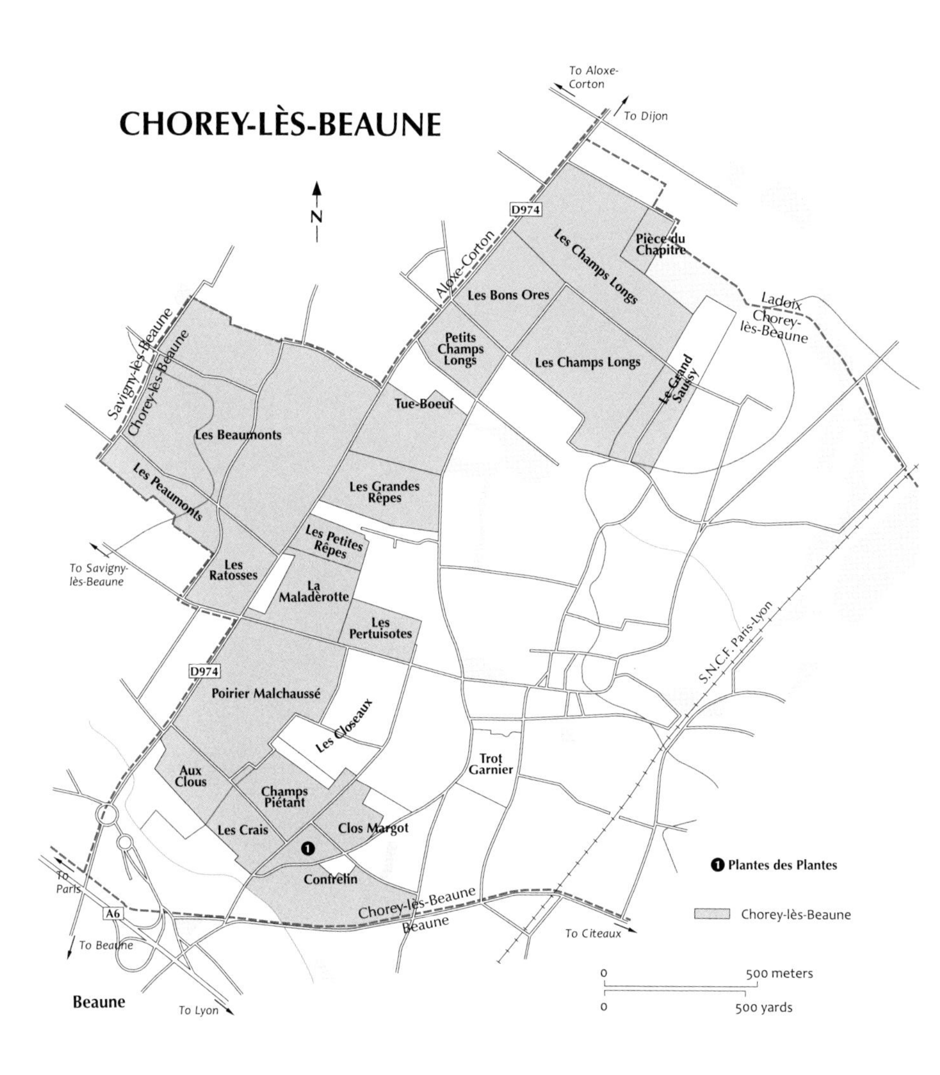

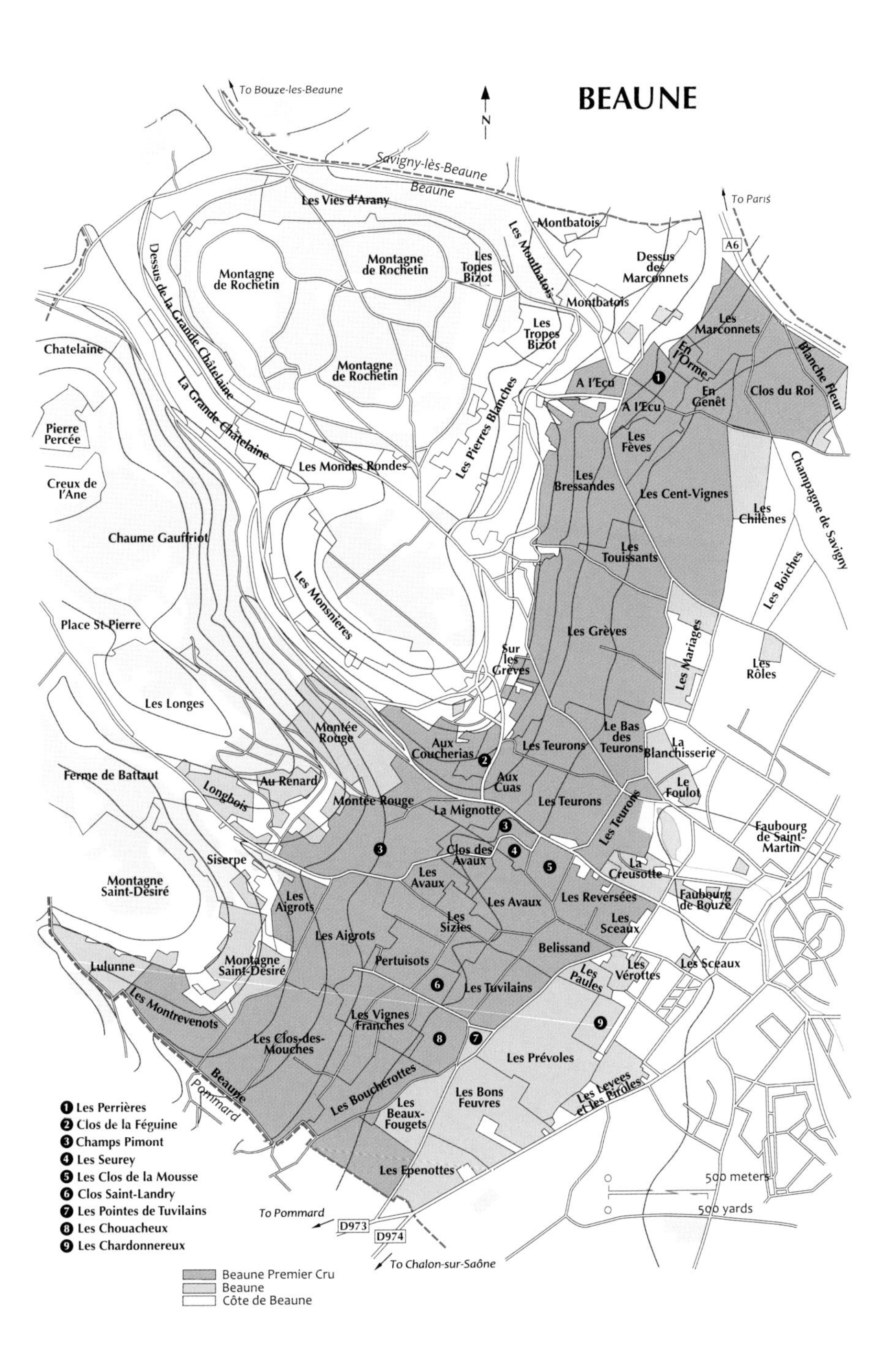

BEAUNE
N
To Bouze-les-Beaune
Savigny-lès-Beaune
Beaune
To Paris
A6
Les Vies d'Arany
Montbatois
Les Montbatois
Dessus des Marconnets
Montagne de Rochetin
Montagne de Rochetin
Les Topes Bizot
Dessus de la Grande Châtelaine
Montbatois
Les Tropes Bizot
Les Marconnets
Blanche Fleur
En l'Orme
Chatelaine
Montagne de Rochetin
La Grande Châtelaine
Les Pierres Blanches
A l'Ecu
A l'Ecu
En Genêt
Clos du Roi
Pierre Percée
Les Fèves
Creux de l'Ane
Les Mondes Rondes
Les Bressandes
Les Cent-Vignes
Champagne de Savigny
Les Chilènes
Chaume Gauffriot
Les Toussants
Les Boiches
Les Monsnieres
Place St-Pierre
Les Grèves
Les Mariages
Sur les Grèves
Les Rôles
Les Longes
Montée Rouge
Le Bas des Teurons
La Blanchisserie
Aux Coucherias
Les Teurons
Ferme de Battaut
Au Renard
Longbois
Aux Cuas
Le Foulot
Montée Rouge
Les Teurons
La Mignotte
Les Teurons
Faubourg de Saint-Martin
Siserpe
Clos des Avaux
La Creusotte
Montagne Saint-Désiré
Les Avaux
Les Aigrots
Les Avaux
Les Reversées
Faubourg de Bouze
Les Sizies
Les Sceaux
Les Aigrots
Belissand
Pertuisots
Les Vérottes
Les Sceaux
Lulunne
Montagne Saint-Désiré
Les Paules
Les Tuvilains
Les Montrevenots
Les Vignes Franches
Les Clos-des-Mouches
Les Prévoles
Beaune
Pommard
Les Boucherottes
Les Bons Feuvres
Les Levees et les Piroles
Les Beaux-Fougets
Les Epenottes
500 meters
500 yards
To Pommard
D973
D974
To Chalon-sur-Saône
❶ Les Perrières
❷ Clos de la Féguine
❸ Champs Pimont
❹ Les Seurey
❺ Les Clos de la Mousse
❻ Clos Saint-Landry
❼ Les Pointes de Tuvilains
❽ Les Chouacheux
❾ Les Chardonnereux
Beaune Premier Cru
Beaune
Côte de Beaune

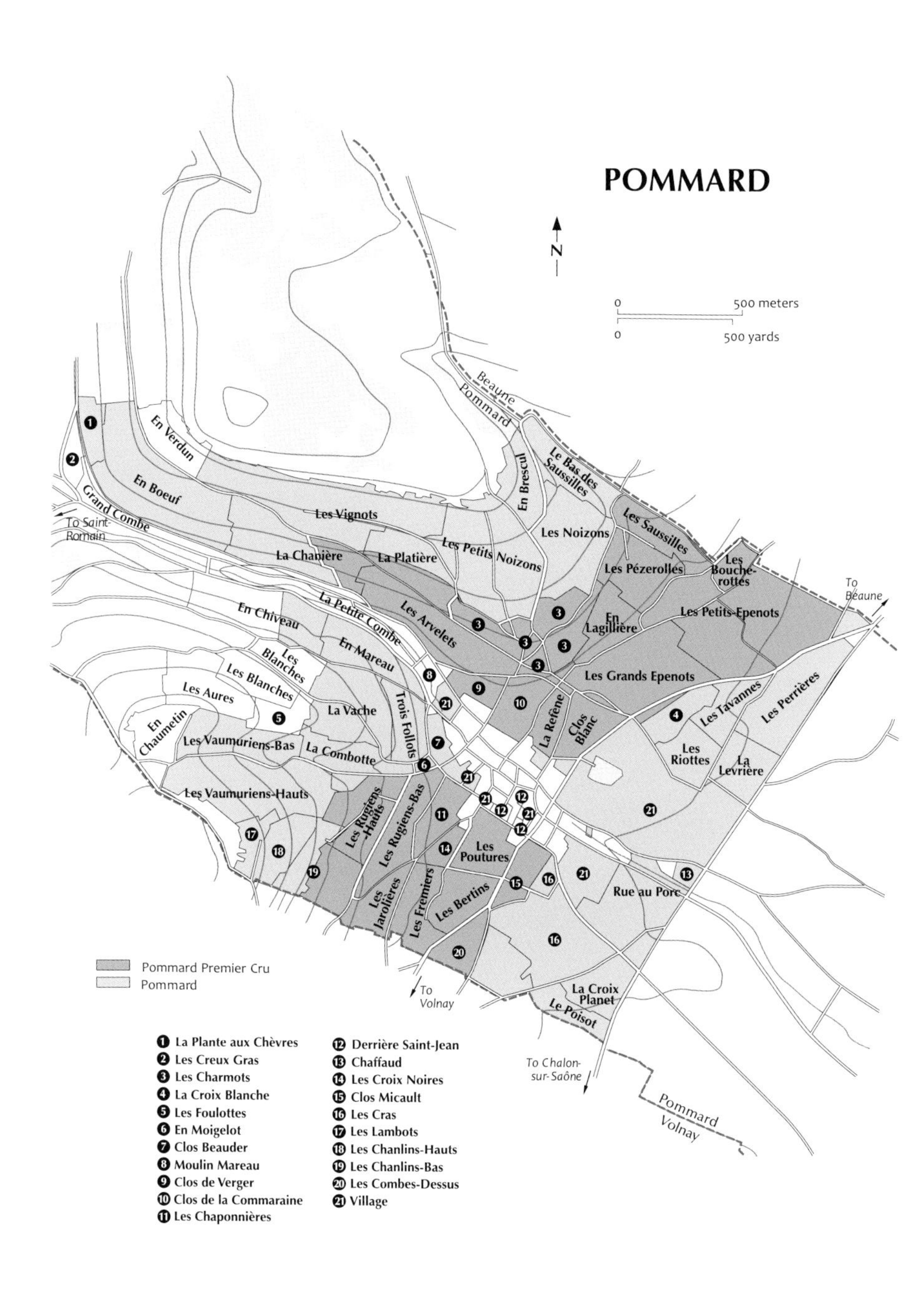
POMMARD
N
0 500 meters
0 500 yards
Beaune
Pommard
To Saint-Romain
To Beaune
To Volnay
To Chalon-sur-Saône
Pommard
Volnay
En Verdun
En Boeuf
Grand Combe
Les Vignots
La Chanière
La Platière
Les Petits Noizons
En Brescul
Le Bas des Saussilles
Les Noizons
Les Saussilles
Les Pézerolles
Les Bouche-rottes
Les Petits-Epenots
En Lagillière
Les Arvelets
La Petite Combe
En Chiveau
Les Blanches
Les Blanches
Les Aures
En Chaumetin
En Mareau
La Vache
Trois Follots
Les Grands Epenots
La Refène
Clos Blanc
Les Tavannes
Les Perrières
Les Riottes
La Levrière
Les Vaumuriens-Bas
La Combotte
Les Vaumuriens-Hauts
Les Rugiens-Hauts
Les Rugiens-Bas
Les Poutures
Les Jarolières
Les Fremiers
Les Bertins
Rue au Porc
La Croix Planet
Le Poisot
Pommard Premier Cru
Pommard
1 La Plante aux Chèvres
2 Les Creux Gras
3 Les Charmots
4 La Croix Blanche
5 Les Foulottes
6 En Moigelot
7 Clos Beauder
8 Moulin Mareau
9 Clos de Verger
10 Clos de la Commaraine
11 Les Chaponnières
12 Derrière Saint-Jean
13 Chaffaud
14 Les Croix Noires
15 Clos Micault
16 Les Cras
17 Les Lambots
18 Les Chanlins-Hauts
19 Les Chanlins-Bas
20 Les Combes-Dessus
21 Village

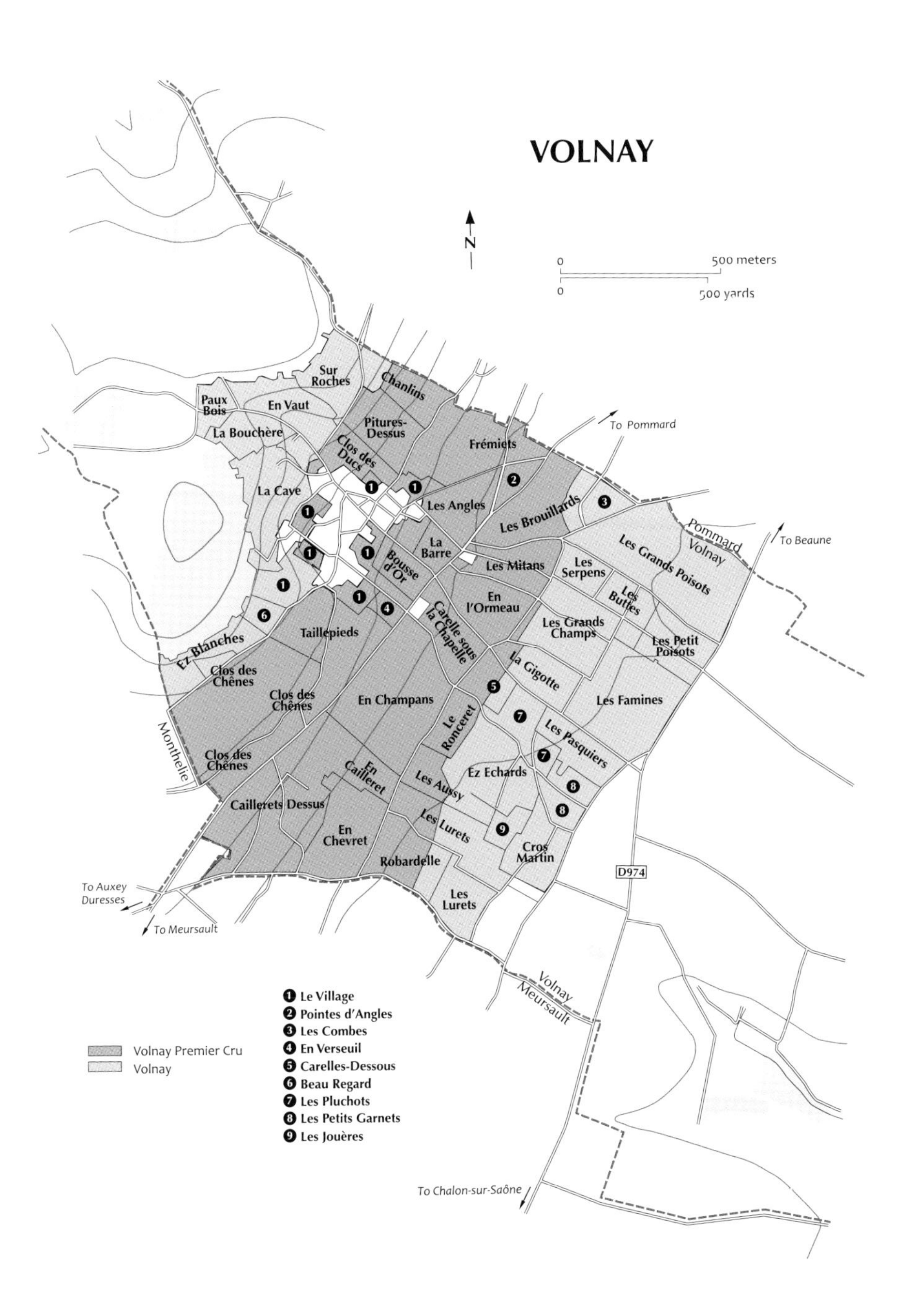
VOLNAY
N
0
500 meters
0
500 yards
To Pommard
To Beaune
Pommard
Volnay
Sur Roches
Paux Bois
En Vaut
La Bouchère
Chanlins
Pitures-Dessus
Clos des Ducs
Frémiets
La Cave
Les Angles
Les Brouillards
Les Grands Poisots
La Barre
Bousse d'Or
Les Mitans
Les Serpens
Les Buttes
En l'Ormeau
Carelle sous la Chapelle
Les Grands Champs
Les Petit Poisots
Taillepieds
Ez Blanches
Clos des Chênes
Clos des Chênes
Clos des Chênes
La Gigotte
Les Famines
En Champans
Le Ronceret
Les Pasquiers
Ez Echards
Les Aussy
En Cailleret
Caillerets Dessus
En Chevret
Les Lurets
Cros Martin
Robardelle
Les Lurets
D974
Monthelie
To Auxey Duresses
To Meursault
Volnay
Meursault
To Chalon-sur-Saône
Volnay Premier Cru
Volnay
1 Le Village
2 Pointes d'Angles
3 Les Combes
4 En Verseuil
5 Carelles-Dessous
6 Beau Regard
7 Les Pluchots
8 Les Petits Garnets
9 Les Jouères

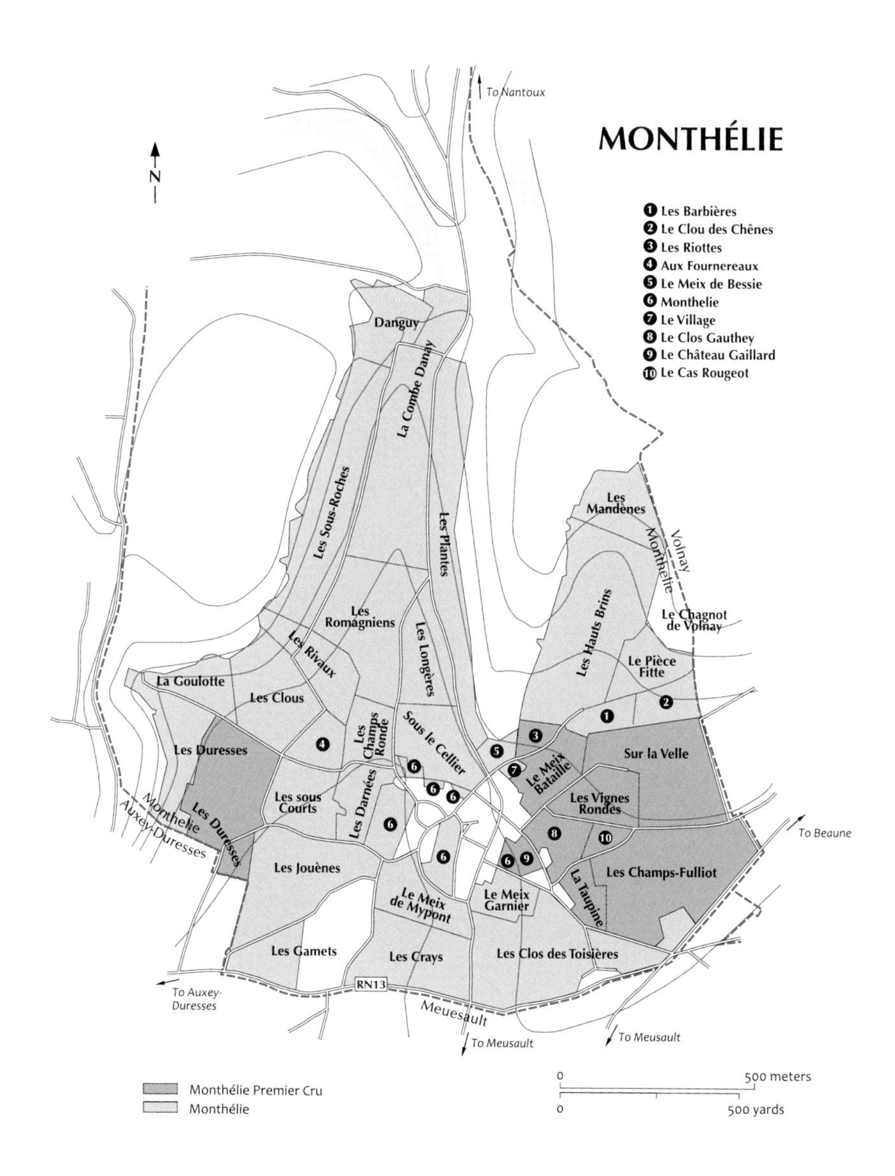
MONTHÉLIE
N
To Nantoux
1 Les Barbières
2 Le Clou des Chênes
3 Les Riottes
4 Aux Fournereaux
5 Le Meix de Bessie
6 Monthelie
7 Le Village
8 Le Clos Gauthey
9 Le Château Gaillard
10 Le Cas Rougeot
Danguy
La Combe Danay
Les Sous-Roches
Les Plantes
Les Mandènes
Volnay
Monthelie
Les Hauts Brins
Le Chagnot de Volnay
Le Pièce Fitte
Les Romagniens
Les Longères
Les Rivaux
La Goulotte
Les Clous
Les Champs Ronde
Sous le Cellier
Les Duresses
Le Meix Bataille
Sur la Velle
Les sous Courts
Les Darnées
Les Vignes Rondes
Monthelie
Auxey-Duresses
To Beaune
Les Jouènes
Les Champs-Fulliot
La Taupine
Le Meix de Mypont
Le Meix Garnier
Les Gamets
Les Crays
Les Clos des Toisières
RN13
To Auxey-Duresses
Meuesault
To Meusault
To Meusault
Monthélie Premier Cru
Monthélie
0 500 meters
0 500 yards

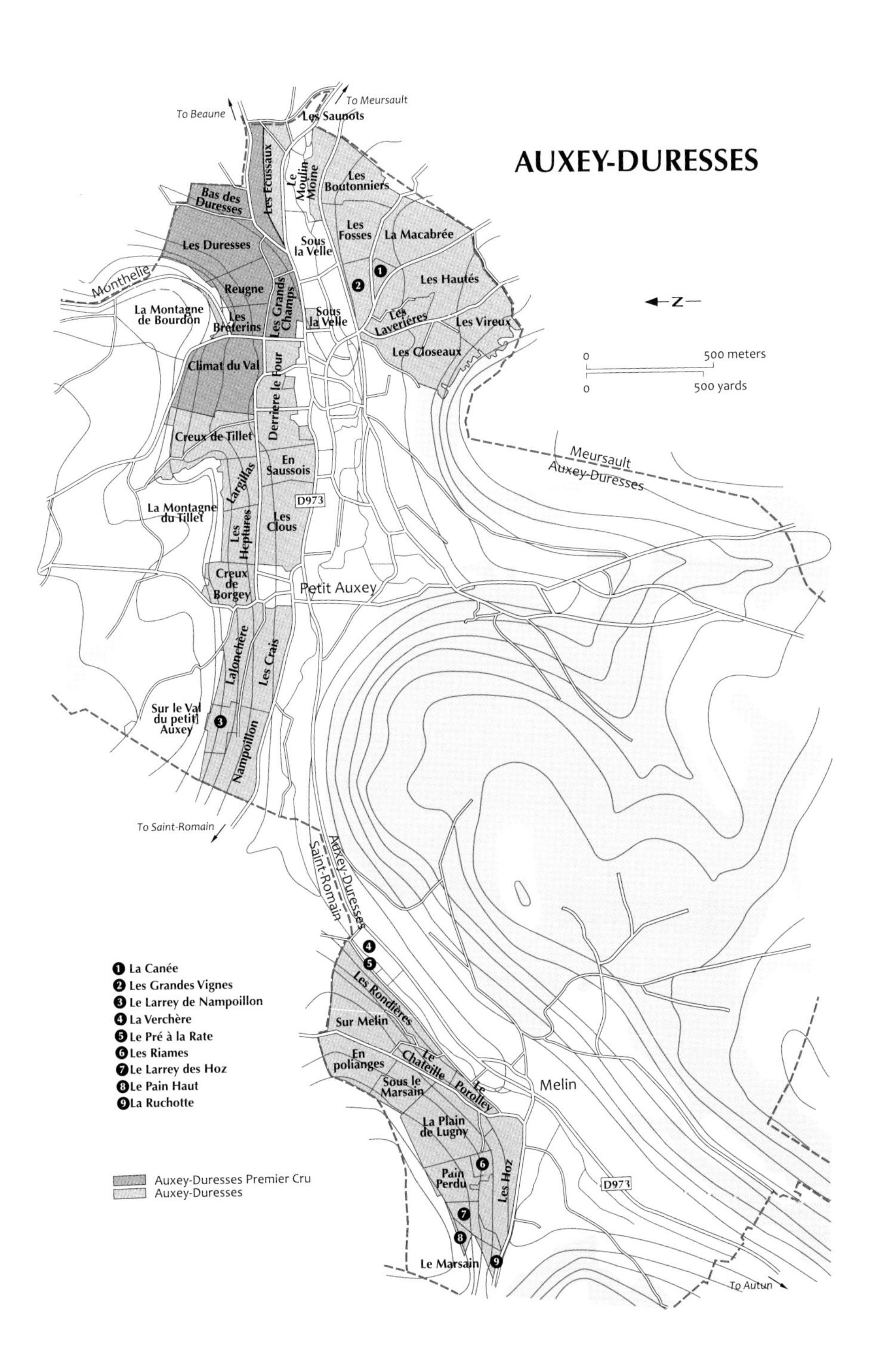
AUXEY-DURESSES
To Beaune
To Meursault
Les Saunots
Les Ecussaux
Le Moulin Moine
Les Boutonniers
Bas des Duresses
Les Duresses
Sous la Velle
Les Fosses
La Macabrée
Les Hautés
Monthelie
Reugne
Les Grands Champs
La Montagne de Bourdon
Les Bréterins
Sous la Velle
Les Laverières
Les Vireux
Les Closeaux
Climat du Val
Derrière le Four
Creux de Tillet
En Saussois
Largillas
La Montagne du Tillet
Les Heptures
Les Clous
D973
Creux de Borgey
Petit Auxey
Lalonchère
Les Crais
Sur le Val du petit Auxey
Nampoillon
To Saint-Romain
Meursault
Auxey-Duresses
Auxey-Duresses
Saint-Romain
500 meters
500 yards
Les Rondières
Sur Melin
En polianges
Le Chateille
Le Porolley
Sous le Marsain
La Plain de Lugny
Pain Perdu
Les Hoz
Le Marsain
Melin
D973
To Autun
1 La Canée
2 Les Grandes Vignes
3 Le Larrey de Nampoillon
4 La Verchère
5 Le Pré à la Rate
6 Les Riames
7 Le Larrey des Hoz
8 Le Pain Haut
9 La Ruchotte
Auxey-Duresses Premier Cru
Auxey-Duresses

SAINT-ROMAIN

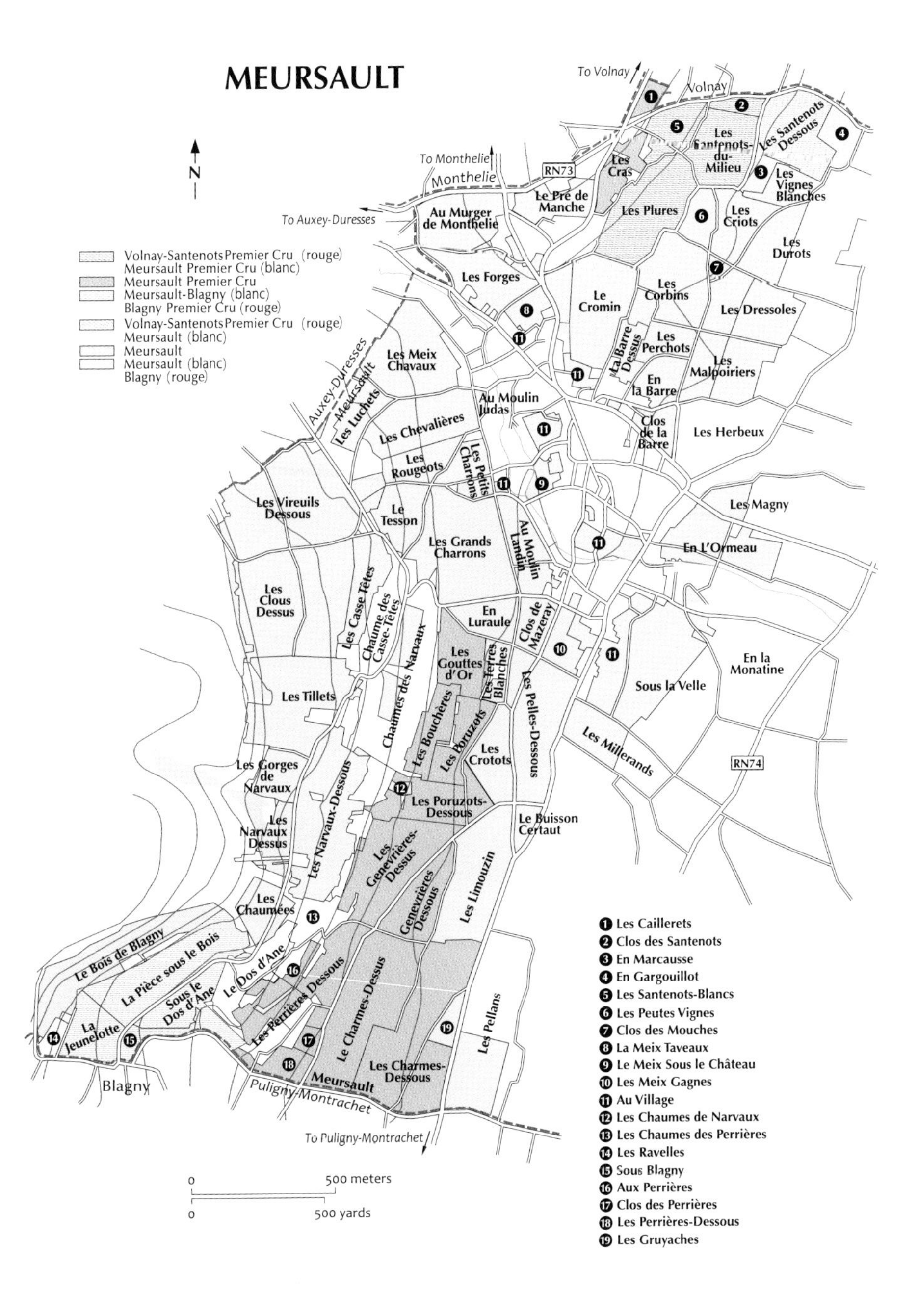
MEURSAULT
N
To Volnay
Volnay
To Monthelie
Monthelie
RN73
To Auxey-Duresses
Auxey-Duresses
Meursault
Volnay-Santenots Premier Cru (rouge)
Meursault Premier Cru (blanc)
Meursault Premier Cru
Meursault-Blagny (blanc)
Blagny Premier Cru (rouge)
Volnay-Santenots Premier Cru (rouge)
Meursault (blanc)
Meursault
Meursault (blanc)
Blagny (rouge)
Les Santenots-du-Milieu
Les Santenots Dessous
Les Vignes Blanches
Les Cras
Le Pré de Manche
Au Murger de Monthelie
Les Plures
Les Criots
Les Durots
Les Forges
Le Cromin
Les Corbins
Les Dressoles
La Barre Dessus
Les Perchots
Les Malpoiriers
En la Barre
Les Meix Chavaux
Les Luchets
Au Moulin Judas
Les Chevalières
Clos de la Barre
Les Herbeux
Les Rougeots
Les Petits Charrons
Les Vireuils Dessous
Le Tesson
Les Magny
Les Grands Charrons
Au Moulin Landin
En L'Ormeau
Les Clous Dessus
Les Casse Têtes
Chaume des Casse-Têtes
Chaumes des Narvaux
En Luraule
Clos de Mazeray
Les Gouttes d'Or
Les Terres Blanches
En la Monatine
Les Tillets
Les Pelles-Dessous
Sous la Velle
Les Bouchères
Les Poruzots
Les Millerands
Les Gorges de Narvaux
Les Crotots
RN74
Les Poruzots-Dessous
Le Buisson Certaut
Les Narvaux Dessus
Les Narvaux-Dessous
Les Genevrières-Dessus
Genevrières Dessous
Les Limouzin
Les Chaumées
Le Bois de Blagny
La Pièce sous le Bois
Le Dos d'Ane
Sous le Dos d'Ane
Les Perrières Dessous
Le Charmes-Dessus
Les Pellans
La Jeunelotte
Les Charmes-Dessous
Meursault
Blagny
Puligny-Montrachet
To Puligny-Montrachet
0 500 meters
0 500 yards
1 Les Caillerets
2 Clos des Santenots
3 En Marcausse
4 En Gargouillot
5 Les Santenots-Blancs
6 Les Peutes Vignes
7 Clos des Mouches
8 La Meix Taveaux
9 Le Meix Sous le Château
10 Les Meix Gagnes
11 Au Village
12 Les Chaumes de Narvaux
13 Les Chaumes des Perrières
14 Les Ravelles
15 Sous Blagny
16 Aux Perrières
17 Clos des Perrières
18 Les Perrières-Dessous
19 Les Gruyaches

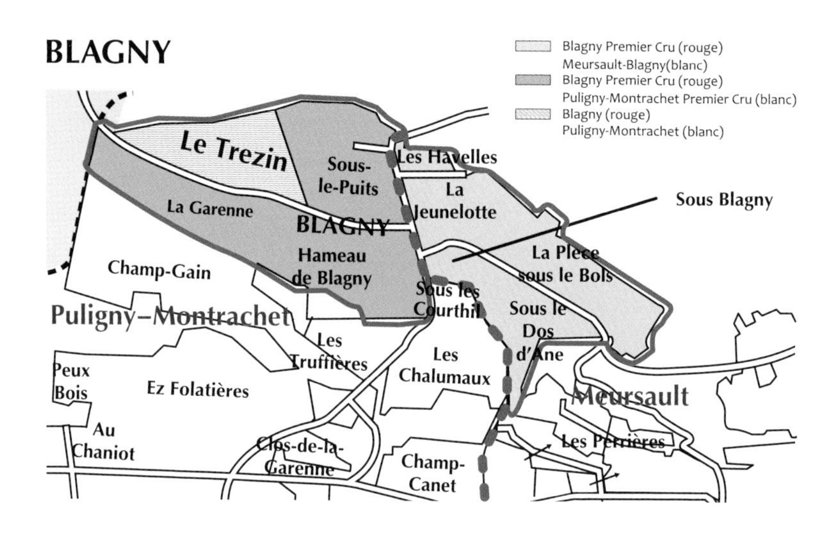
BLAGNY
Blagny Premier Cru (rouge)
Meursault-Blagny(blanc)
Blagny Premier Cru (rouge)
Puligny-Montrachet Premier Cru (blanc)
Blagny (rouge)
Puligny-Montrachet (blanc)
Le Trezin
Sous-
le-Puits
Les Havelles
La
Jeunelotte
Sous Blagny
La Garenne
BLAGNY
Hameau
de Blagny
La Piece
sous le Bois
Champ-Gain
Sous les
Courthil
Sous le
Dos
d'Ane
Puligny-Montrachet
Les
Truffières
Les
Chalumaux
Meursault
Peux
Bois
Ez Folatières
Au
Chaniot
Clos-de-la-
Garenne
Champ-
Canet
Les Perrières

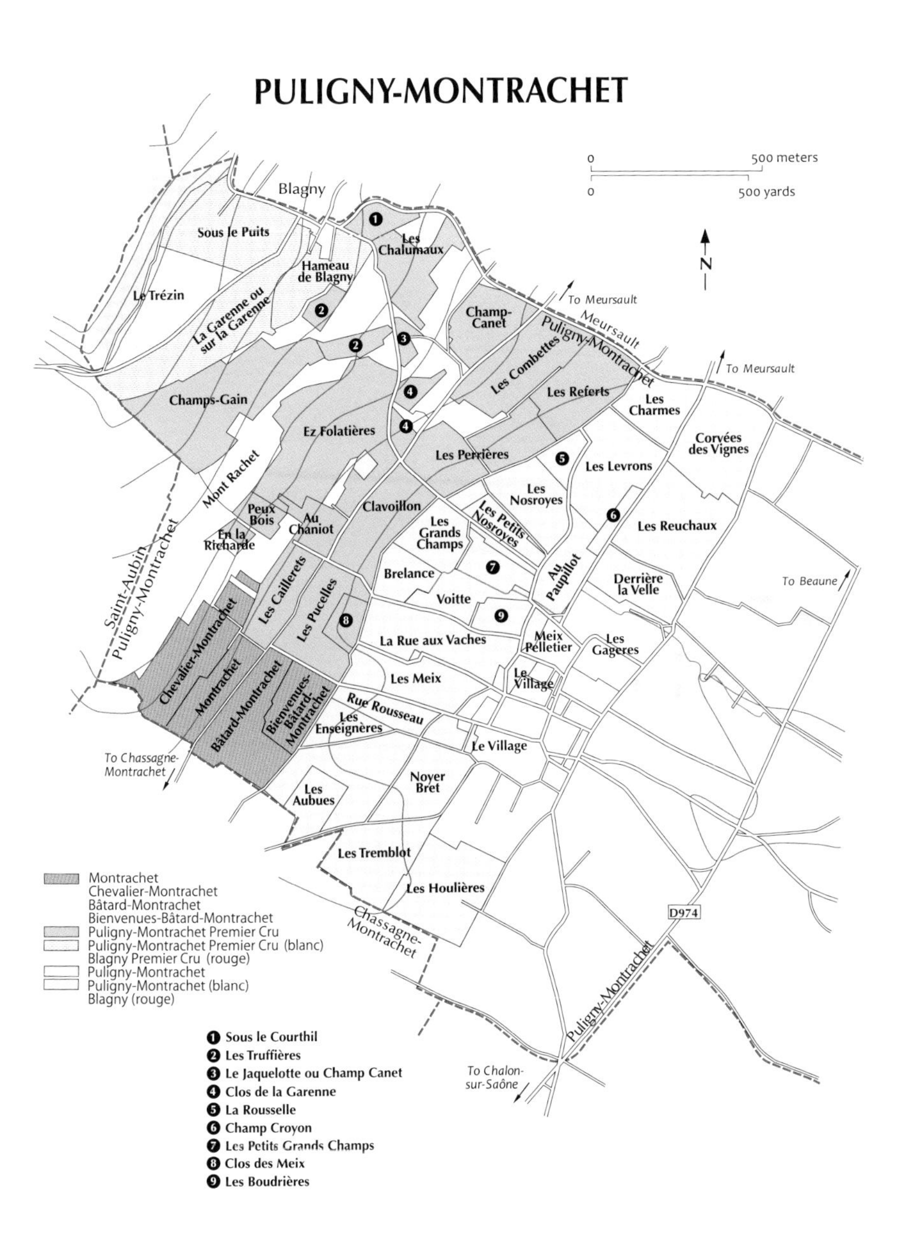
PULIGNY-MONTRACHET
0 500 meters
0 500 yards
N
Blagny
Sous le Puits
Le Trézin
La Garenne ou sur la Garenne
Hameau de Blagny
Les Chalumaux
Champ-Canet
To Meursault
Meursault
Puligny-Montrachet
Les Combettes
Les Referts
Les Charmes
Corvées des Vignes
Champs-Gain
Ez Folatières
Les Perrières
Les Levrons
Mont Rachet
Les Nosroyes
Les Reuchaux
Peux Bois
Au Chaniot
Clavoillon
Les Petits Nosroyes
En la Richarde
Les Grands Champs
Au Paupillot
Derrière la Velle
To Beaune
Brelance
Voitte
Saint-Aubin
Puligny-Montrachet
Les Caillerets
Les Pucelles
Chevalier-Montrachet
La Rue aux Vaches
Meix Pelletier
Les Gageres
Montrachet
Bâtard-Montrachet
Bienvenues-Bâtard-Montrachet
Les Meix
Le Village
Rue Rousseau
Les Enseignères
Le Village
To Chassagne-Montrachet
Noyer Bret
Les Aubues
Les Tremblot
Les Houlières
D974
Chassagne-Montrachet
Puligny-Montrachet
To Chalon-sur-Saône
Montrachet
Chevalier-Montrachet
Bâtard-Montrachet
Bienvenues-Bâtard-Montrachet
Puligny-Montrachet Premier Cru
Puligny-Montrachet Premier Cru (blanc)
Blagny Premier Cru (rouge)
Puligny-Montrachet
Puligny-Montrachet (blanc)
Blagny (rouge)
1 Sous le Courthil
2 Les Truffières
3 Le Jaquelotte ou Champ Canet
4 Clos de la Garenne
5 La Rousselle
6 Champ Croyon
7 Les Petits Grands Champs
8 Clos des Meix
9 Les Boudrières

CHASSAGNE-MONTRACHET

SAINT-AUBIN

Saint-Aubin Premier Cru
Saint-Aubin

0 500 meters
0 500 yards

N

Hautes-Côtes de Beaune

To Puligny-Montrachet
Meursault
Saint-Aubin
Puligny-Montrachet
En Vermarain à l'Est
Bas de Vermarain à l'Est
Bas de Vermarain à l'Ouest
En Créot
Gamay
En Gouin
Vignes Moingeon
Les Champlots
Sous Roche Dumay
En la Ranché
Es Champs
Sur Gamay
Les Frionnes
La Chatenière
Les Perrières
Les Murgers-des-Dents-de-Chien
Saint-Aubin
En Choilles
Les Cortons
Les Castets
Les Pucelles
Le Blanc
RN6
En Remilly
Au Bas de Jorcul
Champ Tirant
Les Argillers
En Vollon à l'Est
Le Charmois
Les Combes-au-Sud
Pitangeret
To Lyon
RN6
Saint-Aubin
Chassagne-Montrachet
To La Rochepot
To Paris

1. Ln Vesveau
2. Sous les Foires
3. La Fontenotte
4. Derrière-La Tour
5. En Montceau
6. Les Travers de Marinot
7. Sur le Sentier de Clou
8. Marinot
9. Echaille
10. Le-Bas-de-Gammay-à-l'Est
11. Le Puits
12. Derrière Chez Édouard
13. Les Travers de chaz Edouard
14. Le Village
15. Le Bas de Monin
16. En l'Ebaupin
17. Les Vellerottes
18. Tope Bataille
19. La Traversaine
20. En Jorcul

SANTENAY

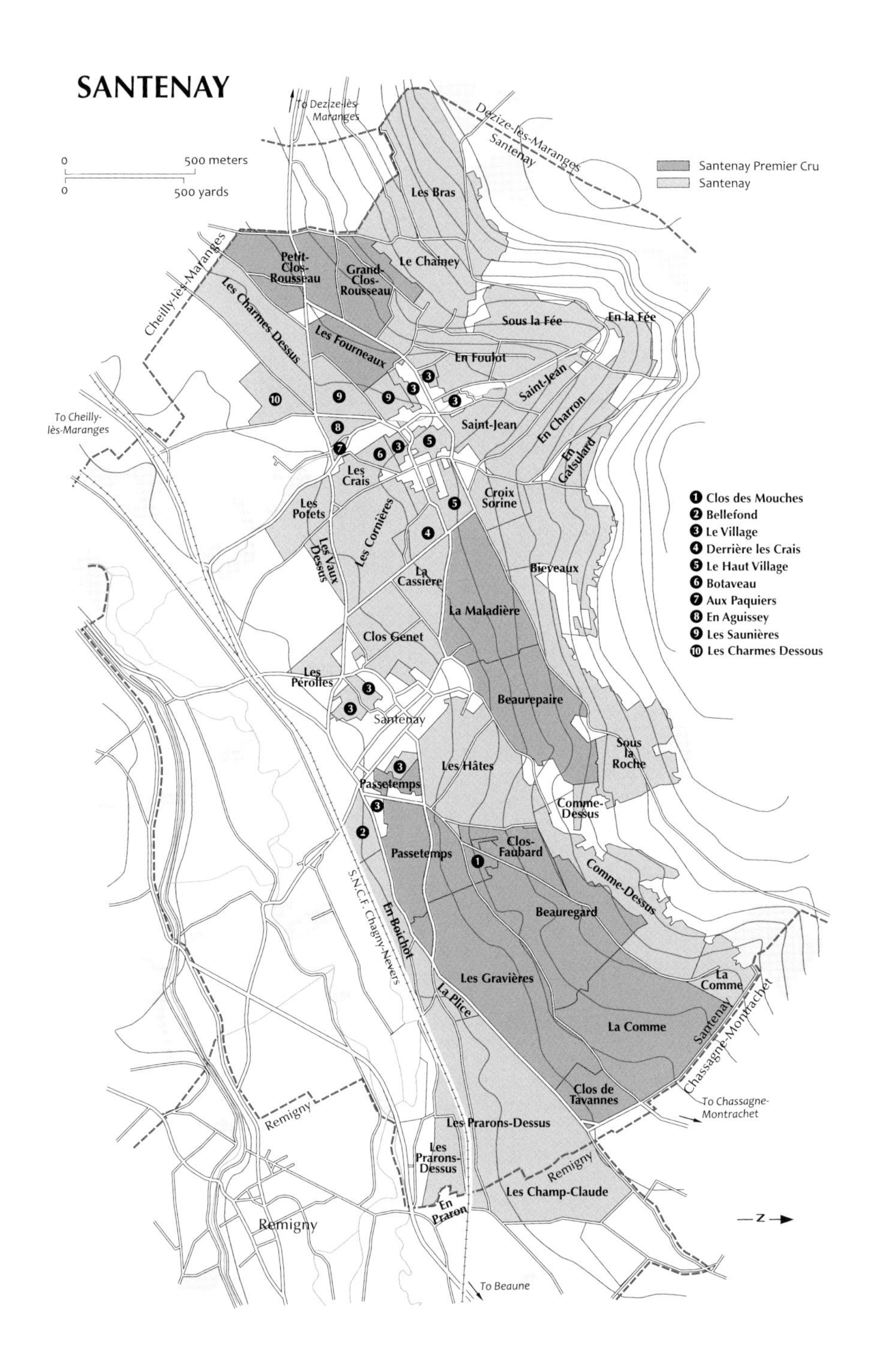

0 500 meters
0 500 yards
To Dezize-lès-Maranges
Dezize-lès-Maranges
Santenay
Santenay Premier Cru
Santenay
Les Bras
Le Chainey
Petit-Clos-Rousseau
Grand-Clos-Rousseau
Cheilly-lès-Maranges
Les Charmes-Dessus
Les Fourneaux
Sous la Fée
En la Fée
En Foulot
Saint-Jean
Saint-Jean
En Charron
En Gatsulard
To Cheilly-lès-Maranges
Les Crais
Croix Sorine
Les Potets
Les Cornières
Les Vaux Dessus
La Cassière
Bievaux
La Maladière
Clos Genet
Les Pérolles
Beaurepaire
Santenay
Sous la Roche
Les Hâtes
Passetemps
Comme-Dessus
Clos-Faubard
Passetemps
Comme-Dessus
S.N.C.F. Chagny-Nevers
En Boichot
Beauregard
Les Gravières
La Plice
La Comme
La Comme
Santenay
Chassagne-Montrachet
Clos de Tavannes
To Chassagne-Montrachet
Remigny
Les Prarons-Dessus
Les Prarons-Dessus
Remigny
Les Champ-Claude
En Praron
Remigny
To Beaune
Z
1 Clos des Mouches
2 Bellefond
3 Le Village
4 Derrière les Crais
5 Le Haut Village
6 Botaveau
7 Aux Paquiers
8 En Aguissey
9 Les Saunières
10 Les Charmes Dessous

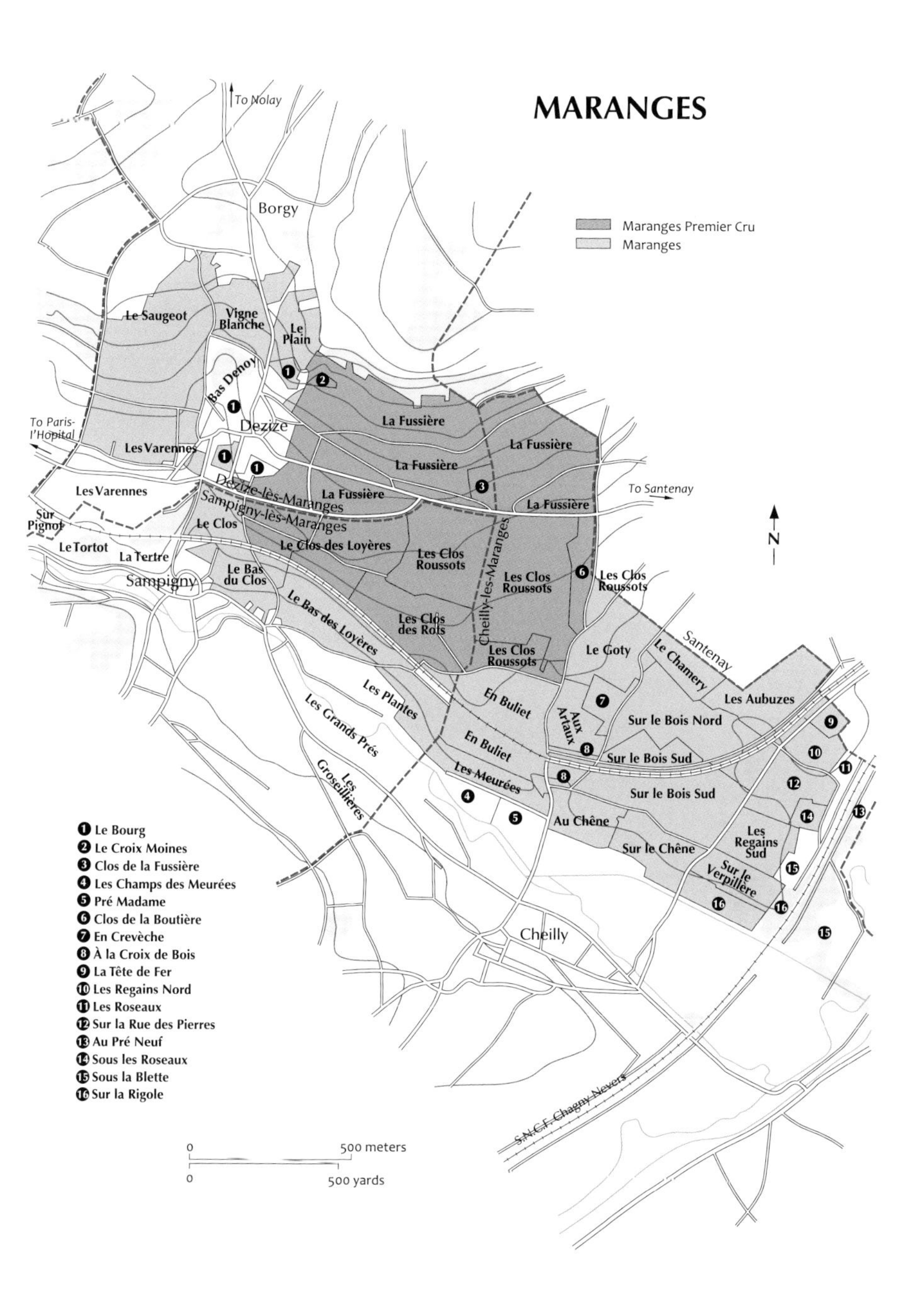
MARANGES
Maranges Premier Cru
Maranges
To Nolay
Borgy
Le Saugeot
Vigne Blanche
Le Plain
Bas Denoy
Dezize
To Paris-l'Hopital
Les Varennes
La Fussière
Clos de la Fussière
To Santenay
Dezize-lès-Maranges
Sampigny-lès-Maranges
Le Clos
Sur Pignot
Le Tortot
La Tertre
Sampigny
Le Bas du Clos
Le Clos des Loyères
Les Clos Roussots
Cheilly-lès-Maranges
Les Clos des Rois
Le Bas des Loyères
Le Goty
Le Chamery
Santenay
Les Aubuzes
En Buliet
Aux Artaux
Sur le Bois Nord
Sur le Bois Sud
Les Plantes
Les Grands Prés
Les Groseillières
Les Meurées
Au Chêne
Sur le Chêne
Les Regains Sud
Sur le Verpillère
Cheilly
S.N.C.F. Chagny-Nevers
N
1 Le Bourg
2 Le Croix Moines
3 Clos de la Fussière
4 Les Champs des Meurées
5 Pré Madame
6 Clos de la Boutière
7 En Crevèche
8 À la Croix de Bois
9 La Tête de Fer
10 Les Regains Nord
11 Les Roseaux
12 Sur la Rue des Pierres
13 Au Pré Neuf
14 Sous les Roseaux
15 Sous la Blette
16 Sur la Rigole
0 500 meters
0 500 yards

ブルゴーニュを観光する

毎週土曜日、朝早くから正午まで、オテル・デュー（オスピス・ド・ボーヌ）前のカルノ広場と室内市場などで開かれる「朝市」。ブルゴーニュの豊かな食文化がくなまく見わたせる。

＊データは2023年10月時点のものです。
変更になることもあるので、訪れる時は事前にご確認ください。
また、レストランは予約が必要なところもあります

美食の喜び

美食の宝庫コート・ドールで味わう極上料理

優雅な星付きレストラン、あるいは個性的なビストロ

今日はどちらのお店でブルゴーニュ・ワインと料理を楽しみますか？

ラスペリュル

◆ディジョン

食材へのこだわりが強い 木村圭吾シェフの最高級フレンチ

2014年、シャブリ地区オーセールにオープンした「ラスペリュル」は、半年で『ミシュランガイド』(以下ミシュラン)の1ツ星を獲得。天才的な料理人の木村圭吾氏は18年、2軒目のレストランをここディジョンにオープンした。最高級の食材を駆使した見事な料理で美食家を喜ばせている。「マルク・ヴェイラ」で5年間腕を磨いた経験もある木村シェフの、独創的な世界を楽しんで。

L'aspérule
43 Rue Jean-Jacques Rousseau 21000 Dijon
Tél. 03.80.19.12.84
Web https://www.restaurant-asperule.fr/dijon.html
休 日曜、月曜

1 シャロレ牛のロースト　2 イチゴのデザート　3 店名の「ラスペリュル」は「車葉草」のこと　4 高級感と親しみやすさが伝わる店内

オリジーヌ

◆ディジョン

美食の町ディジョンの 格調高きフレンチを体験

ミシュランの3ツ星レストラン「ラムロワーズ」のスーシェフとして活躍した内村朋史氏が独立し、2019年12月に「オリジーヌ」をオープン。ブルゴーニュ公爵領の首都であったディジョンで、22年に1ツ星を獲得し、自然食材からなるダイナミックな最高級フレンチを提供する。メニューは品数によって75ユーロ、100ユーロ、125ユーロのコースがある。見た目麗しく香り高い内村シェフの料理の世界を、コート・ドールの極上ワインとともに味わう至福のひとときを。

Origine
10 Place du Président Wilson 21000 Dijon
Tél. 03.80.67.74.64
Mail contact@restaurantorigine.fr
Web https://restaurantorigine.fr/
休 日曜、月曜

1 前菜　2 ハチミツのデザート　3 立派な門構えの高級レストランだ　4 内村朋史シェフ

ル・ベナトン

◆ボーヌ

世界大会で優勝したパテを味わえる ボーヌの星付きレストラン

2013年「フランス パテ・アン・クルート世界大会」で優勝し、ミシュランの星も獲得した杉村圭史氏は、15年から「ル・ベナトン」でオーナー・シェフとして大活躍。パテはもちろんのこと、フレンチの古典的なレシピをクリエイティブにアレンジし、美しい季節の皿で楽しませてくれる。料理人でもある奥さまの樹里さんのサービスも素晴らしく、心地いい雰囲気の中で最高級のフレンチを楽しめる。

Le Bénaton
25 Rue du Faubourg Bretonnière 21200 Beaune
Tél. 03.80.22.00.26
Web http://www.lebenaton.com/
Mail reservation@lebenaton.com
休 シーズン中（4月1日〜11月30日）水曜・木曜・土曜の昼
季節外（12月1日から3月31日）水曜、木曜

1 シャロレ牛ロースト　2 芸術的なパテ・アン・クルート。杉村シェフが東京「ラ・ターブル・ド・コンマ」で修業し培った精緻な技術が生きている　3 ファサード（正面）と店内はエレガントな設え

ラ・グット・ドール

◆ムルソー

日本人マダムのエスプリたっぷりの フュージョンレストラン

地元産のオーガニック食材にこだわりを持つレストラン。トマ・ブロイエ シェフの人柄を反映した、とてもやさしい味わい。ピザや簡単な和食も楽しめ、地元のヴィニュロンもお気に入りのレストラン。オーガニックやビオディナミ、ナチュラルワインを多く取りそろえる。マダムの朝野有紀さんは、コンシェルジュをしていたタヒチのボラボラ島のホテルでトマ シェフと出会い、北海道でフランス料理店を経営した後、2017年にここをオープン。トマ シェフお得意の古典的フレンチを存分に。

La Goutte d'Or
37 Rue Charles Giraud 21190 Meursault
Tél. 03.80.20.94.05
Web https://www.facebook.com/Gouttedor.Meursault/
Mail lagouttedormeursault.fr@gmail.com
休 土曜、日曜

1 うずらのロースト　2 たこ焼き　3 ご近所のムルソーのヴィニュロンたちでいつもにぎわっている

ラムロワーズ

◆ シャニー

ボーヌから最も近い3ツ星レストラン

先代シェフ ジャック・ラムロワーズ氏の時代からミシュラン3ツ星を獲得している、老舗レストラン。ラムロワーズ氏が2009年に引退した後、彼の親戚がオーナーとなり、新しいシェフにエリック・プラ氏が就任。プラ氏はローヌ・アルプ地方の3ツ星レストラン「クロ・デ・シム」のシェフ、レジス・マルコン氏のセカンドとして活躍した人物だ。クラシック料理の王道を行く「ラムロワーズ」だが、プラ氏によりクラシックながらも勢いを感じさせる新世代の料理になったと高評価を得ている。先代シェフの時代のファンからも支持され、ますます期待が寄せられている。

Lameloise

36 Place d'Armes 71150 Chagny
Tél. 03.85.87.65.65
Web https://www.lameloise.fr/
Mail reception@lameloise.fr
休 7～9月以外の夜、火曜昼、木曜昼、7月1週間、12月中旬～1月中旬

1 ラムロワーズのあるシャニーは、ブルゴーニュ運河沿いの水運で栄えた町　2 ボーヌから最も近い3ツ星レストランであり、上品で豪華な料理は満足度が高いワイン・リストも見事

ル・ルレ・ベルナール・ロワゾー

◆ ソーリュー

田舎のオーベルジュで とびきり贅沢なひとときを

1935年にミシュランの3ツ星に輝いたレストランを、故ベルナール・ロワゾー氏が継いだのが81年。ロワゾー氏の代表作「蛙の腿のソテー・パセリとニンニクのピュレ」（写真2）は、氏の亡き後も色あせることなく受け継がれている。近年ミシュランの星を一つ失ったとはいえ、贅沢な空間と時間の中で美味しい食事をいただけるのは、田舎ならではの良さ。ホテルにはスパも併設され、優雅なバカンス気分に浸れる。ボーヌやディジョンには姉妹店があり、場所を変えてもその味を楽しむことができる。

Le Relais Bernard Loiseau

2 Avenue Bernard Loiseau 21210 Saulieu
Tél. 03.80.90.53.53
Web www.bernard-loiseau.com/fr/
Mail contact@bernard-loiseau.com
休 夏期・冬期休暇あり

1 小鴨のロースト　2 ブルゴーニュ・ドンブ地区の特産物である蛙は、極上のトラフグと軍鶏肉を合わせたような絶妙な味わい　3,4 外観はクラシックで可愛らしい印象。サロンからは美しい中庭が望める

ビストロ・ルシアン

◆ジュヴレ・シャンベルタン

ピノ・ノワール畑に囲まれたスタイリッシュなレストラン

「ロティスリー・シャンベルタン」が2014年、宿泊施設とともに全面的に大改装されて、ウッディーな設えの温かみのある空間に変わった。
お店が所有するジュヴレ・シャンベルタン・プルミエ・クリュの畑は、自然派の「ドメーヌ・トラペ」が栽培・醸造している逸品。トマ・コラン シェフのエシカルなブルゴーニュ料理とともにぜひ。

Bistrot Lucien
6 Rue du Chambertin 21220 Gevrey-Chambertin
Tél. 03.80.34.33.20
Web https://www.rotisserie-chambertin.com/bistrot-lucien
休 日曜夜、月曜

1 シャロレ牛ロースト。クリのようにホックリとしたジャガイモと　2「ドメーヌ・トラペ」が造るジュヴレ・シャンベルタン・プルミエ・クリュ　3 教会の近くにあり、ロケーションは最高だ

レ・グリオット

◆ジュヴレ・シャンベルタン

ブルギニオンとMOFが組んだ郷土料理店

ジュヴレ・シャンベルタンの市庁舎広場にある大型ビストロ。フィサン村のレストラン「クロ・ナポレオン」を15年間経営していた2人のブルギニオンが、MOF（フランス国家最優秀職人）のギョーム・ロワイエ氏とともに立ち上げた。古典的なフランス料理やロワイエ シェフのエスプリが効いた郷土料理を、11時から昼夜通しで楽しめるのが旅行者にはうれしい。

Les Griottes
3 Place de la Mairie 21220 Gevrey-Chambertin
Tél. 03.80.58.51.51
Web https://restaurant-lesgriottes.fr
Mail contact@restaurant-lesgriottes.fr
休 無休

1 ウフ・アン・ムレット　2 カフェのような雰囲気で価格もリーズナブル

モレ・サン・ドニ村のグラン・クリュ「クロ・ド・タール」の美しい急斜面がテラス越しに臨める

カステル・ド・トレ・ジラール

◆モレ・サン・ドニ

モレ・サン・ドニ村のおしゃれなレストラン

太い梁天井と石の壁。クラシックな構えだが、料理にはモダンなタッチを取り入れ、質量ともにバランスが良い。ワインリストはコート・ド・ニュイ地区のワインを中心とした興味深い内容。立地も良く、コート・ド・ニュイを巡る際に便利なレストラン。

Castel de Très Girard

7 Rue de Très Girard 21220 Morey-St.Denis
Tél. 03.80.34.33.09
Web https://www.castel-tres-girard.com/fr
Mail info@castel-tres-girard.com
休 冬期は日曜夜と月曜、夏期は無休
＊冬季とは「栄光の3日間」（11月の第3日曜をはさむ土曜〜月曜の3日間にわたって開催されるワイン祭）の後から、復活祭まで

ボワ・ルージュ

◆フラジェ・エシェゾー

心落ち着く森の中のレストラン

森の中にひっそりと佇む簡素な一軒家。オーナー・シェフ、フィリップ・ドゥ・ラクルセル氏のレストランだ。ラクルセル氏は国内で修業した後、スパイスを追求するためアジアを放浪。日本にも長く滞在したことがあると言い、ユーモアたっぷりに日本語で料理の説明をしてくれる。こだわりのスパイスと季節ごとの地産の食材を合わせたフレンチはお見事。渾身のワインリストには、ビオワインを中心にオーガニック、ビオディナミで造られたブルゴーニュ、ロワール、アルザス、ローヌ、南西のワインが、良心的な価格でリストアップされている。ホテルも併設されていて、部屋には日本式風呂が備わっている。

Boisrouge

4 Bis Rue du Petit Paris 21640 Flagey Échézeaux
Tél. 03.80.34.30.56
Web https://www.boisrouge.fr
Mail contact@boisrouge.fr
休 日曜、月曜、火曜　要予約（24時間前より受付）

1「ベルナール・ロワゾー」で数年間修業したラクルセル シェフ　2 静かな環境で食事をし、宿泊もできる

1 生ハム、サラミ、パテの皿とコンテ、シェーヴル、白かびチーズの皿　2 家族で楽しめるように、入り口には子ども用の遊具も

ラ・キュヴリー・ド・ヴォーヌ・ロマネ・バイ・コント・リジェ・ベレール

◆ヴォーヌ・ロマネ

リジェ・ベレール夫妻の素敵なおもてなし

ヴォーヌ・ロマネの名門「ドメーヌ・コント・リジェ・ベレール」の当主、ルイ・ミシェル・リジェ・ベレール夫妻が地元の人々が交流したり、日常の買い物ができるようにと、2022年12月にオープン。カフェ、ワインバー、オーガニック食料品、宿泊施設がそろっている。ドメーヌや畑巡りの合間に、シャルキュトリー（食肉加工品）やチーズの盛り合わせとともに素晴らしいワインを楽しもう。

La Cuverie de Vosne-Romanée by Comte Liger-Belair

1 Rue de Communes 21700 Vosne-Romanée
Web https://lacuveriedevosne.fr
休 木曜、日曜

プレムノール

◆プレモー・プリセ

「ドメーヌ・プリウレ・ロック」のレストラン

ブルゴーニュにおいてナチュラルワインの先駆けであるドメーヌのレストランが、2023年に完成。ブドウ畑を眺めながらの食事は感動もの。ランチはセットメニューオンリーで、比較的お手ごろな値段設定。ディナーのア・ラ・カルトでは自家有機農園の豚や鶏の料理を堪能できる。ワインリストはドメーヌのワインはもちろん、ワイン愛好家を引き付ける魅力的な内容だ。

Premnord

6 rd 974 21700 Prémeaux-Prissey
Tél. 03.80.42.23.35
Web https://premnord.com
Mail premnord-restaurant@hfroch.fr
休 土曜、日曜

1 レストランの名前は「プレモー村の北側」を意味する造語　2 ブドウ畑を見渡す広い店内

エルミタージュ・ド・コルトン

◆ショレ・レ・ボーヌ

ブドウ畑に囲まれた正統派フレンチ

ボーヌとディジョンを結ぶ県道沿いにあるホテル&レストラン。夏の夕方、沈みゆく太陽に照らされるブドウ畑を眺めながらテラスでディナーを楽しめば、まるで映画のワンシーンを見ているような極上の気分に。コート・ド・ニュイ地区にもコート・ド・ボーヌ地区にもアクセスが良い。パリと南仏を結ぶ高速A6の出口から近く、広い駐車スペースがあるので、車で移動する時にも便利。

Ermitage de Corton
D974 21200 Chorey-lès-Beaune
Tél. 03.80.22.05.28
Web https://ermitagecorton.com/
Mail contact@ermitagecorton.com
休 11月～3月の水曜。クリスマスの週（12月の2週間）
＊詳細は問い合わせを

1 テラスからは右手にコルトンの丘、手前にショレ・レ・ボーヌ、奥にサヴィニ・レ・ボーヌの畑が広がり、ブルゴーニュにいる気分にたっぷりと浸ることができる
2 ボーヌから3kmと近い。ホテル室内もダイニングも近年全面リニューアルされた。プールもあり、子どもも大喜び

ル・セリエ・ヴォルネジアン

◆ヴォルネ

ブドウ農家の田舎料理を味わえる店

ヴォルネ村のワイン農家の醸造所を改装したレストラン。広い室内には、昔使われていた醸造用の道具が並び、まるで博物館のよう。お勧め料理はフォンデュ・ブルギニヨン。フォンデュといえばサヴォワ地方の料理で、火にかけたチーズをパンに絡めて食べるものが有名だが、ブルゴーニュ風フォンデュは、熱した油に角切りの赤身肉をジュッと入れ、香草風味や手作りマヨネーズなどのソースとともに食するワイルドな料理。ワインはヴォルネを中心に地元生産者のものがそろい興味深い。ブルゴーニュ郷土料理のコースは18.5ユーロから。

Le Cellier Volnaysien
2 Place de l'Eglise 21190 Volnay
Tél. 03.80.21.61.04
Web https://www.restaurant-lecelliervolnaysien.com
Mail contact@restaurant-lecelliervolnaysien.com
休 火曜、水曜。夜は土曜のみ営業

1 ヴォルネジアンとは「ヴォルネの」「ヴォルネの人」を意味する形容詞　**2, 3** 中世のようなムードのある店内でいただく美味しいブフ・ブルギニヨンは、典型的な田舎風　**4** 郷土料理、プチ・グリのエスカルゴも美味

ル・ソレイユ

◆サヴィニ・レ・ボーヌ

「ドメーヌ・シモン・ビーズ」のレストラン

菩提樹が繁る通りに佇む、静かな門構えの一軒家。ここが今、世界からワイン好きが集うレストランに変身した。ナチュラルワインの知識が豊富なロラ・タブリ・ビーズさんの笑顔がゲストを引き付ける。春から夏にかけては陽気なテラスで、秋冬はサヴィニ・レ・ボーヌ村のレストランとは思えないほどカジュアルで居心地のいい店内で時間を過ごすのが、田舎の贅沢だ。近所の農場でとれた食材を使い、色鮮やかで手の込んだ料理を、舌と目で堪能。ワインリストは「ドメーヌ・シモン・ビーズ」のワインはもちろん、ナチュラルワインを中心にフランス、スペインのワインがそろっている。また、レストランの2階にある客室は心地よく、シンプルライフを過ごすには最高。

Le Soleil

1 Allée des Tilleuls Savigny-lès-Beaune 21420
Tél. 03.80.20.21.02
Web https://www.lesoleil-savigny.fr/
Mail contact@lesoleil-savigny.fr　**休** 火曜、水曜

1 門の向こうには田舎とは思えない別世界が広がる　2 生肉を使ったタルタル。ザクロの実とビーフが一体化し、上にたっぷり添えてあるフェンネルと一緒にいただくと驚くほどさわやか

ル・ビストロ・ドリヴィエ

◆ピュリニ・モンラッシェ

ワインテイスティングランチが大人気

「オリヴィエ・ルフレーヴ」は、ピュリニ・モンラッシェ村の有名なワイン生産者で、宿泊施設とレストランも営んでいる。数年前に始まったテイスティングランチは、今やワインツーリズムの人気ポイントに。赤白13種類のワインをテイスティングしながらランチをいただく40ユーロのコースが人気。10ユーロをプラスすると、プルミエ・クリュ（1級畑）のワインが加わる。

Le Bistro d'Olivier

10 Place de la Monument 21190
Pluligny-Montrachet
Tél. 03.80.21.95.27
Mail www.maison-olivierleflaive.com/
休 日曜、1月

1 1階は明るい広々としたレストラン、上階はホテルになっている。客室はモダンな雰囲気　2 村や畑の特徴がよくわかるテイスティングランチでは、繊細な味付けのヘルシー料理が味わえる

ビストロ・デ・ファレーズ

◆サン・ロマン

サン・ロマン村の崖（ファレーズ）に隣するハイセンスなビストロ

コート・ドール地域で最も標高の高いブドウ畑が広がるサン・ロマン村。石灰岩の大きな崖が目の前に広がる。料理もワインもナチュラル志向満載だ。オーナーシェフは、以前ボーヌの「ラ・ターブル・デュ・スクエア」のシェフを務めていたとあり、本格的なビストロ料理を楽しめる。フレデリック・コサールなどの自然派ワインがそろっている。アミューズにはグジェールが供されるので、クレマン・ド・ブルゴーニュを頼もう。黒板に書かれたメニューはどれも旬の食材をセンス良く調理している。

1 ホワイトアスパラガス、ヘーゼルナッツソース添え　2 開放的で心地いい空間が広がる

Bistrot des Falaises
Place de la Mairie 21190 Saint-Romain
Tél. 06.72.67.99.11
Web https://en.bistrotdesfalaises.com
Mail bistrotdesfalaises@gmail.com

ル・ビストロ・デュ・ボール・ド・ロー

◆ボーヌ

川べりの素敵なビストロ

ボーヌ郊外の村、ルヴェルノワ。小川の流れる風光明媚な場所に、大きな庭園を備えたホテル「オステルリー・ド・ルヴェルノワ」がある。ミシュラン1ツ星のレストランを併設しているが、さらに、昔の納戸を改築し、このビストロをオープンした。夏は小川のせせらぎを聞きながら、冬は暖炉で暖まりながら、洗練されたビストロ料理を楽しめる。メニューはプリフィクスで、25ユーロと良心的な価格。ワインリストは地元生産者のカジュアルなものを中心に、赤と白が数種類セレクトされている。ソムリエにお願いすれば、メインレストランのリストから選ぶことも可能。

Le Bistrot du Bord de l'Eau
Rue du Golf 21200 Levernois
Tél. 03.80.24.89.58
Web https://www.levernois.com/fr
休 昼は無休、夜は季節により不定休、1月下旬～3月上旬

1 ジャンボン・ペルシエがファッショナブルに進化。店はとても活気がある　2 1ツ星レストランの「オステルリー・ド・ルヴェルノワ」と屋内でつながっている

1 ワインリストはなく、店内に陳列してある棚から選ぶスタイル　2 ボーヌの城壁のすぐ外側にある。店の前に置かれたワインの樽が目印

カーヴ・マドレーヌ

◆ボーヌ

食材にこだわる究極のビストロ

長椅子に長テーブルと、サンパな（感じの良い）雰囲気のビストロ。食材に徹底的にこだわり、フランス各地のミシュラン星付きレストランに提供している*地元農家の鶏や、ボーヌの有機栽培生産者の野菜を使用。シンプルに、やさしく丁寧に仕上げられた料理にお腹も心も満足すること間違いなし。常連客も多く昼も夜も混み合う、ボーヌ屈指の人気店。こだわりのワインリストにも注目したい。

＊Ferme de la Ruchotte＜フェルム・ド・ラ・ルショット＞。ボーヌから20キロほどのところにあり、土日は「農家レストラン」を営業している

Caves Madeleine

8 Rue du Faubourg Madeleine 21200 Beaune
Tél. 03.80.22.93.30
Web https://cavesmadeleine.com
Mail contact@cavesmadeleine.com
休 水曜、日曜

レストラン媚竈（びそう）

◆ボーヌ

ワインリストに定評のある和食レストラン

ミシュランガイド2009年版で、ワインリストに対して授与される"ブドウマーク"を獲得。自然派を中心としたワインリストに定評があり、地元のワイン生産者からの支持も厚い。料理は日本人シェフの澤畠樹彦氏が作る和食。店名の「媚竈」とは、「窯に媚びる」という意味があり、シェフの澤畠氏は料理に使用する窯に常に感謝しながらお客さんに喜ばれる料理を作る。ワインに合う味付けにこだわり、季節によってはウナギやカキフライもメニューに登場。フランスの食材を和風にアレンジした料理は、食通にも新鮮に映る。日本食とともにワインを楽しみたいと、世界中からファンが集まる。

Restaurant Bissoh

42 Rue Maufoux 21200 Beaune
Tél. 03.80.24.01.02 **Web** https://www.bissoh.com
Mail bisbissoh@gmail.com
休 月曜、火曜

1 にぎり寿司　2 焼き鳥を焼く澤畠樹彦シェフ　3 ボーヌの城壁内、「ホテル・ル・セップ」の斜め向かいに移転してからは、本格的な寿司の握りや炭火焼きを提供している

ラ・ディレッタント

◆ボーヌ

美味しいものが大集合

ランチタイムから夜までノンストップで営業。自由気まま（la dilettante）に軽食をいただける店。オーナーのロロ氏（ローラン・ブルラン氏）の食に対するこだわりはレストラン業界でも有名。彼の魅力に世界中から人が集まる。ワインのみならず、フランス各地から取り寄せている地ビールやジュースも、自然派を中心に取りそろえている。隣県のジュラの生産者のもとへ直接仕入れに行くチーズやハムなどのセレクションも間違いなし。美しい奥さまは香川県高松市出身の理加さんで、親しみやすいサービスが評判。

La Dilettante

11 Rue du Faubourg Bretonnière 21200 Beaune
Tél. 03.80.21.48.59
休 水曜、日曜。夏季の水曜、木曜、日曜

1 美味しいものを求めて、フランス国内はもちろんイタリア、スペインまで足を運んで食材を仕入れる。日本の食材もある。ボーヌの城壁からポマール方向に進んですぐのところにある。店の前に置かれた樽が目印　2 フレッシュな有機野菜サラダにシャルキュトリーがあれば、お勧めワインとともに十分楽しめる

ラ・ターブル・デュ・スクエア

◆ボーヌ

気軽に行けるワインバー

近年外観が変わりシックな様相になったが、店内はとてもカジュアル。鶏の空揚げや煮込み料理など、2～3人で取り分けて好きなワインとともに楽しみたい。店は地元で代々レストランを運営してきたエスコフィエ・ファミリーの長男ロマン氏が展開している。充実したワインリストは、ロマン氏の父が経営する、ワイン愛好家に人気のレストラン「マ・キュイジーヌ」譲り。

La Table du Square

26 Boulevard Maréchal Foch 21200 Beaune
Tél. 03.80.24.03.32 / 06.82.14.60.50
Web https://tabledusquare.com
Mail lesquarebaravin@hotmail.fr
休 日曜、月曜

ボーヌの外周沿いに可愛らしく佇む。脇を流れる川を上流に向かって進むと、ボーヌ市民の憩いの場であるブーゼーズ公園にたどり着く

カルロ広場から、店のあるサント・エレーヌ小径に一歩入ると、喧騒の世界から中世の静けさの世界にタイムスリップ。小径を抜けると観光局とボーヌ市営美術館「ミュゼ・ド・ボザール」のある建物、マリー・ド・ブルゴーニュ門にたどり着く

マ・キュイジーヌ

◆ボーヌ

究極のワインリストとシンプルな料理を堪能する

800種類以上のワインがそろう、ワイン好きのための店。ボーヌの中心、カルノ広場から伸びる小路に佇むこの小さな店は、日々、世界中のワイン愛好家でにぎわい、至高のワインが毎晩多く開けられる。オーナーのピエール・エスコフィエ氏のコレクションである『シャトー・ディケム』と『シャルトリューズ』のラインナップも見事（もちろんオーダーも可）。料理はシンプルでダイナミックな郷土料理が中心。美味しいものを最高の組み合わせのワインでお腹いっぱい食べたい！という食いしん坊さんにお勧めだ。人気店なだけに、ちょっと遅い時間に行くと黒板に手書きで書かれたメニューが少なくなっていることも。

Ma Cuisine
Passage Ste-Hélène 21200 Beaune
Tél. 03.80.22.30.22
Web https://www.macuisinebeaune.com
休 水曜、土曜、日曜、8月

ラ・メゾン・デュ・コロンビエ

◆ボーヌ

ボーヌならではのガストロノミックバー

ボーヌのミシュラン1ツ星レストランの元シェフ ロラン・シャンリオ氏が、もっと気軽にワインと食事を楽しんでほしいというコンセプトで始めたガストロノミックバー。シャンパーニュのリストは、ブルゴーニュ地方のレストランでナンバーワン。シャンパーニュやブルゴーニュほか、全体に充実した内容。アペリティフタイムを楽しくしてくれる種類豊富なおつまみリストに加えて、ちょっとした食事メニューも魅力的。ワイン関係者、旅行客でいつも賑わい、店の外まで人が溢れている。上階には宿泊施設を併設している。

La Maison du Colombier
1 Rue Charles Cloutier 21200 Beaune
Tél. 03.80.26.16.26
Web www.maisonducolombier.com/
休 日曜、水曜

1 観光シーズンには店の前に位置するノートルダム教会のライトペインティングが見学できる　2 ワインはバイ・ザ・グラスも充実

フランスのレストランの歴史、ブルゴーニュの郷土料理とチーズ

レストランの歴史

世界で最も芸術性が高いと言われる、フランスのレストランの歴史をひもときます。パリで初めてレストランが生まれたきっかけは、1789年のフランス革命。貴族に仕えていた有名料理人たちは主人に従って亡命するか、転職するか、それ以外に考えられる最良の方法がレストランを開くことだったのです。最初のレストランは、プロヴァンス伯爵（後のルイ18世）の料理人をしていたボーヴィリエ（1754～1817年）の店でした。

その後、新しいレストランが次々と開店し、1850年ごろには1400軒にも増えて"革命成金"の社交場と化して大繁盛しました。当時のお客たちは貴族社会の決めごとや料理とワインの常識について知らないことが多かったので、食通文学や手引き書を求めるようになりました。

そこで美食家のグリモ・ド・ラ・レニエールはカフェやレストランの紹介や解説をする『食通年鑑』（1803～12年）を定期的に発行しました。レニエールはさらに『招客必携』（1815年）という、お客をもてなすマニュアル本まで出版。『パリの食べ歩き』という本もあり、後の『ミシュランガイド』の手本となりました。

一方、哲学者、音楽家、法律家で真の美食家だったブリア・サヴァランは『味覚の生理学』、別名『美味礼賛』（1825年）を出版し、美食について科学的、哲学的に説明しました。この本には"食卓こそは、人がその最初から決して退屈しない唯一の場である"と書かれています。また"食卓の楽しみは、どんな年齢にも、どんな身分にも、どんな国の人にも、どんな時にも存在する。ほかのどんな楽しみとも結び付くが、ほかの楽しみを失った時に私たちを慰めてくれる最後のものが、食卓の楽しみである"はまさに真理といえます。

革命後、パリで生まれ19世紀に黄金時代を迎えた美食の精神は、フランス、ヨーロッパ各国、アメリカやそれらの植民地まで広がっていきました。そして19世紀半ばには、北仏のドーヴィルや南仏のコート・ダジュールのような保養地に豪華ホテルが建てられ、そこでレストランは洗練されていきました。20世紀に入ると観光旅行と美食が結び付いた楽しみが注目され、地方にオーベルジュと呼ばれる小規模のホテル・レストランが増え続けたことによって、美食ブームはさらに盛り上がります。1900年に出版された『ミシュランガイド』は、当時の美食家たちの手引き書として大評判に。このガイドブックはホテル・レストランの名前、住所、営業時間のほかに、料理やサービスなどを星でランキングしたり、名物料理を紹介したりする画期的な本でした。100年経った現在でも、相変わらず世界中の美食家の興味の的になっていて、これに倣い3ツ星や5ツ星でクラス分けした同様の格付け本が世界中で多く出版されています。

第2次世界大戦後、豊かな時代になると美食家の"肥満"は流行遅れとなり、従来の伝統料理と異なる"太らない"料理「ヌーヴェル・キュイジーヌ」（新フランス料理）が登場。料理人のミシェル・ゲラール氏、グルメガイド『ゴ・エ・ミヨ』を編集したアンリ・ゴー氏とクリスチャン・ミヨ氏が1974年にマスコミに発表し、全世界を席巻しました。この料理はソースのつなぎに粉を使わないので軽やかで、郷土色を取り入れた各シェフのオリジナリティー溢れる創作料理でした。

1980年代になると、フランスの古典料理とは違う創作料理が一般的になりました。また一方では、ヌーヴェル・キュイジーヌのベースには古典や郷土料理が大切な要素になっているということを証明して、見事な新フランス料理を展開したジョエル・ロブション氏（1946～2018年）の料理が一

「ル・サンク」の一皿

パリ3ツ星、ホテル・ジョルジュサンクのル・サンクの店内

世を風靡しました。ロブション氏の後に、パリのポアンカレにあったレストランを引き継ぎデビューを飾ったアラン・デュカス氏（1956年〜）は、97年にいきなりミシュラン3ツ星を獲得。時代の寵児と評され、プラザ・アテネホテルのメインダイニングに店を移しました。プラザ・アテネ店は2020年に契約満了しましたが、すでにデュカス氏は世界中に活動の場を広げ、23年には11カ国13都市に自身の名を冠したレストランを展開。ヌーヴェル・キュイジーヌに各国の食文化も取り入れつつ「人にも地球にも健康的な料理」をモットーに、料理界の帝王として君臨しています。

21世紀に入り、世界中から食に関する莫大な情報が流入し、料理やワインがますますグローバル化しています。東京ではフランスの最先端の流行を取り入れた料理に出合えますし、フランス人よりもフランス料理を極めていると思われる日本人シェフもいます。新鮮な食材を生かした調理法は、健康志向の今の時代を象徴しています。緻密で繊細な高級フランス料理には、フィネス（繊細・上品・優雅）が豊かなブルゴーニュ、コート・ドール地区のワインがますます求められているといえるでしょう。

ブルゴーニュの星付きレストラン

洗練された食文化を持つフランスの田舎へ、その土地の最高の食材を使った美味しい料理を食べに行くことは、人生の喜びの一つです。パリに比べると値段も良心的、しかも新鮮な空気とロマンチックな環境に囲まれ、究極のバカンスを過ごすことができます。

『ミシュランガイド フランス 2023』によると、3ツ星レストラン<そのために旅行する価値がある卓越した料理>は29軒。パリ以外の3ツ星は、田舎に佇む居心地のいい夢のようなホテル・レストランで、世界中から予約が殺到しています。

世界の人が憧れる3ツ星レストランが、ブルゴーニュ地方には3軒あります。10年前は6軒でしたが、リヨンの「ポール・ボキューズ」はシェフの逝去によって、そしてシャブリ地区ジョワニィの「ラ・コート・サン・ジャック」、ソーリューの「ル・ルレ・ベルナール・ロワゾー」も近年降格しました。

23年版での3ツ星は、ボーヌから車で20分ほどの町シャニーの「ラムロワーズ」、マコン近辺の「ジョルジュ・ブラン」、リヨンの北西に位置するロアンヌの「トロワグロ」の3軒。料理、ワイン、内装、サービスなどすべてが格調高く魅力に溢れているところばかりです。チャンスがあればぜひ行ってみてください。ボーヌから一番近いのはラムロワーズです。

20年以上前は"素晴らしい料理のあるレストランの厨房には、必ず日本人がいる"といわれていました。当時は表舞台には出てきませんでしたが、今や才能豊かな努力家が本場フランスで成功するようになっているのは本当に誇らしいことです。23年現在、ブルゴーニュで1ツ星を獲得している日本人シェフは3人、全員オーナー・シェフです。本書のレストランガイドをご覧ください。

ボーヌ「ル・ベナトン」の杉村圭史シェフは一度ル・ベナトンで研修した後、東京で腕を磨き、07年にル・ベナトンに戻り、15年にオーナー・シェフとなり1ツ星を獲得。ディジョンの「ラスペリュル」の木村圭吾シェフは、14年にシャブリ地区オーセールに店をオープンした半年後に1ツ星を獲得し、18年にディジョンへ移転。今も華々しく活躍しています。現在オーセールのビストロのほかに「とりからさん」という空揚げ店も経営しています。「オリジーヌ」の内村朋史シェフは「ラムロワーズ」から独立して19年12月にこの店をオープンし、22年に1ツ星を獲得。格調高いフレンチのほか、2店舗経営するラーメン店も大繁盛しています。

ブルゴーニュの名産物

農業国であるフランスの各地方の郷土料理とその土地のワインを一緒にいただくことは、旅行者にとって最大の喜びです。フランスの中でもブルゴーニュ地方は、とりわけ上質な食材とワインに恵まれています。世界中のグルメがこぞって訪れるこの桃源郷の美食について紹介します。

ブルゴーニュ地方を代表する食肉で、AOCに認定されているもの、一つ目はシャロレ地区の白い肌のシャロレ牛です。日本の松阪牛のように脂肪が霜降り状ではなく、たんぱく質が多くて柔らかい肉質なので、ステーキやロースト料理で供されます。

二つ目はブレス地区のブレス鶏。その姿は赤いトサカ、白い胴体、青い足。まるでフランス国旗のようでユニークです。きめ細かい滑らかな肉質のブレス鶏は「ラムロワーズ」では優雅なロースト料理として供されます。

三つ目はドンブ地区のカエル。ソーリューのミシュラン2ツ星レストラン「ル・ルレ・ベルナール・ロワゾー」のスペシャリテです。小さいカエルの腿肉をローストして、ニンニクとパセリのピューレをダイナミックに添えます。エスカルゴの王様「プティ・グリ」（小さい灰色という意味）は、名前の通り小さくて灰色をしており、ブドウの葉を食べて育つせいか滋味豊か。エスカルゴ・バター（ニンニク、エシャロットとパセリのみじん切り入り）やスープでいただきます。

魚の名産物は、ブルゴーニュ地方の東側に流れているソーヌ川から捕れるサンドル（川カマス）とエクルヴィス（フランスザリガニ）。

ブルゴーニュ土産品として有名なものは、ディジョンのマスタード。上質なカラシの実とワインヴィネガーから作られる特産品です。

郷土料理

コート・ドール地区の村々にあるレストランやビストロのメニューに必ず載っているのが、ブルゴーニュの郷土料理です。郷土料理といってもワンパターンではなく、お店によって、モダンにアレンジされているものや、伝統的な素朴な盛り付けのものもあり、実に興味深いです。

1. ジャンボン・ペルシエ Jambon Persillé

豚腿肉のハムのパセリ入りゼリー寄せ。アリゴテ・ワインをたっぷり使う、酸味が効いたボリュームのある料理。前菜に。

「ラ・メゾン・デュ・コロンビエ」のジャンボン・ペルシエ

2. ウフ・アン・ムレット Œufs en Meurette

ポーチ・ド・エッグの赤ワインソース煮。ポーチ・ド・エッグをベーコンやタマネギ入りの赤ワインソースで煮込む。ランチはこれとサラダがあればパーフェクト。

3. コック・オ・ヴァン Coq au Vin

雄鶏肉の赤ワイン煮。プーレ（若鶏）と違って肉質が固いため、赤ワインで長時間煮込む。白ワインで煮込んだものもあり、見た目がおしゃれ。

4. ブフ・ブルギニヨン Bœuf Bourguignon

牛肉のブルゴーニュ赤ワイン煮。コック・オ・ヴァンに比べると濃厚でコクのある煮込み料理。

5. グジェール Gougère

グリュイエールチーズ入りの小さなシュー。前菜の前にいただくアミューズとして、またワイン試飲会の友として供される。

「ビストロ・ルシアン」のグジェール

ブルゴーニュの名産チーズ

フランスにはアペラシオン・ドリジーヌ・コントローレ（Appellation d'Origine Contrôlée）、略してAOC（EU圏ではAOP）という原産地呼称統制法で規制されている農業製品が数多くあります。農林省の管轄下であるINAO（国立原産地呼称研究所）が管理し、ワイン、チーズ、食肉、香辛料等が伝統的につくられてきた土地で、正しい原料と製法を守ってきた品質の良いものであることを保証する法律です。

ワインには約500（ブルゴーニュは約120）のAOC認定があり、チーズのAOCは46（ブルゴーニュは3）です。フランスのチーズは、他国と比べると白かびタイプ、青かびタイプ、セミハードタイプ、ハードタイプとバラエティー豊かで個性的ですが、何といってもフランス的で芸術性が高いのは、ウオッシュタイプと、ヤギ乳で作るシェーヴルです。

ブルゴーニュ産チーズのAOCは、ウオッシュタイプの「エポワス」とシェーヴルの「シャロレ」と「マコネ」。エポワスはブリア・サヴァランが「チーズの王者」とたたえ、ナポレオン１世（在位1804～14年）はシャンベルタンと一緒に食したという逸話もあります。ジュヴレ・シャンベルタン村近くのエポワス村で、16世紀にシトー会の修道士によって作られていたのが始まりで、納豆菌の親戚であるリネンス菌による熟成中に、地酒のマール（ブドウの搾りかすから造られるブランデー）を入れた塩水で表面を洗う、フランスで一番香りが強くて旨味の強烈なチーズです。表皮がオレンジ色を帯びているのは、酵素によって自然に付いた色。リネンス菌は白かび菌よりも早いスピードでたんぱく質を分解してアミノ酸を生成しますが、腐敗臭が強いので毎日塩水等で洗って熟成させます。熟成してトロトロになったものをスプーン食べるのが醍醐味です。また、ブルゴーニュにはAOC認定されていないウオッシュタイプがたくさんあります。「ラミ・ド・シャンベルタン」（マール入り塩水で洗う）、「アフィデリス」（シャブリのマールで洗う）、「スーマントラン」（塩水で洗うので風味はマイルド）などが有名です。ウオッシュタイプは旨味が非常に豊かなので、上質なピノ・ノワールの赤ワインと好相性です。

ブルゴーニュのAOCチーズ、エポワス

AOCシャロレは、肉牛の産地シャロレ地区で、AOCマコネは白ワイン産地マコネ地区で伝統的な製造方法で作られているヤギ乳チーズ。ヤギ乳製のチーズは、出来たては酸味が強いので、フレッシュで酸がはつらつとした白ワインが合います。熟成が進み白やブルーグレーのかびに覆われてくると酸味が穏やかになりナッツのようなコクが出るので、上質な赤ワインにぴったりに。現地のレストランではデザートの前にチーズのワゴンサービスがありますが、ブルゴーニュ産シェーヴルチーズの種類の多さは圧倒的です。大きさは20～250gで、円筒形や四角やおまんじゅうのような形が目を楽しませてくれます。

Cheese shop チーズショップ3店舗

アラン・エス

ボーヌ

美味しいチーズがそろう店

ボーヌ随一の高級チーズショップ。オリジナルのチーズ「デリス・ド・ポマール」は、ブルゴーニュ名物の粒マスタードをまぶした、酸味のあるフレッシュな味わい。世界中から集めた高級食材のセレクトショップでもあり、グルメ垂涎の的。チーズは持ち帰り用に真空パックにしてくれる。地下にはワインショップも併設。

Alain Hess 7 Place Carnot 21200 Beaune **Tél.** 03.81.24.73.51
営 9:00〜12:00、14:00〜19:00 **休** 夏期の日曜午後、冬期

フロマジェリー・ゴーグリ

ジュヴレ・シャンベルタン

工房を見学し、ワインとともにチーズの試食を楽しもう

ジュヴレ・シャンベルタン村に2003年に設立された「フロマジェリー・ゴーグリ」は、ウオッシュタイプのチーズ8種類だけを製造。「エポワス」と同様にブルゴーニュのマール入りの塩水で洗って熟成させる「ラミ・デュ・シャンベルタン」はゴーグリが1950年に発案した、珍味のような旨味たっぷりのチーズだ。ショップには、他社製のさまざまなタイプのチーズも販売されている。

土曜の午前中のみ工房見学ができる。平日でも予約をすれば団体の見学が可能（工場が稼動している午前中が望ましい）。要予約。所要時間は1時間30分。5種類のチーズの試食、パン、ワイン1杯付き。料金は7ユーロ。団体料金は15名まで90ユーロ（15名を超える場合は1名につき6ユーロ加算）

Fromagerie Gaugry RN74 Brochon 21220 Gevrey-Chambertin
Tél. 03.80.34.00.00 **Web** www.gaugryfromager.com/
営 月曜〜金曜 9:00〜12:30、14:00〜19：00／土曜 9:00〜12:30、14:00〜18:30

フルイティエール・デュ・エリソン

ボーヌ

ジュラ地方のチーズ専門店

ジュラ地方のチーズを取り扱うショップ。ハリネズミのイラストが目印。ジュラに本店がある生産者組合直営店のアンテナショップで、良心的な値段設定がうれしい。ジュラ・チーズの王様「コンテ」はもちろん、やさしい味わいの「モルビエ」「ブルー・ド・ジェックス」、そして新鮮なヨーグルトも見逃せない。「ラクレット」に合わせてソーセージやハムも数種類取りそろえている。店の名前の由来になっているエリソン滝はジュラ地方の観光名所。ボーヌから車で2時間弱。

Fruitière du Hérisson 24 Rue d'Alsace 21200 Beaune
Tél. 03.80.24.22.02 **営** 9:30〜12:30、14:30〜19:00 **休** 日曜午後

ボーヌは「ブルゴーニュ・ワインの首都」と呼ばれる大観光地。

城壁に囲まれた1km 四方の小さい町とその周辺には
魅力的なワインショップや土産店、ホテルが
狭い通りに軒を連ねています。

コート・ドールの村々のブドウ畑の真ん中に佇む田舎の
プチ・ホテルではその土地のワインと美食を楽しみましょう。

ギャラリー・ミッシェル・ガグリア

◆ボーヌ／ポスターショップ

博物館のようなポスター店

ヴィンテージポスター専門店。20世紀の宣伝広告としてのフランスポスター文化史の流れを垣間見ることができる。各年のサン・ヴァンサン祭りのポスターや、有名なワインショップ「ニコラ」のワインカタログが年代ごとにそろい、とても興味深い。

Galerie Michel Gaglia

15 Rue Monge 21200 Beaune　**Tél.** 03.80.22.69.44
営 9:00〜12:00、14:00〜19:00　**休** 冬期

バースデーヴィンテージのサン・ヴァンサンのポスターや、「ニコラ」のワインカタログをプレゼントにしてみてはいかが？ 当時のトップグラフィックデザイナーを起用したエール・フランスやフランス国鉄などの大手企業のポスター広告は必見だ

プレスティージュ・セラー

◆ボーヌ／ワインショップ

PRESTIGE CELLAR

広い店内に豊富な品ぞろえ

一歩ショップの中に入ると、そこは夢見るワインの世界。その名のごとくプレスティージュ（最高級）なワインはもちろん、すぐにトライしてみたくなるようなお手ごろなラインナップも充実している。ボーヌ郊外にあるため気軽に立ち寄るというわけにはいかないが、ネットショップも充実しているのでご安心を。ネットの新着情報の中には見逃せないものもたくさんある。

お店には日本人スタッフがいるので、気軽にワイン選び、配送などの相談を

Prestige Cellar

4 Rue du Moulin Noizé 21200 Beaune
Tél. 06.28.71.37.00　**営** 9:00〜19:00　**休** 日曜

アヴァンチュール

◆ボーヌ／ワインショップ

ワイン専門学校の学生に人気のワインショップ

「リセ・ヴィティコル・ド・ボーヌ」の学生たちが新しいワインの情報を求めて通うのがこの店。フランス全土のナチュール、ビオ、ビオディナミそしてアルティザンワインの新たな潮流を紹介する店主に、気軽に声をかけてみてはいかが？ ワインの新たな世界に導いてくれるだろう。

「冒険」を意味する「アバンチュール」。個々のセレクションは"冒険"そのもの

Avintures

20 Rue du Faubourg Saint-Nicolas 21200 Beaune
Tél. 03.80.24.65.74　**営** 10:00〜19:00　**休** 日曜、月曜

ライヤール

◆ボーヌ／惣菜店

行列のできる惣菜店

ボーヌ市民にとってなくてはならない惣菜店。土曜の朝には行列ができるほど人気で、品ぞろえも豊富。キッシュやパテ、テリーヌを少量ずつ購入して、ボーヌ市民の憩いの場、ブーゼーズ公園でピクニックするのも楽しい。

入り口の看板が可愛らしい。いつも地元の人でにぎわう

Raillard
4 Rue Monge 21200 Beaune **Tél.** 03.80.22.23.04
営 9:00〜12:00、14:00〜19:00 **休** 日曜午後、月曜

ラリエール・ブティック

◆ボーヌ／惣菜店

シェフが経営する“美味しいもの屋さん”

料理人の家庭で育った「ラ・ターブル・デュ・スクエア」のシェフ、ロマン・エスコフィエ氏がフランス中の美味しいものを取りそろえたグルメショップ。あれもこれも買いたくなってしまう。シャルキュトリーなどは桁外れに美味。地下には、流行りの物から愛好家が欲するようなワインまでそろっている。エスコフィエ一家は薬草酒『シャルトリューズ』の蒐集家としても有名。シャルトリューズの『エリクシール』は気付け薬にもなる。

お店のあるカルノ広場は、週末にミニコンサートが開かれるなど市民の憩いの場となっている

L'arrière Boutique
3 Place Carnot 21200 Beaune
Tél. 03.80.21.03.38 **営** 9:00〜20:00 **休** 年中無休

ラ・ムタルドゥリ・ファロ

◆ボーヌ／マスタード店

家族経営の本物ブルゴーニュマスタード

19世紀末から同じ場所でマスタードを作り続けている「ファロ」。ほとんどの生産者がマスタード粒を輸入に頼っているが、ここは地元産の原料とヴェルジュ（ワイン用ブドウの未熟果で作られる酸味の強い果汁）で伝統的なマスタードを作る。マスタード博物館で歴史と製造方法を学んだ後には、いろいろな風味のマスタードを試食できる。ワインと同じように、マスタードと料理のマリアージュを想像するのも楽しい。

La Moutarderie Fallot
1 Rue du Faubourg Bretonnière 21200 Beaune
Tél. 03.80.22.10.10 **営** 9:30〜18:00 **休** 日曜（夏期は無休）

マリー・シモン

◆ボーヌ／菓子店

菓子職人コンクール チャンピオンの店

「お菓子作りが上手だった祖母のパティスリーを基本に、クラシックな世界を現代風にアレンジするのが私流」というマリー・シモンさん。多くのレストランでパティシエとして働いた後、念願の店をボーヌ市内にオープン。彼女の作る愛らしいお菓子はボーヌ市民を虜にしている。店内のサロンでゆったりとティータイムを過ごすのも、旅の素敵な思い出になるだろう。

シンプルで何気ないクロワッサンなどもとても美味しい

Marie Simon

2 Rue Marley 21200 Beaune　**Tél.** 03.80.26.54.52
営 8:30〜13:00、15:00〜18:00　**休** 月曜、日曜午後

ファブリス・ジロット

◆ボーヌ／ショコラショップ

美食の町ディジョンに本店を構えるショコラティエ

世界的ショコラティエ ファブリス・ジロット氏のショップ。16歳でショコラティエを目指し、職人として最高峰の称号MOF菓子職人部門を当時最年少で取得した。日本への出店も果たしたが、現在は残念ながら閉店。復活祭の時期に店頭を飾るユーモア溢れる彫刻チョコは大人気商品。

鮮やかなブルーとダークグレーがシンボルカラー

Fabrice Gillotte

33 Rue Carnot 2120 Beaune　**Tél.** 03.80.80.22.54
営 9:30〜12:30、13:30〜19:00　**休** 月曜

アテナウム

◆ボーヌ／書店・土産物店

ワイン関連グッズや本が充実

ワインや料理関係の雑誌・書籍の品ぞろえが圧倒的。ブルゴーニュのアペラシオン地図など、ワイン関連の小物も多くそろい、眺めているとあっという間に時間が過ぎる。2階には、子ども向けの土産物や本が並んでいる。

年中無休なので、週末にもゆっくり買い物ができる

Athenaeum

7 Rue Hôtel-Dieu 21200 Beaune
Tél. 03.80.25.08.30　**営** 10:00〜19:00　**休** 無休

ル・ヴィニュロン

◆ボーヌ／土産物店

眺めるだけでも楽しい土産物店

小さな店内に2000種類以上の土産物が、小物から大物まで所狭しと並んでいて、見ているだけでも楽しくなる。サン・ヴァンサンの石膏像は、この店の隠れた人気商品。モデルとなったサン・ヴァンサン像はペルナン・ヴェルジュレス村、コルトンの丘を見守るように畑に佇んでいる。

店のオーナー、ショートヘアの似合うマリー・シャルロットさんは大の親日家。「こんにちは」と声をかけてみよう

Le Vigneron

6 Rue d'Alsace 21200 Beaune
Tél. 03.80.22.68.21　**営** 9:00〜19:00　**休** 無休

Hotel ホテル

ル・セップ

ボーヌ

ブルゴーニュファンが憧れる格調高いホテル

ルイ14世の時代から多くの賓客を受け入れてきた館が、格調高い4ツ星ホテルとして1986年に誕生。各部屋にはブルゴーニュ・ワインの名前が付けられている。「ロマネ・コンティ」は、ブルゴーニュファンならいつかは泊まってみたい部屋。ロビーやバーのスペースが広く、ゆったりとくつろげるのがうれしい。日本人のスタッフもいるので心強い。隣はレストラン「ロワゾー・デ・ヴィーニュ」。ブルゴーニュを満喫できるすばらしい場所だ。

Le Cep
27 Rue Maufoux 21200 Beaune
Tél. 03.80.22.35.48
Web www.hotel-cep-beaune.com/

オテル・ド・ラ・ポスト

ボーヌ

モダンクラシックな居心地のいいホテル

アール・デコを基調としたボーヌの外壁沿いに建つ4ツ星ホテル。サロン、ダイニング、客室と徐々に改装され、現在は、居心地抜群に。ランチは中庭に面したビストロで軽食を、夜はメインダイニングでディナーを楽しんだ後にバーでゆっくりと1日を終えるのは、バカンスの極み。

Hotel de la Poste
5 Bd. Clémenceau 21200 Beaune
Tél. 03.80.22.08.11
Web https://www.poste.najeti.fr/

ル・リシュブール

ヴォーヌ・ロマネ

ワイン村のモダンなホテル

ヴォーヌ・ロマネ村に近年登場した4ツ星のホテル。「ドメーヌ・モンジャール・ミュニュレ」が経営している。"モダン禅"をコンセプトにした部屋は、ブドウ畑を思わせるような広々とした造り。スパ、サウナの設備も整い、旅の疲れを癒やすには最高のホテル。

Le Richebourg
Ruelle du Pont 21700
Vosne - Romanée
Tél. 03.80.61.59.59
Web www.hotel-lerichebourg.com/

ロテル・ド・ボーヌ

ボーヌ

ゴージャスなステイを約束

ボーヌ市の中心に位置する4ツ星ホテル。19世紀の館を改築した、全7部屋の小さくともゴージャスなホテルだ。キングサイズのベッド、黒大理石の浴槽、「エルメス」のアメニティーと、贅沢の極みを取りそろえたホテル。中庭を挟んで建つ「ビストロ・ドテル」には、人気の生産地や生産者を中心に趣味よくセレクトされたワインリストが用意されている。

L'Hôtel de Beaune
5 Rue Samuel Legay 21200 Beaune
Tél. 03.80.25.94.14
Web www.lhoteldebeaune.com/

ル・ソレイユ

サヴィニ・レ・ボーヌ

「ドメーヌ・シモン・ビーズ」のオーベルジュ

ドメーヌのすぐ近くに2020年にオープンした、レストランと宿泊施設。2階には広めのバスルーム付きの部屋が3タイプあり、それぞれ内装のセンスが素晴らしい。1階のレストランは、昼は地元のヴィニュロンたち、夜は若いカップルや友人同士の食事会でにぎわっている。

Le Soleil　**休** 月曜、火曜、水曜
1 Allee des Tilleuls
Savigny-lès-Beaune 21420
Tél. 03.80.20.21.02
Mail contact@lesoleil-savigny.fr
Web www.lesoleil-savigny.fr

アンリ・ドゥ

ボーヌ

大人数の場合はここが一番

ボーヌ市内から徒歩5分。部屋数、タイプも多く、団体から小グループ、ファミリーと、さまざまなシチュエーションに対応する3ツ星ホテル。ホテルの前に大型バスの駐車スペースがある。

Henri 2
12-14 Rue du Faubourg St. Nicolas
21200 Beaune
Tél. 03.80.22.83.84
Web https://henry2.fr

ラ・メゾン・ド・ジャクリーヌ

ヴォーヌ・ロマネ

「ドメーヌ・ミュニュレ・ジブール」の優雅なホテル

1933年にドメーヌを設立したミュニュレ・ジブール家が、2022年11月に大きな屋敷をホテルとしてオープン。1930年代の様式を洗練させた上品な客室からは、ヴォーヌ・ロマネ村の美しいブドウ畑が見渡せる。朝食は1階のエレガントなサロンで。

La Maison de Jacqueline
17 RD974 21700 Vosne-Romanée
Tél. 03.80.27.23.90
Mail contact@lamaisondejacqueline.fr
Web www.lamaisondejacqueline.fr

オスピス・ド・ボーヌとチャリティー・オークション

現在は博物館としてブルゴーニュ随一の観光名所となっている「オスピス・ド・ボーヌ」(ボーヌ施療院) こと「オテル・デュー」(神の館)。1443年、ボーヌのカルノ広場近くに建造されました。ブルゴーニュ公国フィリップ善良公に仕えた大法官ニコラ・ロランと妻のギゴーヌ・ド・サランが、病人と貧しい人々を救済するために設立し、ここを維持するために王侯貴族などから寄進されたブドウ畑 (約60ha) からワインを製造販売しました。1971年にボーヌ病院が建てられるまで、病院として機能していました。

オテル・デューの屋根瓦は青灰色のスレート葺きで、飾り気のない地味な外観ですが、小さな入り口から中庭に入ると黄・緑・レンガ・黒の4色で構成された芸術的な幾何学模様の瓦が葺かれた木造建造物が現れ、圧倒されます。この瓦は当時ブルゴーニュが支配していたベルギーのフランドルから輸入したものですが、独特の模様はブルゴーニュのオリジナルです。館の中に入ると礼拝堂のある長方形の病室「貧者の間」が展示されています。オスピスが所蔵している見事な祭壇画にロヒール・ヴァン・デル・ウェイデン作の『最後の審判』がありますが、この絵は「貧者の間」の病人たちが人生の最後に見られるようにと描かれた傑作です。

ブルゴーニュ最大のワイン祭り「栄光の3日間」は、11月の第3土曜日・日曜日・月曜日に行われる大イベント。世界中からワイン愛好家、ネゴシアン (ワイン商)、ジャーナリストたちが大勢集まり、ボーヌの町は活気に溢れます。

日曜日の午後には「オスピス・ド・ボーヌのチャリティー・オークション」がボーヌの公会堂で行われます。競売会は1851年に始まった、フランスで最も古い歴史的なイベントです。長年ボーヌ市が運営していましたが、2005年からイギリスのオークションハウス「クリスティーズ」が携わり、21年以降は同じくイギリスのオークションハウス「サザビーズ」が仕切っています。04年まではネゴシアンだけが樽の落札が可能でしたが、05年以降は一般のワイン愛好家も1樽単位で落札できるようになりました。

アルコール発酵が終わったばかりの新樽に入った熟成途中のワインは50ほどあり、銘柄はコート・ド・ボーヌ地区の特級畑、1級畑、村名畑が中心です。また「マジ・シャンベルタン」と「クロ・ド・ラ・ロッシュ」といったコート・ド・ニュイ地区の特級畑も2銘柄あり、毎年最高価格で落札されます。その年の落札価格はヴィンテージや品質評価に伴うもので、ブルゴーニュ全体のワイン価格の相場に反映する、ということでメディアの注目を浴びます。

著者が落札した1樽。「ドメーヌ・シモン・ビーズ」の故パトリック・ビーズ氏がエルヴァージュした

ワインはボーヌ近郊にあるオスピス・ド・ボーヌ所有の立派な醸造所で造られます。販売された樽入りワインは、落札者が契約をしたネゴシアンがエルヴァージュ（樽熟成から瓶詰めまでの作業）し、その後木箱に入れて手元に届けられます。228ℓ容量の樽は300本分のボトル（750ml）になります。ボトルに貼るエチケット（ラベル）には生産者名「オスピス・ド・ボーヌ」、ワイン名、キュヴェ名（畑の寄進者の名前）、落札者の名前が記されます。優秀な醸造長が造るワインなので、エルヴァージュを頼む際にセンスの良いネゴシアンを選べば、10年以上は味わいが成長していく様子を楽しめます。

Saint-Vincent-Tournante **Column**

サン・ヴァンサン・トゥルナント　輪番制 聖ヴァンサン祭り

ブドウ栽培者（ヴィニュロン）の守護聖人（パトロン・デ・ヴィニュロン）のお祭り「サン・ヴァンサン・トゥルナント」は、毎年1月の最後の週末に開催されます。このお祭りは、1938年にコンフレリ・デ・シュヴァリエ・デュ・タストヴァン（ブルゴーニュの利き酒騎士団）によって始められた歴史的なイベントです。
「トゥルナント」は"ぐるぐる回る"という意味で、各村が年ごとに持ち回るため「輪番制 聖ヴァンサン祭り」と呼ばれています。当番となった村を「サン・ヴァンサン」が巡回するのですが、4半世紀に一度しか順番が回ってこないため、村にとっては大きなイベントです。お祭りの2日間は醸造所が開放され、テイスティンググラスを買うとワインが飲み放題になるので、1年で最も寒い時期に行われるにもかかわらず4万人もの観光客が訪れるほど人気があります。選ばれた村は花で美しく飾り立てられ、ブドウ栽培者は「サン・ヴァンサン」の彫像とともに村中を練り歩きます。

〈 サン・ヴァンサンとは 〉

4世紀初頭、古代ローマのディオクレティアヌス皇帝（244〜311年。キリスト教を弾圧した皇帝）の時代に、スペインのサラゴサ地方でカトリックの助祭を務めていたサン・ヴァンサンは、司祭とともに捕らえられバレンシア地方に移りました。そこでブドウ用のプレス機で押しつぶされたり、ボトル（ガラス）の欠片の上に転がされたりするような拷問を受け、304年1月22日に獄中で殉教しました。ブドウのように潰されて殉教したことから、サン・ヴァンサンを「ブドウ栽培者の守護聖人」とするようになったそうです。

また、ヴァン（vin）はワインを意味し、サン（cent）は血を意味するサン（Sang）と同じ発音なので、最後の晩餐でのキリストの「ワインは我が血なり」という言葉になぞらえて「サン・ヴァンサン」が守護聖人になったという説もあります。

2024年のサン・ヴァンサン・トゥルナントは、モレ・サン・ドニ村とシャンボール・ミュジニ村で開催される

ボーヌにオープンした

「シテ・ブルゴーニュのクリマ＆ワイン博物館」

2023年6月、ボーヌにオープンした「シテ・ブルゴーニュのクリマ＆ワイン博物館」は、ブルゴーニュのテロワールや栽培・醸造を学べるアミューズメント施設です。同時期に、シャブリ地区とマコン地区にも同様のワイン博物館が開設されましたが、ボーヌの博物館は世界遺産に登録されているコート・ドールのクリマについての詳細な情報を得られるので、とりわけコート・ドールワインの愛好家にとっては必見です。

ブドウの蔓(つる)をモチーフにした斬新なデザインの建物の1階には、受付、お土産物売り場、常設展示場があります。入場料は14ユーロ。

映像ブースでは「2億年前は遠浅の海だった場所が、プレートの移動によって現在のブルゴーニュになった、地形の変遷「紀元前1世紀から現在までのブドウ栽培の歴史」などが紹介されています。展示物には、石灰岩、土、樽や醸造方法が説明されたパネルなどがあります。また、バーカウンターでは白または赤ワインが1杯試飲できます。（ブドウジュースもあり）

ブドウ栽培の歴史など、2分ほどの映像で学習できる
（日本語版はない）

中2階の小部屋は市民による写真展示場、2階はワインセミナー室、3階は事務所、4階はバール・ア・ヴァン（ワインバー）「レ・ザコール／Les Accords」、5階はテラス。4階・5階は入場無料です。

「レ・ザコール」の料理メニューは、3皿コース23ユーロ、4皿コース28ユーロ、5皿コース32ユーロ。各料理にお勧めのグラスワインが紹介されています。ボトルでの注文も可能です。23年8月のメニューはマスの燻製柑橘ソース、エスカルゴ、低温鶏のピカタ中華風ソース、チーズ、デザートから選ぶ形式でした。ノンストップ営業なので、旅行者にはうれしいですね。団体での利用も可能です。（要予約）

料理例。メインのマスの燻製料理（左）と、デザートのリンゴのタルト

レストランの窓からは、ボーヌの丘を中心にニュイ・サン・ジョルジュ村から「モンラッシェ」の畑辺りまで見渡せます。ワインが生まれる畑を眺めながらの食事は至福の時間となるでしょう。また、5階のテラスからも素晴らしい景観を満喫できます。

ブドウ畑のパノラマを眺めながらヘルシーな料理とワインを楽しむ

アクセス方法は、ボーヌのオスピス・ド・ボーヌから徒歩で25分、車で5分、自転車で9分。バスもありますが、1時間に1本です。金曜日だけは増便されます。

DATA

21 Avenue Charles de Gaulle 21200 Beaune
Web https://www.citeclimatsvins-bourgogne.com
Tél. 33.3.79.47.21.00
営業 月曜～木曜 12:00～18:30
金曜・土曜 12:00～21:30　日曜 12:00～17:00

おわりに

ビーズ千砂

2023年9月16日の今日、今年の収穫を無事に終了しました。質量ともにとても満足のいくものでした。ピノ・ノワールは、私が1997年にサヴィニ・レ・ボーヌ村で暮らすようになってから最高の量が取れ、蔵はブドウで溢れ、みずみずしい香りが隅々まで漂っています。

霜や雹(ひょう)の被害、猛暑、雨不足、昨今の異常気象に私たち畑に従事するヴィニュロンはもちろん、ブドウ畑自体が振り回されていますが、今年のブドウの実りを見ると、つくづくと自然の力強さに驚かされます。実りの豊かさだけではありません。ブドウ自体の質、つまり色合い、香り、ストラクチャーなどワインの基本となるべき要素が整っています。昨今自然の厳しいところだけが強調されますが、寛容な面も常に持ち合わせていることにも留意すべきだと思います。

地球温暖化の影響は、ブルゴーニュでもここ数年顕著に感じるようになりました。効率主義、人間都合の栽培方法ではなく、自然環境を整え、ブドウ樹の本質、微生物世界を見据えたネオアグリカルチャーを真剣に考える必要があります。そしてそれは着実に動き始めています。

例えば、以前はじゃま者扱いされていた「下草」ですが、近年は冬でも夏でも畝間に生えています。下草をある程度のところですき込めば緑肥になります。また下草が地面を覆うことで日焼けから保護してくれます。さらには保水力が高まり、乾燥から保護してくれます。これは土表面に生息する生物にとっても大切なこと。

ブドウの樹と草が“水分確保の点で競合してしまう”ともいわれますが、だからといって除草するのではなく、その地に生える草を生かし、うまく付き合っていく。自然界に無駄なものはないのです。やたらに人間が手を入れるからややこしくなるのです。自然に対して謙虚であることが、次世代農業への鍵なのではないでしょうか。

『ブルゴーニュ コート・ドールへようこそ！』でコラムを執筆することになり、ブドウ栽培者の立場として考えていること、取り組んでいることを、所々に記しました。このような機会を得られたことにとても感謝しています。この本を通じて、少しでも皆さんが今の地球に思いを寄せていただければ、地球の未来は明るいのではないかと期待しています。

奥山 久美子　Kumiko OKUYAMA

成城大学、文芸学部・英文科を卒業後、原宿でブティックを経営。その間年2回フランスおよびイタリアを旅行し、食文化に触れ、とりわけワインの美味しさとその背景にある文化に興味を持つ。1987年にパリの分校として渋谷に開校したワインスクール「アカデミー・デュ・ヴァン」第1期生となり、同校でワインの知識を深めつつ世界のワイン産地巡りを重ね、1989年に日本ソムリエ協会認定「ワインアドバイザー」、2016年に「シニアソムリエ」を取得。
1989年より自宅で手料理を供しながらワインを楽しむ「奥山ワイン教室」を主宰。91年からアカデミー・デュ・ヴァン講師となり、2002年4月より同校副校長。
著書に『ブルゴーニュ コート・ドールの26村』(ワイン王国)、『高級品の味わいをお家で！極上ワイン100本』(朝日新聞出版)。監修に『シャンパンのシーン別楽しみ方』(朝日新聞出版)、『大人のためのワイン絵本』(日本文芸社)、『105のテーマから学ぶ ビギナーズワイン』(グラフィック社)、『エコール・デ・ヴァン・エ・スピリテューの一生に一冊はもっておきたいワインの教科書』(日本文芸社)がある。

編集協力：**ビーズ千砂**(「ドメーヌ・シモン・ビーズ」代表)

撮影協力：**田熊大樹**(写真家)

知的ワインガイドブック
ブルゴーニュ コート・ドールへようこそ！

初版　2024年1月28日発行

著者　**奥山 久美子**
発行人　**原田 勳**
編集人　**村田 惠子**
発行所　**株式会社ワイン王国**
〒158-0098 東京都世田谷区上用賀5-12-11
TEL.03-3541-3553 (編集部)
デザイン　**野上 聖一**
発 売 元　**株式会社ステレオサウンド**
印刷製本　**奥村印刷株式会社**

定価はカバーに表示しています。
※万一落丁乱丁の場合は、送料当社負担でお取り替えいたします。
当社販売部までお送りください。

©2023 Kumiko OKUYAMA Printed in Japan

ISBN 978-4-88073-508-5